U0295959

大飞机出版工程

总主编　顾诵芬

运输类飞机驾驶舱
人为因素设计评估指南

Guidance for Flight Deck Human Factors Design and Evaluation of Transport Category Airplanes

钱　进　主编

上海交通大学出版社
SHANGHAI JIAO TONG UNIVERSITY PRESS

内容提要

　　本书整合了民航适航规章和咨询通告中关于运输类飞机驾驶舱人为因素设计评估的相关要求,包含显示系统、操控器件、告警系统、人为差错、工作负荷等主要审定项目和内容的符合性方法。

　　本书可为从事驾驶舱设计评估、人为因素研究和实践的广大科技人员、高校师生,从事驾驶舱适航取证的设计人员、试飞员、试飞工程师,以及负责合格审定的局方人员、试飞员、试飞工程师参考使用,也可为驾驶舱系统、设备、部件的制造商和供应商提供研制和验证试验的依据。

图书在版编目(CIP)数据

运输类飞机驾驶舱人为因素设计评估指南/钱进主编. —上海:上海交通大学出版社,2016

大飞机出版工程

ISBN 978 - 7 - 313 - 13409 - 7

Ⅰ.①运… Ⅱ.①钱… Ⅲ.①民用飞机-运输机-座舱-人为因素-设计-技术评估-指南 Ⅳ.①V271.2 - 62

中国版本图书馆 CIP 数据核字(2016)第 032295 号

运输类飞机驾驶舱人为因素设计评估指南

主　　编:钱　进

出版发行	上海交通大学出版社	地　　址	上海市番禺路 951 号
邮政编码	200030	电　　话	021 - 64071208
出 版 人	韩建民		
印　　制	上海天地海设计印刷有限公司	经　　销	全国新华书店
开　　本	787mm×1092mm　1/16	印　　张	15
字　　数	296 千字		
版　　次	2016 年 3 月第 1 版	印　　次	2016 年 3 月第 1 次印刷
书　　号	ISBN 978 - 7 - 313 - 13409 - 7/V		
定　　价	75.00 元		

本书编委会

主　　编　钱　进

副　主　编　王　伟

编写人员（按姓氏笔画排列）

王海刚　王嘉一　卢嘉晨　李　林

吴广博　张　龙　郭　超　莫兴智

殷湘涛　梁远东

章 节 分 工

第一部分　运输类飞机驾驶舱人为因素相关条款
　　　　编写　郭　超　　　　　　校对　李　林

第二部分　运输类飞机驾驶舱人为因素符合性依据
　第1章　AC 25-11B 电子飞行显示器
　　　　翻译　吴广博、梁远东　　　校对　莫兴智

　第2章　AC 20-175 驾驶舱系统操控器件
　　　　翻译　李　林　　　　　　校对　张　龙

　第3章　AC 25.1322-1 飞行机组告警
　　　　翻译　殷湘涛　　　　　　校对　王嘉一

　第4章　AC 25.1302-1 飞行机组使用的安装系统和设备
　　　　翻译　王嘉一　　　　　　校对　殷湘涛

　第5章　AC 25.1523-1 最小飞行机组
　　　　翻译　郭　超　　　　　　校对　王海刚

整理　卢嘉晨

序

提高飞行安全始终是航空业界永恒的主题和追求,是广大乘客、制造商、运营人以及管理当局的共同愿望。随着新一代飞机的服役运行,人们对航空安全水平和商业目标的期望变得更高。虽然因飞机本体和系统故障造成的事故率持续保持在很低的水平上,但是如何有效避免因设计缺陷造成人为差错而导致不安全事件却始终是制造商面临的巨大挑战。驾驶舱是飞行员的工作场所,设计复杂度和集成度极高,人为因素的考虑涉及方方面面,其人机界面会对飞行员体力、心理以及工作效率、正确率都有影响,而该界面是否合适最终要由使用者,即通过飞行员来评定。

事实上,驾驶舱的设计与评估是相伴相生、相辅相成的。驾驶舱设计要考虑安全性、高效性和舒适性。驾驶舱要设计成能够帮助飞行机组安全、高效、舒适地完成任务。提高安全性是驾驶舱设计的基本原则,要看是否能满足飞行员的生理条件,是否有能容错、防错等避免人为差错的措施,是否能够应对复杂环境以及能否在故障条件下继续安全飞行等;提高操作效率是驾驶舱设计的基本要求,要看驾驶舱显示系统能否提供飞行员最关心的信息并保证显示的清晰度和可读性等,还要看机载计算机能否提供友好的人机界面,控制系统布局是否符合功能逻辑、简单易用并具有一致性,能否让飞行机组迅速有效地控制各个系统,能否有效减轻飞行员工作负荷等;舒适度也是驾驶舱设计的重要目标,因为驾驶舱的舒适性会直接影响飞行机组心理和生理状态,关乎飞行员能力的发挥,关系飞行安全,所以设计上要考虑从视觉、听觉、触觉、空间因素等方面提升驾驶舱的舒适性。检验驾驶舱设计是否合理、合法、合规,就成了驾驶舱评估的首要任务。开展评估工作需要标准和依据,确定标准和依据是开展评估的基本前提。驾驶舱设计和评估都需要众多试飞员和试飞工程师的参与,尤其是试飞员要作为直接评估者,而这些评估者面对的首要问题就是按什么标准评估。针对驾驶舱设计评估的理论和方法有很多,在这众多的技术文献中,哪些可以作为设计评估依据,业内争议一直存在。但是,飞机要得到公众对安全性的认可,就必须通过适航认证,而要通过适航认证就必须符合局方提出的适航要求,如何做到符合适航要求则要根据局方认可的技术资料中的方法开展工作。顺着这样一个逻辑,中国商飞公司总飞行师、试飞中心主任、C919驾驶舱评估工作组组长钱进同志带领一群试飞工程师,开展了大量的研究,几乎查阅了中国民航局和美国联邦航空局所有正式发布的现行有效的文件并咨询了多位业界专家,挑选出与驾驶舱设计评估紧密相关且具有切实指导性的文件,而适航规章和咨询通告就是其中最核心的两类文件。本书就是对他们挑选的适航条款和咨询通告的编译,用作运输类飞机驾驶舱人为因素设计评估的依据。此书的内容皆出自局方公开发布、得到业界认可的适航文件,其用意在于具备权威、避免争论、用于实践,直接服务于航空产品安全水平的保证和提升,为我国民机产品研制中驾驶舱设计评估工作作有益指导。

　　我们欣喜地看到,在本书编译过程中,这群年轻试飞工程师,敢于创新、潜心研究、努力探索,为本书的编译出版做了大量的工作,付出了许多辛劳和努力。从他们的身上,我看到了民机试飞人坚毅担当、锐意进取、开拓创新的精神,看到了民机试飞事业发展的希望。在此,祝愿他们百尺竿头更进一步,继续为中国的大飞机事业奉献青春和热血。

　　最后,再次衷心感谢为编译《运输类飞机驾驶舱人为因素设计评估指南》作出贡献的所有参与者们!

吴光辉

前　　言

在从事民用飞机试飞之前，我已是有着三十多年、两万多小时飞行经历的资深飞行教员了，但是来到民机试飞领域，却发现试飞与普通航线飞行有许多的差异。普通飞行员从"使用"角度考虑飞机，而试飞员却需要透过"使用"来检视"设计"。驾驶舱是飞机的"大脑"、"中枢"和"指挥中心"，是飞机信息的汇聚地，也是指令的发出地。驾驶舱设计是保证飞行安全的重要命题，而驾驶舱设计评估则是提升飞行安全水平的基本手段。

开展驾驶舱设计评估首先要确定依据。驾驶舱人为因素方面的资料很多，且散落在不同时间发布的大量规章和指导性文件中，查阅起来费时费力、效率低，且无法形成系统的指导意见和评估依据。围绕这个问题，本书较为完整地提供了与运输类飞机驾驶舱人为因素方面紧密相关的条款与符合性依据等内容，以作为驾驶舱评估的重要依据。全书分为两个部分：第一部分是运输类飞机驾驶舱人为因素相关条款，主要从 21 部和 25 部中选取的与驾驶舱设计评估相关的人为因素方面的要求；第二部分是运输类飞机驾驶舱人为因素符合性依据，精选了 5 份与驾驶舱设计评估人为因素方面紧密相关的咨询通告。相关内容均出自局方发布的现行有效的文件，是得到工业方和局方的共同认可的，因此可以用作驾驶舱设计评估的重要依据。需要说明的是，本书选入的这些文件中许多都是针对某个具体系统专门编写的，但是这些文件中却有许多内容是通用的，也适用于其他不同的系统。

本书可供从事驾驶舱设计评估、人为因素研究和实践的广大科技人员、高校师生，从事驾驶舱适航取证的设计人员、试飞员、试飞工程师，以及负责合格审定的局方人员、试飞员、试飞工程师参考使用，也可为驾驶舱系统、设备、部件的制造商和供应商提供研制和验证试验的依据。

本书的成稿与出版也得到了业内专家的悉心指导，并得到了上海交大出版社的大力支持。没有他们与作者的共同努力,本书难以在这么短的时间内付梓出版,在此一并表示衷心感谢。

　　由于作者在驾驶舱设计评估人为因素研究方面的水平有限,若有不当之处,恳请广大读者批评指正。

目　　录

第一部分

运输类飞机驾驶舱人为因素相关条款

经过查阅大量型号适航审定资料,调研国内外多个局方审定项目,咨询国内外多名业界专家,同时结合近年来国内型号设计确定适航审定基础的经验,本部分从中国民用航空局发布的现行有效的适航规章CCAR－21《民用航空产品和零部件合格审定规定》和CCAR－25《运输类飞机适航标准》中反复筛选,确定了下述与运输类飞机驾驶舱人为因素设计评估相关的条款作为设计评估依据。

需要指出的是,由于业界工业方和审定方,甚至不同地区的审定部门,对于审定基础的确定与合格审定计划的划分有着不同的考虑和规划,因此对于具体型号的审定,将下述某个具体条款纳入驾驶舱或者人为因素合格审定计划会有着不尽相同的工程判断。但是,从本书编写目的"为驾驶舱人为因素设计评估提供指导"而言,下述条款皆应作为依据和标准纳入设计评估的考虑范畴。由于下述条款内容不仅仅与人为因素相关,而且也涉及其他方面,这也给条款的解释以及符合性验证方法带来了挑战。对于驾驶舱人为因素方面解释最集中的符合性方法则在本书第二部分给出。出于本书篇幅限制以及直接功用等考虑,本部分仅对下述列出的条款做最直接相关的简要解析,不再扩展解释。对于这些条款全面的背景介绍以及符合性验证方法需要参阅相关咨询通告(AC)或可接受的符合性方法(AMC),本书无法全部列出,相关条款解读和符合性工作的开展可参考相关文献。

CCAR－21　民用航空产品和零部件

第21.21条　型号合格证的颁发

正常类、实用类、特技类、通勤类和运输类航空器;载人自由气球;特殊类别航空器;航空发动机;螺旋桨具备下列条件的申请人可以取得航空器(正常类、实用类、特技类、通勤类、运输类、载人自由气球或者特殊类别航空器)、航空发动机或者螺旋桨的型号合格证:

(四) 对于航空器,相对其申请的型号合格审定类别没有不安全特征或特性。

解析　本条款是在型号合格审定中对飞机安全也是对人为因素方面的总要求。

CCAR－25　运输类飞机适航标准——B分部飞行

第25.101条　总则

(h) 按本条(f)和(g)所制订的程序必须:

(1) 在飞机服役中能够由具有中等技巧的机组一贯正确地执行;

(2) 采用安全可靠的方法或装置；

(3) 计及在服役中执行这些程序时可合理预期的时间滞后。

解析 应考虑具有中等技巧的机组能正确、正常、反复执行该程序。其中"中等技巧"，在有关资料中没有明确的量化，一般通过驾驶员的评价来定。

第 25.105 条　起飞

(b) 为确定本条所需数据而用的起飞，不得要求特殊的驾驶技巧或机敏。

解析 该款时对驾驶技巧提出要求，规定不得要求特殊的技巧，这是关于符合性能总则第 25.101(h) 条的规定。

第 25.109 条　加速—停止距离

(e) 除了本条(f)(1)的规定外，可使用机轮刹车以外的措施来确定加速—停止距离，条件是这些措施：

(3) 对操纵飞机不需要特殊技巧。

解析 "不需要特殊的驾驶技巧"，在有关资料中，没有特别说明，一般由飞行员进行评定。

第 25.125 条　着陆

(b) 确定本条(a)的距离时：

(5) 着陆时不得要求特殊的驾驶技巧或机敏；

(c) 陆上飞机和水陆两用飞机的着陆距离必须在水平、平整、干燥，并有硬质道面的跑道上确定。而且：

(3) 可以使用除机轮刹车以外符合下列条件的其他方式：

(iii) 操纵飞机不需要特殊的技巧。

解析 "不得要求特殊的驾驶技巧或机敏"，"不需要特殊的技巧"：在有关资料中，没有特别说明，一般由驾驶员进行评定。

第 25.143 条　总则

(b) 必须能从一种飞行状态平稳地过渡到任何其他飞行状态，而不需要特殊的驾驶技巧、机敏或体力，并且在任何可能的使用条件下没有超过飞机限制载荷系数的危险，这些使用条件包括：

(1) 临界发动机突然失效；

(2) 对于三发或三发以上的飞机，当飞机处于航路、进场或着陆形态，临界发动机停车并已配平时，第二台临界发动机突然失效；

(3) 形态改变，包括打开或收起减速装置。

解析 考虑到在服役中开始该处动作时可能的时间延迟，在驾驶员意识到发动机失效后 2 s 内不得采取改出动作。改出动作不应该以操纵发动机、螺旋桨或配平机构为前提，而且不应该产生过度的操纵力。

第 25.145 条　纵向操纵

(c) 在空速为 $1.08V_{SR1}$（对于螺旋桨飞机）或 $1.13V_{SR1}$（对于涡轮喷气飞机）的定

常直线水平飞行中,当增升装置从任一位置开始完全收起时,必须在下列条件下无需特殊的驾驶技巧就可能防止掉高度:

(1) 同时施加复飞设置功率(推力)状态;

(2) 起落架在放下位置;

(3) 着陆重量和高度的临界组合。

解析　"无需特殊的驾驶技巧":在有关资料中,没有特别说明,一般由驾驶员进行评定。

第25.149条　最小操纵速度

(d) 在速度 V_{MC},为维持操纵所需的方向舵脚蹬力不得超过 667 N(68 kgf;150 lbf),也不得要求减少工作发动机的功率(推力),在纠偏过程中,为防止航向改变超过 $2°$,飞机不得出现任何危险的姿态,或要求特殊的驾驶技巧、机敏或体力。

(e) V_{MCG},地面最小操纵速度是起飞滑跑期间的校正空速,在该速度,当临界发动机突然停车时,能仅使用操纵力限制在 667 N(68 kgf;150 lbf)的方向舵操纵(不使用前轮转向)和使用机翼保持水平的横向操纵来保持对飞机的操纵,使得采用正常驾驶技巧就能安全地继续起飞。在确定 V_{MCG} 时,假定全发工作时飞机加速的航迹沿着跑道中心线,从临界发动机停车点到航向完全恢复至平行于该中心线的一点的航迹上任何点偏离该中心线的横向距离不得大于 9 m(30 ft)。V_{MCG} 必须按下列条件制订:

(1) 飞机处于任意一种起飞形态,或者按申请人的选择处于最临界的起飞形态;

(2) 工作发动机处于最大可用起飞功率(推力)状态;

(3) 重心在最不利的位置;

(4) 飞机按起飞状态配平;

(5) 起飞重量范围内的最不利重量。

(h) 在 V_{MCL} 和 V_{MCL-2} 的演示中:

(1) 方向舵操纵力不得超过 667 N(68 kgf;150 lbf);

(2) 飞机不得呈现危险的飞行特性,或要求特殊的驾驶技巧、机敏和体力;

(3) 横向操纵必须有足够的滚转能力,从稳定飞行的初始状态,飞机必须能在不大于 5 s 的时间内改变 $20°$ 的坡度,滚转的方向应使飞机从不工作发动机向工作发动机一侧转变航向;

(4) 对于螺旋桨飞机,在发动机失效后螺旋桨达到的任何位置,及随后的发动机或螺旋桨任何可能的操纵运动期间,均不得呈现危险的飞行特性。

解析　"特殊的驾驶技巧、机敏或体力","正常驾驶技巧":在有关资料中,没有特别说明,一般由驾驶员进行评定。

第25.173条　纵向静稳定性

(d) 在本条(b)所规定的自由回复速度带内,如果不要求驾驶员特别注意,就能回复到并维持所希望的配平速度和高度,则允许飞机不加操纵力而稳定在高于或低于所希望的配平速度的速度。

解析 "驾驶员特别注意",在有关资料中,没有特别说明,一般由驾驶员进行评定。

第25.177条 横向和航向静稳定性

(d) 在速度 V_{MO}/Ma_{MO} 和 V_{FC}/Ma_{FC} 之间的方向舵梯度必须满足(c)款的要求,但只要发散是逐渐的且易于为驾驶员识别和控制,则(副翼偏度与相应的方向舵输入相反的)上反效应可以是负的。

解析 "易于为驾驶员识别和控制":在有关资料中,没有特别说明,一般由驾驶员进行评定。

第25.181条 动稳定性

(b) 在相应于飞机形态 $1.13V_{SR1}$ 和最大允许速度之间产生的任何横向和航向组合振荡("荷兰滚"),在操纵松浮情况下,必须受到正阻尼,而且必须无需特殊的驾驶技巧依靠正常使用主操纵就可加以控制。

解析 "无需特殊的技巧",在有关资料中没有明确的量化,一般通过驾驶员的评价来定。

第25.203条 失速特性

(c) 对于转弯飞行失速,飞机失速后的运动不得过于剧烈或幅度过大,以至难以用正常的驾驶技巧迅速改出并恢复对飞机的操纵。改出期间出现的最大坡度不能超过:

(1) 对于减速率≤1kn/s的情况,在原转弯方向大约60°,或相反方向大约30°;

(2) 对于减速率＞1kn/s的情况,在原转弯方向大约90°,或相反方向大约60°。

解析 "正常的驾驶技巧"一般指按照飞行手册中的使用操作程序所进行的操纵。

第25.207条 失速警告

(a) 在直线和转弯飞行中,为防止襟翼和起落架在任一正常位置时无意中造成失速,必须给驾驶员以有效的、清晰可辨的、具有足够余量的失速警告。

(b) 警告可以通过飞机固有的气动力品质来实现,也可以借助在预期要发生失速的飞行状态下能做出清晰可辨的警告的装置(如振杆器)来实现。但是,仅用要求驾驶舱内机组人员给予注意的目视失速警告装置是不可接受的。如果使用警告装置,则该警告装置必须在本条(c)和(d)中规定的速度,在本条(a)中规定的每一种飞机形态都提供警告。除了本条(h)(2)(ii)中所描述的失速警告外,本条(e)中规定的结冰条件下的失速警告必须以非结冰条件下的失速警告同样的方式给出。

解析 "任一正常位置"是指经局方批准的襟翼、起落架构型中的任何正常使用的位置;"有效的清晰可辨的"是指驾驶员能够判明的,如声音告警、抖杆告警等;"足够余量"是指要求失速警告速度不小于失速速度5kn或5%;"清晰可辨的警告的装置"指驾驶员能够清晰感知的装置,如抖杆器;"目视失速告警"典型的是指驾驶员通过眼睛感知，如仪表显示、灯光闪烁等。

第25.233条　航向稳定性和操纵性

（b）陆上飞机在以正常着陆速度做无动力着陆中必须有满意的操纵性，而不要求特殊的驾驶技巧或机敏，无需利用刹车或发动机动力来维持直线航迹。这可在结合其他试验一起进行的无动力着陆中予以表明。

解析　"必须有满意的操纵性"：此处的"满意"主要由驾驶员进行主观评价。

第25.251条　振动和抖振

（c）除本条（d）的规定外，在正常飞行中，包括巡航期间的形态变化，不得存在强烈程度足以干扰操纵飞机、引起空勤人员过度疲劳或引起结构损伤的抖振状态，在上述限度以内的失速警告抖振是允许的。

解析　过度的振动和抖动是指能引起结构损伤，或者持续一段时间后能够导致机构疲劳；能引起驾驶员疲劳或烦恼，从而影响飞机或飞机各系统的操纵以及影响飞行仪表的可读性的振动和抖动。

第25.253条　高速特性

（a）增速特性和速度恢复特性必须满足下列对增速特性和速度恢复特性的要求：

（2）计及有效的固有或人为速度警告发出后驾驶员做出反应的时间，必须表明在下述条件下能够恢复到正常的姿态，并且速度降低到 V_{MO}/Ma_{MO}：

（i）不需要特别大的驾驶杆力或特殊的技巧；

解析　本条款具体解释及符合性方法，请参见 AC 25 – 7《Flight Test Guide for Certification of Transport Category Airplanes》。

CCAR – 25　运输类飞机适航标准——D 分部设计与构造

第25.601条　总则

飞机不得有经验表明是危险的或不可靠的设计特征或细节。每个有疑问的设计细节和零件的适用性必须通过试验确定。

解析　"飞机不得有经验表明是危险的或不可靠的设计特征或细节"，其中的"经验"包括相似机型的服役经验，也包括研发试验的结果；"危险的"是指该设计特征或细节对飞机的安全性有不利影响；"不可靠的"是指该设计特征或细节在某些情形下起不到其预定的作用或功能。

第25.671条　总则

（a）每个操纵器件和操纵系统对应其功能必须操作简便、平稳和确切。

（c）必须用分析、试验或两者兼用来表明，在正常飞行包线内发生飞行操纵系统和操纵面（包括配平、升力、阻力和感觉系统）的下列任何一种故障或卡阻后，不要特殊的驾驶技巧或体力，飞机仍能继续安全飞行和着陆。可能出现的功能不正常必须对操纵系统的工作仅产生微小的影响，而且驾驶员必须易于采取对策：

（1）除卡阻以外的任何单个故障（例如机械元件的脱开或损坏，或作动筒、操纵阀套和阀门一类液压组件的结构损坏）；

（2）除卡阻以外未表明是极不可能的故障的任意组合（例如双重电气系统或液压系统的故障，或任何单个损坏与任一可能的液压或电气故障的组合）；

（3）在起飞、爬升、巡航、正常转弯、下降和着陆过程中正常使用的操纵位置上的任何卡阻，除非这种卡阻被表明是极不可能的或是能够缓解的。若飞行操纵器件滑移到不利位置和随后发生卡阻不是极不可能的，则须考虑这种滑移和卡阻。

解析　"简便"一般是指操纵系统的操纵器件应满足第 25.779(a) 条的要求，保证驾驶员手、脚的操作动作与人的运动本能反应相一致；"平稳"一般是指系统无突变、无紧涩感觉、无卡阻、无自振，杆力梯度合适，驾驶员感觉舒适；"确切"一般是指飞机能正确执行驾驶员指令并且能从一种飞行状态按指令平稳地过渡到任何其他飞行状态。

第 25.672 条　增稳系统及自动和带动力的操纵系统

如果增稳系统或其他自动或带动力的操纵系统的功能对于表明满足本部的飞行特性要求是必要的，则这些系统必须符合第 25.671 条和下列规定：

（a）在增稳系统或任何其他自动或带动力的操纵系统中，对于如驾驶员未察觉会导致不安全结果的任何故障，必须设置警告系统，该系统应在预期的飞行条件下无需驾驶员注意即可向驾驶员发出清晰可辨的警告。警告系统不得直接驱动操纵系统；

（b）增稳系统或任何其他自动或带动力的操纵系统的设计，必须使驾驶员对第 25.671(c) 条中规定的各种故障可以采取初步对策而无需特殊的驾驶技巧或体力，采取的对策可以是切断该系统或出故障的一部分系统，也可以是以正常方式移动飞行操纵器件来超越故障；

解析　"无需特殊的驾驶技巧或体力"的含义是：按照相关标准选拔、培训并取得民航管理当局认可的飞行执照的驾驶员，能够按照经批准的飞机正常操作程序或应急程序对飞机进行操作，不需要额外针对相关驾驶技术和处理方法进行培训，也不需要驾驶员付出额外、甚至难以接受的体力以完成操作。

第 25.677 条　配平系统

（a）配平操纵器件的设计必须能防止无意的或粗暴的操作，其操作方向必须在飞机的运动平面内并和飞机运动的直感一致。

（b）在配平操纵器件的近旁，必须设置指示装置以指示与飞机运动有关的配平操纵器件的运动方向。此外，必须有清晰易见的设施以指示配平装置在其可调范围内所处的位置。该指示装置必须清晰标记一个范围，必须经过验证在该范围内对于经批准的所有起飞重心位置起飞都是安全的。

解析　相关内容可参见本书第二部分的 AC 20-175。

第 25.679 条　操纵系统突风锁

（a）必须设置防止飞机在地面或水面时因受突风冲击而损坏操纵面（包括调整片）和操纵系统的装置。如果该装置啮合时会妨碍驾驶员对操纵面的正常操纵，则该装置必须满足下列要求之一：

(1) 当驾驶员以正常方式操纵主飞行操纵器件时能自动脱开；

(2) 能限制飞机的运行，使驾驶员在开始起飞时就获得不致误解的警告。

(b) 突风锁装置必须具有防止它在飞行中可能偶然啮合的措施。

解析　相关内容可参见本书第二部分的 AC 25.1322-1。

第 25.685 条　操纵系统的细节设计

(a) 操纵系统的每个细节必须设计和安装成能防止因货物、旅客、松散物或水汽凝冻引起的卡阻、摩擦和干扰。

(b) 驾驶舱内必须有措施防止外来物进入可能卡住操纵系统的部位。

解析　相关内容可参见本书第二部分的 AC 20-175。

第 25.697 条　升力和阻力装置及其操纵器件

(a) 每个升力装置操纵器件的设计，必须使驾驶员能将该升力装置置于第25.101(d)条中规定的起飞、航路、进场或着陆的任一位置。除由自动定位装置或载荷限制装置所产生的运动外，升力和阻力装置必须保持在这些选定的位置上而无需驾驶员进一步注意。

(b) 每个升力和阻力装置操纵器件的设计和布置必须使无意的操作较低概率发生。仅供地面使用的升力和阻力装置，如果在飞行中工作可能会造成危险，则必须有措施防止飞行中对其操纵器件进行误操作。

(c) 在空速、发动机功率(推力)和飞机姿态的定常或变化的条件下，各操纵面响应操纵器件动作的运动速率，以及自动定位装置或载荷限制装置的特性，必须使飞机具有满意的飞行特性和性能。

解析　"满意的飞行特性和性能"中"满意的"可以解释为：①在第 25.697(c)条规定的飞行状态下，飞机的飞行特性和性能满足适航标准中其他相关条款对于飞行特性和性能的明确要求；②在驾驶员定性评测时，达到事先确定的评判标准要求；③符合局方制订的其他评定要求。

第 25.699 条　升力和阻力装置指示器

(a) 对于每一升力和阻力装置，如果驾驶舱内设有独立的操纵器件用于调整其位置，则必须设置向驾驶员指示其位置的装置。此外，对于升力或阻力装置系统中出现的不对称工作或其他功能不正常，考虑其对飞行特性和性能的影响，如果必须有指示才能使驾驶员防止或对付不安全的飞行或地面情况，则必须设置该指示装置。

(b) 必须设置向驾驶员指示升力装置在起飞、航路、进场和着陆位置的装置。

(c) 如果升力和阻力装置具有可能超出着陆位置的任一放下位置，则在操纵器件上必须清楚地制出标记，以便识别超出的范围。

解析　根据 AC 25-22《Certification of Transport Airplane Mechanical Systers》的解释，位置传感器的定位应当使其能够直接指示出失效的情况。对于其失效需要飞行机组采取行动或改变程序的每一组功能相关的操纵面(例如，飞机对称面每侧由共用驱动器驱动,或用其他方法保持同步以保证对称作动的一组操纵面),都应当有独立的监控器。例如,相对机身轴线处于非对称形态的一组功能相关襟翼,就需要在起飞前向飞行机组提供非对称指示。这类给飞行机组的指示不需要指示是哪个操纵面失效,但是必须明确反映非正常的形态(第25.699条)。驾驶舱的操纵面位置显示,也必须在由于高升力"非对称"放下而引起的故障与高升力"不一致"情况之间有明显的区别。当高升力面停止的位置与驾驶员通过襟翼选择开关或手柄的指令位置不同时,就会出现"不一致"情况。这样的区别可以帮助驾驶员使用合适的程序,进而采取放下、收上或保持高升力或阻力装置原样继续飞行。同时根据第25.703条针对起飞告警系统的要求,传感装置应当能够感知每一功能相关高升力装置组(相对飞机中心线对称)的位置,并且如果在起飞滑跑初始阶段有任一组不在经批准的起飞位置时,提供音响告警。

第25.703条　起飞警告系统

飞机必须安装起飞警告系统并满足下列要求:

(a) 在起飞滑跑的开始阶段,如果飞机处于任何一种不允许安全起飞的形态,则警告系统必须自动向驾驶员发出音响警告,这些形态包括:

(1) 襟翼或前缘升力装置不在经批准的起飞位置范围以内;

(2) 机翼扰流板(符合第25.671条要求的横向操纵扰流板除外)、减速板或纵向配平装置处于不允许安全起飞的位置。

解析　起飞警告系统要求当飞机处于可能影响正常起飞的构型状态时,在起飞助跑起始阶段为驾驶员提供独立且适当的警告信息,并且在起飞延误甚至起飞检查清单不可用时,起飞警告系统可作为起飞检查清单的一种备用手段。

第25.771条　驾驶舱

(a) 驾驶舱及其设备必须能使(按第25.1523条规定的)最小飞行机组在执行职责时不致过分专注或疲劳。

(c) 如果备有供第二驾驶员使用的设施,则必须能从任一驾驶座上以同等的安全性操纵飞机。

(d) 驾驶舱的构造必须做到在雨或雪中飞行时,不会出现可能使机组人员分心或损害结构的渗漏。

(e) 驾驶舱设备的振动和噪声特性不得影响飞机的安全运行。

解析　"不过分专注"指的是飞机的仪表或者设备的设计分布,使驾驶员对于某些仪表设备分配了过多的注意力,因此减弱了对于飞机的情景意识,在某些情况下对飞机的安全运行有潜在的威胁。

对有供第二驾驶员使用设施的驾驶舱操纵系统安排要求必须能从任一驾驶座上以同等的安全性操纵飞机,即当任一驾驶员不能按要求操作飞机时,另一驾驶员能够从任一驾驶座上安全地操纵飞机。这实际对双驾驶员操纵的飞机,设置与安全操纵飞机相关的驾驶舱设施,如操纵器件等提出了双套的要求。此外,对于与安全相关的关键设施,如设计可同时供正副驾驶员使用的单个设施,如某些机型上设计有起落架应急放按钮,其布置应满足正副驾驶场是可达的,且操作安全。

飞机在雨或雪中飞行时,如果雨水或雪渗漏进入驾驶舱达到可能使机组人员分心或损害结构的程度,则会对飞机的安全飞行产生不利影响,因此要求驾驶舱的构造应具有防止可能使机组人员分心或损害结构的雨水或雪的渗漏。

第 25.773 条　驾驶舱视界

(a) 无降水情况

对于无降水情况,采用下列规定:

(1) 驾驶舱的布局必须给驾驶员以足够宽阔、清晰和不失真的视界,使其能在飞机使用限制内安全地完成任何机动动作,包括滑行、起飞、进场和着陆。

(2) 驾驶舱不得有影响(按第 25.1523 条规定的)最小飞行机组完成正常职责的眩光和反射,必须在无降水情况下通过昼和夜间飞行试验表明满足上述要求。

(b) 降水情况

对于降水情况,采用下列规定:

(1) 飞机必须具有措施使风挡在降水过程中保持有一个清晰的部分,足以使两名驾驶员在飞机各种正常姿态下沿飞行航迹均有充分宽阔的视界。此措施必须设计成在下列情况中均有效,而无需机组成员不断关注:

(i) 大雨,速度直至 $1.5V_{SR1}$,升力和阻力装置都收上;

(ii) 第 25.1419 条规定的结冰条件下,如果要求按结冰条件下的飞行进行审定。

(2) 正驾驶员必须有:

(i) 当座舱不增压时,在本条(b)(1)规定条件下能打开的窗户,提供该项所规定的视界,又能给予驾驶员足够的保护,防止风雨影响其观察能力;

(ii) 在本条(b)(1)规定条件下考虑遭到严重冰雹可能造成的损伤,保持清晰视界的其他手段。

(c) 风挡和窗户内侧的起雾

飞机必须具有在其预定运行的所有内外环境条件(包括降水)下,防止风挡和窗户玻璃内侧在提供本条(a)规定视界的范围上起雾的措施。

(d) 在每一驾驶员位置处必须装有固定标记或其他导标,使驾驶员能把座椅定位于可获得外部视界和仪表扫视最佳组合的位置。如使用有照明的标记或导标,它们必须满足第 25.1381 条规定的要求。

解析　必须有调节措施,以便使不同身高的驾驶员都能获得外部视界同仪表扫视最佳组合的位置,并必须有标记或导标。驾驶舱的布局是以人体数据为依据的,一般应满足从 158 cm(5 ft 2 in)到 190 cm(6 ft 6 in)身高的驾驶员。为了使高度在这个范围内的驾驶员都能获得最佳的内外组合视界,就要求驾驶员座椅具有调节装置,并具有固定标记和其他标识,以便使不同身高的驾驶员很快找到他们的合适位置并加以固定。当采用灯光照明标记时,要符合第 25.1381 条。"最佳组合位置"是使驾驶员可以找到最有利的合适位置以获得外部视界与仪表扫视的平衡,因此设计上需设计有固定的标记或标识,使得驾驶员在调整座位时可以判断调整到哪个位置是最佳位。例如,A380在两扇风挡的中间垂直梁上安有固定的三个小球以便驾驶员在调整座位时可以找到最佳的理论参考眼位。

第25.777条 驾驶舱操纵器件

(a) 驾驶舱每个操纵器件的位置必须保证操作方便并防止混淆和误动。

(b) 驾驶舱操纵器件的运动方向必须符合第25.779条的规定。凡可行处,其他操纵器件操作动作的直感必须与此种操作对飞机或对被操作部分的效果直感一致。用旋转运动调节大小的操纵器件,必须从断开位置顺时针转起,经过逐渐增大的行程达到全开位置。

(c) 操纵器件相对于驾驶员座椅的位置和布局,必须使任何身高158 cm(5 ft 2 in)至190 cm(6 ft 3 in)的(按第25.1523条规定的)最小飞行机组成员就座并系紧安全带和肩带(如果装有)时,每个操纵器件可无阻挡地做全行程运动,而不受驾驶舱结构或最小飞行机组成员衣着的干扰。

(d) 各台发动机使用同样的动力装置操纵器件时,操纵器件的位置安排必须能防止混淆各自控制的发动机。

(e) 襟翼和其他辅助升力装置的操纵器件必须设在操纵台的上部,油门杆之后,对准或右偏于操纵台中心线并在起落架操纵器件之后至少254 mm(10 in)。

(f) 起落架操纵器件必须设在油门杆之前,并且必须使每个驾驶员在就座并系紧安全带和肩带(如果装有)后可以操作。

(g) 操纵手柄必须设计成第25.781条规定的形状。此外,这些手柄必须是同色的,而且颜色与其他用途的操纵手柄和周围驾驶舱的颜色有鲜明的对比。

(h) 如要求有飞行工程师作为(按第25.1523条规定的)最小飞行机组成员,则飞机上必须设有飞行工程师工作位置,其部位和安排能使飞行机组成员有效地各行其职而互不干扰。

解析 驾驶舱操纵器件布局的总要求,应保证操作方便,防止混淆和误动作。发动机操纵器件、襟翼和其他辅助升力装置的操纵器件及起落架操纵器件,应满足本条(d)、(e)、(f)的布置要求;操纵手柄的设计应满足本条(g)的要求;可设计有止动块、卡槽和制动件,防止误操作;设计的操纵器件,应使无论在白天或夜晚工作时,都容易识别,并能提供清晰的状态显示。如果在起飞、加速、停止、中断着陆和着陆期间是由一个驾驶员来操作操纵器件,而这些操纵动作的顺序的安排又要求驾驶员在上述机动飞行期间改换握持操纵杆的手,则这些顺序不应要求过快地换手,以免使飞机的操纵性受到不利的影响。

驾驶舱操纵器件的运动方向。操纵器件的运动方向必须符合第25.779条。如可行,其他操纵器件也应具有运动的直感,如配平操纵器件等。用旋转手柄调节运动大小的操纵器件,必须是从断开位置顺时针逐渐加大到全开位置。发动机操纵器件、襟翼和其他辅助升力装置的操纵器件及起落架操纵器件可以无阻挡地做全行程移动。无阻挡做全程运动是指在滑行起飞到落地各种姿态下,能够正常开关各按键或调整各手柄到各个设定位置。

襟翼和其他辅助升力装置的操纵器件的布置,除非证明更小的距离是合适的,否则起落架操纵器件之后的距离不应小于 10 in(254 mm)。

驾驶舱操纵手柄应当符合第 25.781 条规定的形状(但无需按其精确大小和特定比例)。如果设计中采取其他形状,必须经适航当局批准。

如要求有飞行工程师作为最小飞行机组成员,则飞机上必须设有飞行工程师工作位置。

第 25.779 条 驾驶舱操纵器件的动作和效果

驾驶舱操纵器件必须设计成使它们按下列运动和作用来进行操纵:

(a) 空气动力操纵器件。

(1) 主操纵

操纵器件	动作和效果
副翼	右偏(顺时针)使右翼下沉
升降舵	向后使机头抬起
方向舵	右脚前蹬使机头右偏

(2) 次操纵

操纵器件	动作和效果
襟翼(或辅助升力装置)	向前使襟翼收起;向后使襟翼放下
配平调整片(或等效装置)	转动使飞机绕平行于操纵器件轴线的轴线作相似转动

(b) 动力装置操纵器件和辅助操纵器件。

(1) 动力装置操纵器件。

操纵器件	动作和效果
功率或推力杆	油门杆向前使正推力增大,向后使反推力增大
螺旋桨	向前使转速增加
混合比	向前或向上使富油
汽化器空气加热	向前或向上使冷却
增压器	对于低压头增压器,向前或向上使压力增大
	对于涡轮增压器,向前、向上或顺时针转动使压力增大

（2）辅助操纵器件

操纵器件	动作和效果
起落架	向下使起落架放下

解析　相关内容可参见本书第二部分的 AC 20-175。

第 25.781 条　驾驶舱操纵手柄形状

驾驶舱操纵手柄必须符合下图中的一般形状（但无需按其精确大小和特定比例）：

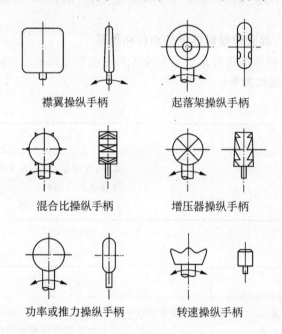

襟翼操纵手柄　　　　　　　起落架操纵手柄

混合比操纵手柄　　　　　　增压器操纵手柄

功率或推力操纵手柄　　　　转速操纵手柄

解析　本条要求操纵手柄的形状应设计成符合条文规定的形状，预防混淆，能在应急情况下迅速识别它们，提高安全性。如果有不符合本条规定的手柄形状设计，必须经适航当局批准。

第 25.785 条　座椅、卧铺、安全带和肩带

（g）驾驶舱工作位置的每个座椅必须设有带单点脱扣装置的安全带和肩带组合式约束系统，使驾驶舱内乘员就座并系紧安全带-肩带后能执行该乘员在驾驶舱内所有必要的职责。必须有措施在每个组合约束系统不使用时将其固定，以免妨碍对飞机的操作和在应急情况下的迅速撤离。

（k）在正常飞行中可能伤害机内坐着或走动的人员的每个凸出物都必须包垫。

解析　一般通过机上地面检查和通过驾驶舱机组的评定来说明机组座椅满足要求。客舱布局时细节上考虑凸出物的加垫保护，并经过机上地面检查确认。

第 25.809 条　应急出口布置

（a）每个应急出口，包括飞行机组应急出口在内，必须是机身外壁上能提供通向外部的无障碍开口的活动舱门或带盖舱口。而且,每个应急出口必须具有在出口关闭时能够观察外部状况的设施。该观察设施可以在出口上或者在出口附近,并且在出口和观察设施之间无障碍。还必须提供设施,能够观察撤离人员接地的可能区域。在起落架放下和起落架折断的所有条件下,在所有照明条件下,撤离人员接地的可能区域必须是可见的。

(b) 每个应急出口必须能从内外两侧开启,但如果从飞行机组区域能方便而迅速地接近其他经批准的出口,则该区域的滑动窗户应急出口不必能从外侧开启。在下列条件下,当机身无变形时必须能打开每个应急出口:

(1) 飞机处于正常地面姿态,和在一根或几根起落架支柱折断时的每一种姿态;

(2) 从开门装置启动到出口完全打开,不超过 10 s。

(3) 即使在飞机内侧有人拥挤在门上。

(c) 开启应急出口的措施必须简单明了,且不得要求特别费力;并且必须被安排和标记成即使在黑暗中也能够易于定位和操作。飞行机组应急出口可以采用按顺序多次操作(如操作双手柄或多个锁闩,或解开几个保险钩)的内部开启措施,前提是:有理由认定这些措施对于受过使用训练的机组成员是简单明了的。

(h) 对于任何大型涡轮喷气客机,中国民用航空局有关营运规定所要求的每个机腹型出口和尾锥型出口必须符合下列规定:

(1) 其设计和构造应使在飞行中不能将其打开;

(2) 在靠近出口开启措施的醒目位置,设置从相距 760 mm(30 in)处可辨读的标牌,说明该出口的设计和构造使其在飞行中是不能打开的。

解析 应急出口是旅客及机组成员在应急情况下,从机内撤离到地面的必要出口,因此必须是活动的舱门或带盖舱口,以便在应急情况下可被迅速打开,使机上所有乘员能在规定的时间内撤离飞机。

另外应急情况下,在撤离者打开某出口之前能够观察到机外是否有火情等状况,以决定是否应该开启此出口,能保护撤离者免受意外的伤害,因此在每个应急出口上或其附近有能够观察外部状况的设施是非常重要的,这样的外部观察设施应能被准备打开出口的人员使用,可以是位于出口上或者出口邻近框间距内的窗户,倘若在该出口和观察设施之间无障碍,如没有设置分隔板。某些出口为了提供足够的观察范围,在每个出口上安装了两个外部观察窗户也是可接受的。

外部观察设施是为了使人在对外部状况评估的基础上确定是否打开出口并且确认从该出口撤离是安全的,然而此时对于某些出口(如翼上出口),基于所能观察到的范围还不能对撤离者接地的区域做出评估,为此增加一个目视设施是必要的。利用该设施,在所有照明条件下,在起落架放下和起落架折断的所有条件下能够观察撤离人员接地的可能区域,该观察设施可能会离出口远一点。另外也有事故表明:机外除可能有火情外,还可能有水或其他障碍,如果出口底部在水线下,打开出口将使客舱进水影响撤离,如果出口靠近其他障碍,打开出口可能导致滑梯在舱内展开,影响撤离。在该目视设施使用时的照明条件方面,没有专门的最低照明水平的要求,可以使用应急照明系统,也可以使用应急情况下可用的任何内部和外部灯光来提供接地区域的可见性。外部观察设施可同时满足以上双重日的。

在机身无变形时,当飞机处于正常地面姿态,和起落架支柱折断而造成的每一种姿态下,即使在飞机内侧有人拥挤在门上时,每个应急出口必须能在 10 s 内完全打开。由于起落架支柱折断会导致飞机俯仰或倾斜,因此需要确定飞机的这些不利姿态,并验证当飞机处在正常地面姿态和各种最不利姿态下,出口能在 10 s 内完全打开。出口完全打开是指出口打开后处于最终位置的状态,如出口打开装置已经将出口保持在打开位置,或者打开舱盖后已经将舱盖放置在合适的存放位置(针对可卸舱盖)等。

为防止飞机内侧有人拥挤在门上影响开门,可使打开出口时舱门向内的运动及有人干涉内侧手柄操作的可能性降至最低。为使开启应急出口的措施简单明了,对于旅客应急出口,为解锁和打开出口,所要求的简单的手动手柄操作动作不得多于一个。对于仅被飞行机组使用的出口,可以使用按顺序多次操作来打开出口的方法,只要能合理制订出这样的顺序操作方法,而且对于受过使用训练的飞行机组来说是简单明了的。出口的开启措施也必须具有满足第 25.811 条和第 25.812 条等相关条款要求的标记,即使在黑暗中,也能易于定位和操作。

为使开启应急出口不得特别费力,AC 25-17 中说明在机身增压到起飞和降落时允许的最大压差下(通常为 0.125 psi),出口可被打开,如果具有自动放气等设计措施使此压差不可能出现,那么出口应当在滑行、中断起飞或轻微坠撞后合理可能出现的压差下能打开出口。AC 25.783-1 中说明:打开应急出口的操作应当在不使用主操纵系统下,不要求操作者有特别技能或特别费力情况下表明,操作力应当包括最大允许的地面客舱压差的影响。作为指导,这个操作力应当不大于50 lb。

CCAR-25　运输类飞机适航标准——E 分部动力装置

第 25.941 条　进气系统、发动机和排气系统的匹配性

对于装用几何形状可变的进气系统或排气系统或两者兼用的飞机应符合下列规定:

(b) 上述各部分的工作(计及可能的故障)对飞机气动操纵的动态影响,不得要求驾驶员为避免超过飞机的使用限制或结构限制而付出特殊的技巧、机敏或体力;

(c) 表明符合本条(b)的规定时,在第 25.143(e)和(f)条规定的条件下,要求驾驶员付出的体力不得超过第 25.143(d)条规定的限制。

解析　在一切非特殊飞行状态下,发动机进气系统的操作对飞机操纵的影响,

不得要求驾驶员付出特殊的技巧、机敏或体力来避免超过飞机的绝对限制。

由于靠近机翼或飞机其他部分，或者由于进气道或发动机之间气动力干扰，对进气道气流状态产生的任何影响，在任何非特殊飞行状态下，都不得使任何推进装置的性能降低到妨害飞机满足可适用的性能和操纵品质要求的程度。

各个进气道调节系统的安排，必须使任一推进装置的进气调节系统的故障或失效不致妨害其余推进装置继续安全工作，也不要求任一机组人员立即采取行动来维持其余推进装置的继续安全工作。

排气系统及其操纵系统的设计，必须在万一损坏时，使其构型不致危及飞机安全，对排气系统的基本功能无重要影响的部件（如消声器）的设计，必须使在万一发生故障的情况下，不得妨害发动机继续安全工作。

调节系统如果不用试验的方法来验证所有预想工作条件下副喷管鱼鳞片能自动处于正确位置，那就要为机组人员提供调节副喷管鱼鳞片的装置。如有必要需为鱼鳞片所处的任意位置提供适当的阻尼；为保证副喷管的基本功能并非十分必要的活动零件的设计，必须使之在调节系统万一发生故障时也不处于危险位置。

关于"特殊的驾驶员体力"的定义参见第 25.143 条内容。

第 25.1141 条　动力装置的操纵器件：总则

动力装置操纵器件的位置、排列和设计，必须符合第 25.777 至 25.781 条的规定，并按第 25.1555 条的要求作标记。此外，还必须满足下列要求：

（a）操纵器件的位置必须保证不会由于人员进出驾驶舱或在驾驶舱内正常活动而使其误动；

（d）操纵器件必须能保持在任何给定的位置而不需飞行机组成员经常注意，并且不会由于操纵载荷或振动而滑移；

（f）位于驾驶舱内的动力装置阀门操纵器件必须具有下列措施：

（1）飞行机组可以选择阀门的每个预定位置或者功能；

（2）向飞行机组指示下列情况：

（i）阀门的所选位置或功能；

（ii）阀门没有处于预定选择的位置或功能。

解析　动力装置操纵器件的设计和布置应能防止其位置意外地被移动，其防护措施一般设有卡锁、挡块，其次还有限动槽等结构形式，保证操纵器件的位置不会因人员进出驾驶舱或在驾驶舱内正常活动而使其误动。

操纵器件的任一给定位置，要有操纵系统的制动装置保证，以避免操纵载荷或振动发生滑移。同时，也减轻驾驶员的操作负担。

对燃油阀门和动力作动的阀门如进气风门、反推力转换套筒等，无论其位置是否与预定位置一致，由于其直接影响到飞机安全，应提供适当的信号指示其位置。

第 25.1142 条　辅助动力装置的操纵器件

驾驶舱内必须有起动、停车和应急关断每台机载辅助动力装置的设施。

解析 TSO-C77《Gas Turbine Auxiliary Power Units》适用于飞行中的 APU 操纵器件。双驾驶员操作时,就要求必须在可能会导致危险的情况下提供自动检测和自动停车措施。在双驾驶员设计的飞机中安装的主 APU 操纵器件必须提供可靠的操作功能,并且具备能够避免工作在不安全状态的措施。因而,必须评估 APU 的自动检测和自动停车功能,确保 APU 的可靠性,即确认由基本操纵部件提供关键的功能。

第 25.1143 条　发动机的操纵器件

(a) 每台发动机必须有单独的功率(推力)操纵器件。

(b) 功率(推力)操纵器件的排列必须满足下列要求:

(1) 能单独操纵每台发动机;

(2) 能同时操纵所有的发动机。

(c) 每个功率(推力)操纵器件必须能对其操纵的发动机进行确实和及时反应的操纵。

(d) 如果液体(燃油除外)喷射系统及其控制机构不作为发动机的一部分来提供和批准,则申请人必须表明喷射液体的流量是受到适当控制的。

(e) 如果功率(推力)操纵器件具有切断燃油的特性,则该操纵器件必须有措施防止其误动到断油位置。该措施必须满足下列要求:

(1) 在慢车位置有确实的锁或止动器;

(2) 要用另外的明显动作才能将操纵器件移到断油位置。

解析 为了防止一台发动机发生故障而不会影响其他发动机的工作。每台发动机必须有各自独立的功率(推力)操纵器件,以确保飞机能够安全可靠地飞行。

对于多台发动机飞机上的功率(推力)操纵器件的设计排列,既能单独操纵每台发动机,又能同时操纵所有发动机。对装有多台发动机的操纵杆,手柄可设计成联动机构。

发动机功率(推力)操纵要有一定的灵敏度,且跟随性好,以保证飞机的使用性能和安全要求不受影响。

对于涡轮发动机来说,当外界空气温度升高及气压降低时,会使发动机起飞功率(推力)减少。为此,装有喷液系统,用以恢复或增大发动机起飞时的功率(推力)。其基本原理是通过发动机的质量流量愈大,产生的推力愈大。同时,喷液使涡轮进口温度降低,因而在不超过排气温度限制条件下,使发动机推力增加。

若使用喷液系统,该系统及其操纵不作为发动机一部分来提供和批准时,则申请人必须表明喷液的流量是受到适当控制的。

为了保证飞机的安全,对功率(推力)操纵器件具有切断燃油的机构,必须要有一种装置,此装置能可靠地防止操纵机构误入断油位置,切断燃油必须要有一个单独和明显的动作。专用术语:功率,一般用于涡轮螺旋桨发动机;推力,一般用于涡轮喷气式发动机。

第 25.1145 条 点火开关

（a）必须用点火开关来控制每台发动机上的每个点火电路。

（b）必须有快速切断所有点火电路的措施，其方法可将点火开关构成组列或者使用一个总点火控制器。

（c）每组点火开关和每个总点火控制器都必须有防止被误动的措施，但不要求连续点火的涡轮发动机的点火开关除外。

解析 每个点火开关控制每台发动机的点火电路。点火开关通常有"自动"、"断开"和"手动"三个位置。"自动"位置是发动机的正常起动位置，是由起动系统电路中的继电器保证，只要按下起动按钮，在起动系统内继电器的作用下，发动机自动点火，当发动机达到稳定状态转速时，点火自动断开。"手动"位置是发动机的直接点火状态。在这个位置，不受起动按钮的控制。只要一进入"手动"位置，发动机立即点火。"手动"位置通常叫做发动机的"空中点火"或"空中"起动开关或按钮。"断开"位置是切断点火电源，停止点火。

点火开关必须放在方便操作的地方，以便驾驶员方便快速地进行点火或切断点火。点火开关可以采用总开关或成组排列的形式。点火开关必须有防止误动作的措施，但不要求连续点火的涡轮发动机的开关除外。条文中不要求涡轮发动机点火开关设置防止误动作的措施。但实际上，大多数涡轮发动机点火开关都设有保护措施，以免误动作，所以，最好采用点火开关的保护措施。

第 25.1147 条 混合比操纵器件

（a）如果有混合比操纵器件，每台发动机必须有一单独的混合比操纵器件。这些操纵器件必须成组排列并满足下列要求：

（1）能单独操纵每台发动机；

（2）能同时操纵所有的发动机。

（b）混合比操纵器件对应于正常工作调定值的每一中间位置，必须能靠手感和视觉分辨。

（c）混合比操纵器件必须是左右驾驶员都可接近的。但是，如果有单独的带操纵台的飞行工程师工作位置，则混合比操纵器件只需是飞行工程师可接近的。

解析 "每台发动机必须有一单独的混合比操纵器件"，能够单独操纵每台发动机，又能同时操纵所有发动机。因为飞机飞行期间，发动机必须满足可以同时工作，也可以单独工作，即便某一台发动机因意外原因而导致不工作或不能操纵，其他发动机还能工作或操纵满足飞机飞行的需要。

"混合比操纵器件对应于正常工作调定值的每一中间位置，必须能靠手感和视觉分辨"，是因为驾驶员操纵飞机的过程中，必须满足自身感觉的要求，必须有合适的操纵力、位移以及相应的视觉分辨力才能使驾驶员相信操作完成并且可靠。

"混合比操纵器件必须是左右驾驶员都可接近的"，主要因为左右驾驶员对混合比操纵器件的操纵是一致的，必须满足左右驾驶员都可以操作的要求。

第 25.1149 条　螺旋桨转速和桨距的操纵器件

(a) 每一螺旋桨必须有单独的螺旋桨转速和桨距的操纵器件。

(b) 操纵器件必须成组排列并满足下列要求：

(1) 能单独操纵每一螺旋桨；

(2) 能同时操纵所有的螺旋桨。

(c) 操纵器件必须能使所有螺旋桨同步。

(d) 螺旋桨转速和桨距的操纵器件必须设在驾驶员油门操纵器件的右面，至少比其低 25 mm(1 in)。

解析　如果螺旋桨性能正常，操纵器件能够单独操纵，还能同时操纵所有螺旋桨，保证螺旋桨操纵器件因任何意外导致对任一螺旋桨的操纵失效时，仍能正常操纵其他螺旋桨，保证飞机的飞行安全。

带螺旋桨的发动机的推力控制使用油门杆控制器(功率杆控制器)和螺旋桨控制杆。在功率杆位置高于"β 范围"(指螺旋桨控制杆不再起恒速作用)时，螺旋桨控制杆操作螺旋桨控制组件，否则，是功率杆直接控制桨叶角，即控制螺旋桨转速和桨距。

第 25.1153 条　螺旋桨顺桨操纵器件

(a) 每一螺旋桨必须有单独的顺桨操纵器件，该器件必须有防止被误动的措施。

(b) 如果是用移动螺旋桨桨距或转速操纵手柄来实现顺桨，则必须有措施能防止在正常运行时将该手柄误动到顺桨位置。

解析　"每一螺旋桨必须有单独的顺桨操纵器件，该器件必须有防止被误动的措施"，是因为顺桨操纵器件对螺旋桨非常重要，可以提高飞机的操纵性。顺桨时，螺旋桨转动阻力最大，桨距最大，会降低螺旋桨转速，导致推力下降，改变飞机的工作状态，因此必须采取措施防止顺桨操纵器件被误动。

"必须有措施能防止在正常运行时将该手柄误动到顺桨位置"，是因为操纵器件所采用的是桨距或转速操纵手柄，因此当驾驶员操作失误或无意识的操作，都会导致顺桨事件的发生，改变飞机的飞行状态。

第 25.1155 条　反推力和低于飞行状态的桨距调定

用于反推力和低于飞行状态的桨距调定的每一操纵器件，均必须有防止被误动的措施。

该措施在飞行慢车位置必须有确实的锁或止动器，而且必须要求机组采取另外明显动作，才能将操纵器件从飞行状态(对于涡轮喷气发动机飞机为正推力状态)的位置移开。

解析　反推力的每一操纵器件，必须有防止被误动的措施，且在慢车位置有可靠的锁和止动装置。当操纵器件从飞行状态移开时，必须有一个单独和明确的操纵动作，以保证飞行安全。对于螺旋桨飞机，低于飞行状态的桨距调节(飞行慢车)一般是指"β 模式"。通常低于飞行状态的油门杆操作会在开始时引起地面慢车的螺旋桨桨距调定。如果进一步移动油门杆,便可获得反推力或β螺旋桨调定。

第 25.1157 条　汽化器空气温度控制装置

每台发动机必须有单独的汽化器空气温度控制装置。

解析　在汽化器中燃油从空气中吸热,提高燃油温度,加快燃油的汽化速度,但是如果空气温度较低,燃油从空气中吸收热量就少,燃油的汽化质量不能达到最佳,因此必须安装汽化器空气温度控制装置,使得进入汽化器的空气有合适的温度来保证燃油的汽化质量。

第 25.1159 条　增压器操纵器件

每个增压器操纵器件必须是左右驾驶员都可达的。或者,如果有单独的带操纵台的飞行工程师工作位置,则增压器操纵器件必须是飞行工程师可达的。

解析　该条款要求保证飞机驾驶员和飞行工程师(如有)对增压器的操纵可达性。

第 25.1161 条　应急放油系统的操纵器件

每个应急放油系统的操纵器件必须有防止其被误动的保护罩,应急放油操纵器件不得靠近灭火瓶的控制器件或用于灭火的其他控制器件。

解析　飞机上的每个应急放油系统的操纵器件都必须安装有防止其被误动的保护罩,防止驾驶员因意外动作触到操纵器件,使飞机油箱意外放油,导致发动机不能正常工作或者破坏飞机稳定性;同时要求应急放油操纵器件不得靠近灭火瓶控制器件或用于灭火的其他控制器件,防止灭火时误动作应急放油操纵器件,导致油意外放出,引起更大的火灾。

CCAR‑25　运输类飞机适航标准——F 分部设备

第 25.1301 条　功能和安装

(a) 所安装的每项设备必须符合下列要求:

(1) 其种类和设计与预定功能相适应;

(2) 用标牌标明其名称、功能或使用限制,或这些要素的适用的组合;

(3) 按对该设备规定的限制进行安装;

(4) 在安装后功能正常。

解析　该条款为通用条款,是对所有机载系统设备的总要求。

第 25.1303 条　飞行和导航仪表

(a) 下列飞行和导航仪表的安装必须使每一驾驶员从其工作位置都能看到该仪表:

(1) 大气静温表,或可将其指示换算为大气静温的大气温度表;

(2) 带秒针的或数字式的显示时、分、秒的时钟;

(3) 航向指示器(无陀螺稳定的磁罗盘)。

(b) 每一驾驶员工作位置处必须安装下列飞行和导航仪表：

(1) 空速表。如果空速限制随高度变化，则该表必须指示随高度变化的最大允许空速 V_{MO}；

(2) 高度表（灵敏型）；

(3) 升降速度表（垂直速度）；

(4) 带有侧滑指示器（转弯倾斜仪）的陀螺转弯仪，但按有关营运条例装有在 360°俯仰和滚转姿态中均可工作的第三套姿态仪表系统的大型飞机，只需有侧滑指示器；

(5) 倾斜俯仰指示器（陀螺稳定的）；

(6) 航向指示器（陀螺稳定的磁罗盘或非磁罗盘）。

(c) 飞机应根据下列规定的情况安装相应的飞行和导航仪表：

(1) 涡轮发动机飞机和 V_{MO}/Ma_{MO} 大于 $0.8V_{DF}/Ma_{DF}$ 或 $0.8V_D/Ma_D$ 的飞机，需有速度警告装置。当速度超过 $V_{MO}+6\,kn$ 或 $Ma_{MO}+0.01$ 时，速度警告装置必须向驾驶员发出有效的音响警告（要与其他用途的音响警告有明显区别）。该警告装置的制造允差的上限不得超过规定的警告速度；

(2) 有压缩性限制而本条(b)(1)要求的空速指示系统未向驾驶员指示 M_{MO} 的飞机，在每一驾驶员工作位置处需有马赫数表。

解析　带秒针的或数字式的显示时、分、秒的时钟，要求显示时间的解析度达到秒级。秒针的移动步长不应超过 1 s。

灵敏性高度表，通常指数字式或者含有多个不同的指针每个指针显示不同数位上的高度信息的机械式高度表。

警告装置的制造允差的上限不得超过规定的警告速度，要求能证明在任何情况下音响告警的触发速度都不得高于当速度超过 $V_{MO}+6\,kn$ 或 $Ma_{MO}+0.01$。

第 25.1305 条　动力装置仪表

所需的动力装置仪表规定如下：

(a) 各种飞机。

(1) 每台发动机有一个燃油压力警告装置，或所有发动机有一个总警告装置，并有分离各单独警告的措施；

(2) 每个燃油箱有一个燃油油量表；

(3) 每个滑油箱有一个滑油油量指示器；

(4) 每台发动机的每个独立的滑油压力系统有一个滑油压力表；

(5) 每台发动机有一个滑油压力警告装置，或所有发动机有一个总警告装置，并有分离各单独警告的措施；

(6) 每台发动机有一个滑油温度表；

(7) 提供可视和音响警告的火警设备；

(8) 每个加力液箱有一个液量指示器（和飞机运行中液体的使用方式相适应）。

（b）活塞发动机飞机。

除本条（a）要求的动力装置仪表外，还需装有下列动力装置仪表：

（1）每台发动机有一个汽化器空气温度表；

（2）每台气冷发动机有一个气缸头温度表；

（3）每台发动机有一个进气压力表；

（4）每台发动机有一个燃油压力表（指示供油压力）；

（5）无自动高度混合控制器的每台发动机，有一个燃油流量表或一个油气混合比指示器；

（6）每台发动机有一个转速表；

（7）属于下列任一情况的每台发动机，有一个在飞行中向飞行机组指示功率输出变化的装置：

（i）装有由功率输出测量系统启动的螺旋桨自动顺桨系统；

（ii）发动机活塞总排气量等于或大于 $33\,000\,\mathrm{mL}(2\,000\,\mathrm{in}^3)$。

（8）每具可反桨的螺旋桨有一个指示装置，在螺旋桨反桨时向驾驶员发出指示。

（c）涡轮发动机飞机。

除本条（a）要求的动力装置仪表外，还需装有下列动力装置仪表：

（1）每台发动机有一个燃气温度表；

（2）每台发动机有一个燃油流量表；

（3）每台发动机有一个转速表（指示有规定限制转速的转子转速）；

（4）如果发动机起动机既未按连续使用设计，又未设计成在其失效后能防止危险，但是可能被连续使用，则每台起动机应有一种向飞行机组指示其运转状态的装置；

（5）每台发动机有一个动力装置防冰系统功能指示器；

（6）第 25.997 条要求的燃油滤网或燃油滤，应有一个指示器，在滤网或油滤的脏污程度影响第 25.997(d) 条规定的滤通能力之前即指示出现脏污；

（7）第 25.1019 条要求的滑油滤网或滑油滤，如果没有旁路，则应有一个警告装置，在滤网或油滤的脏污程度影响第 25.1019(a)(2) 条规定的滤通能力之前向驾驶员警告出现脏污；

（8）防止燃油系统部件被冰堵塞的任何加温器，应有一个指示其功能是否正常的指示器。

（d）涡轮喷气发动机飞机。

除本条（a）和（c）要求的动力装置仪表外，还需装有下列动力装置仪表：

（1）一个向驾驶员指示推力或与推力直接有关的参数的指示器。其指示必须以对推力或该参数的直接测量为依据。该指示器必须能指示发动机故障、损坏或性能降低所造成的推力变化；

（2）当反推力装置处于下列状态时,位置指示装置向飞行机组发出指示:

（i）未处于所选位置;

（ii）对于每台装有反推力装置的发动机,处于反推力位置。

（3）一个指示转子系统不平衡状态的指示器。

（e）涡轮螺旋桨飞机。

除本条（a）和（c）要求的动力装置仪表外,还需装有下列动力装置仪表:

（1）每台发动机一个扭矩表;

（2）每具螺旋桨一个位置指示器,在螺旋桨桨叶角小于飞行低距位置时向飞行机组发出指示;

（f）装有增大功率（推力）的液体系统（燃油除外）的飞机,必须装有一个经批准的向飞行机组指示该系统功能是否正常的装置。

解析　对于排列原则和次序,动力装置仪表应根据各功能参数的重要性和与动力装置位置相对应的原则进行定位,并按下面（1）、（2）、（3）的次序进行从上到下或者从左到右的排列,以避免指示仪表与动力装置的位置、顺序相互混淆。

（1）主功率或推力参数指示器,如压力比、低压转速、制动马力、进气道压力、反推力位置,应安装在显示区的最上面或最左边;

（2）主要的极限和功能指示器,如燃气温度、高压转速、气缸头温度、燃油流量,应紧随着主功率或推力参数指示器安装;

（3）次要的极限和功能指示器,如滑油压力、滑油温度、振动,应安装在显示区的最下面或最右边。

针对电子显示系统,一般的动力装置仪表可以用一个 CRT 或 LCD 构成的发动机/警告显示器（E/WD）和一个系统显示器（SD）来取得传统的分立式机电仪表。其信息的显示格式和警告功能,以及维修特性等仍应满足本条的相关要求。

发动机仪表警告信息应与型号合格证要求一致,并要得到发动机生产厂家的同意。另外,与推力直接相关的"参数":风扇转速（N1）、综合发动机压力比（IEPR）和发动机压力比（EPR）等,它们都取决于所采用的发动机类型。

第 25.1309 条　设备、系统及安装

（a）凡航空器适航标准对其功能有要求的设备、系统及安装,其设计必须保证在各种可预期的运行条件下能完成预定功能。

（b）飞机系统与有关部件的设计,在单独考虑以及与其他系统一同考虑的情况下,必须符合下列规定:

（1）发生任何妨碍飞机继续安全飞行与着陆的失效状态的概率为极不可能;

（2）发生任何降低飞机能力或机组处理不利运行条件能力的其他失效状态的概率为不可能。

（c）必须提供警告信息,向机组指出系统的不安全工作情况并能使机组采取适当的纠正动作。系统、控制器件和有关的监控与警告装置的设计必须尽量减少可能增加危险的机组失误。

（d）必须通过分析，必要时通过适当的地面、飞行或模拟器试验，来表明符合本条（b）的规定。这种分析必须考虑下列情况：

（1）可能的失效模式，包括外界原因造成的故障和损坏；

（2）多重失效和失效未被检测出的概率；

（3）在各个飞行阶段和各种运行条件下，对飞机和乘员造成的后果；

（4）对机组的警告信号，所需的纠正动作，以及对故障的检测能力。

解析　提供警告信息，向飞行机组告诫系统的不安全的工作情况，对于下述事件，要求有警告。

该事件是它们的任何潜在灾难性后果的一部分；

该事件与其他任何潜在继发失效事件与先前事件结合会导致灾难性失效状态、且在飞行机组差错之前发生的失效事件。

警告的目的是为飞行机组提供时间或机会去采取合适的纠正动作，在时间上或影响程度上减少发生其他潜在继发的灾难性失效事件或机组差错的可能性。

系统、控制器件和有关的监控警告装置的设计必须尽量减少可能产生附加危险的飞行机组人员的差错，设计应该定性地表明这一符合性。

通常，由一个装置的单一失效模式产生的失效状态不能认为是极不可能发生的。做出这种评估时，应该考虑到所有可能的和有关的情况，包括该装置的所有有关属性。潜在的失效是其发生时固有、未检测出来的一种失效。重大的潜在失效是当它和一个或多个其他失效或事件组合时将会产生一个危险失效状态的失效。使用经验表明，尚未产生过的失效模式可能很广泛，但决不会充分表现出来。

因而，如果一个灾难性失效模式会在没有任何预先提示失效监控和警告系统是一种目前技术水平切实可行的措施。一个可靠的失效监控和警告系统既不会在应当告警时未发生警告，也不会在不应有告警时发出误告警（误告警有时可能比没有警告装置或极少发生的漏警告更危险）。

第25.1321条　布局和可见度

（a）必须使任一驾驶员在其工作位置沿飞行航迹向前观察时，尽可能少偏移正常姿势和视线，即可看清供他使用的每个飞行、导航和动力装置仪表。

（b）第25.1303条所要求的飞行仪表必须在仪表板上构成组列，并尽可能集中在驾驶员向前视线所在的垂直平面附近。此外，必须符合下列规定：

（1）最有效地指示姿态的仪表必须装在仪表板上部中心位置；

（2）最有效地指示空速的仪表必须直接装在本条（b）（1）所述仪表的左边；

（3）最有效地指示高度的仪表必须直接装在本条（b）（1）所述仪表的右边；

（4）最有效地指示航向的仪表必须直接装在本条（b）（1）所述仪表的下边。

（c）所要求的动力装置仪表，必须在仪表板上紧凑地构成组列。此外，必须符合下列规定：

（1）各发动机使用同样的动力装置仪表时，其位置的安排必须避免混淆每个仪表所对应的发动机；

（2）对飞机安全运行极端重要的动力装置仪表，必须能被有关机组成员看清。

（d）仪表板的振动不得破坏或降低任何仪表的精度。

（e）如果装有指出仪表失灵的目视指示器，则该指示器必须在驾驶舱所有可能的照明条件下都有效。

解析　驾驶舱仪表布局要满足"基本 T 布局"，无论是用传统的机电式仪表，还是用电子显示器，都需满足基本 T 布局的要求。第 25.1333 条仪表系统要求通常需要有单独的备用姿态、大气数据和航向显示。但因为这些显示仅在相应的主仪表失效时采用，故第 25.1321 条所要求的 T 形布局的要求并不适用备用仪表的布局。但是，所有的备用仪表应布置成便于其中一个驾驶员使用。

第 25.1326 条　空速管加温指示系统

如果装有飞行仪表的空速管加温系统，则必须设置指示系统，当空速管加温系统不工作时向飞行机组发出指示，指示系统必须满足下列要求：

（a）在飞行机组成员清晰可见的视野内有一琥珀色灯；

（b）其设计应能在出现任一下列情况时提请飞行机组注意：

（1）空速管加温系统开关在"断开"位置；

（2）空速管加温系统开关在"接通"位置，而任一空速管加温元件不工作。

解析　空速管加温系统应能保证空速管测量口不因结冰堵塞而导致错误的仪表指示；而空速管加温指示系统应能及时提供驾驶员空速管加温系统"没有接通"或"故障不工作"的指示，避免驾驶员依赖错误的仪表指示数据进行飞行而导致的不安全事件和事故。（a）款规定了该系统必须在飞行机组成员清晰可见的地方安装一琥珀色灯。（b）款规定当加温系统开关在"接通"位置而任意空速管加温元件不工作时，或加温系统开关在"断开"位置时，琥珀色灯都应点亮提供驾驶员"空速管不加温"的警告指示。

第 25.1329 条　飞行导引系统

（a）必须给每个驾驶员提供具有快速切断自动驾驶仪和自动推力功能的操纵器件。自动驾驶仪快速切断操纵器件必须装在两个操纵盘（或其等效装置）上。自动推力快速切断操纵器件必须装在推力操纵杆上。当驾驶员在操作操纵盘（或其等效装置）和推力操纵杆时，必须易于接近快速断开操纵器件。

（c）飞行导引系统、模式，或传感器的衔接或转换导致的飞机航迹瞬变，都不得大于本条（n）（1）中规定的微小瞬变。

（d）在正常条件下，飞行导引系统的任何自动控制功能的切断导致的飞机航迹瞬变，都不得大于微小瞬变。

（e）在罕见的正常和不正常条件下，飞行导引系统的任何自动控制功能的切断导致的瞬变都不得大于本条（n）（2）中规定的重大瞬变。

(f) 如有必要,为了防止不适当使用或混淆,每一个指令基准控制器件的功能和运动方向,如航向选择或垂直速度,必须清楚地标示在每一控制器件上或其附近。

(g) 在适于使用飞行导引系统的任何飞行条件下,飞行导引系统不会对飞机产生危险的载荷,也不会产生危险的飞行航迹偏离。这一要求适用于无故障运行和故障情况,前提是假设驾驶员在一段合理的时间内开始采取纠正措施。

(h) 当使用飞行导引系统时,必须提供措施以避免超出正常飞行包线速度范围可接受的裕度。如果飞机飞行速度偏移超出这个范围,必须提供措施防止飞行导引系统导引或控制导致不安全的速度。

(i) 飞行导引系统的功能、操纵器件、指示和警告必须被设计成使飞行机组对于飞行导引系统的工作和特性产生的错误和混淆最小。必须提供措施指示当前的工作模式,包括任何预位模式、转换和复原。选择器电门的位置不能作为一种可接受的指示方式。操纵器件和指示必须合理和统一地进行分类组合和排列。在任何预期的照明条件下,指示都必须能够被每个驾驶员看见。

(j) 自动驾驶仪断开后,必须及时地给每一驾驶员提供与驾驶舱其他警告截然不同的警告(视觉和听觉的)。

(k) 自动推力功能断开后,必须给每一驾驶员提供戒备指示。

(l) 当飞行机组对飞行操纵器件施加超控力时,自动驾驶仪不得产生潜在的危险。

(m) 在自动推力工作期间,飞行机组必须不用过大的力气就能移动推力杆。在飞行机组对推力杆施加超控力时,自动推力不得产生潜在的危险。

(n) 对于本条,瞬变指对控制或飞行航迹的一种干扰,这种干扰对飞行机组输入的响应或环境条件不一致。

(1) 微小瞬变不会严重减小安全裕度,且飞行机组的行为能力还很好。微小瞬变会导致轻微增加飞行机组的工作负担或对旅客和客舱机组带来某些身体的不适。

(2) 重大瞬变会引起安全裕度严重减小、飞行机组工作负担增加、飞行机组不适,或旅客和客舱机组身体伤害,可能还包括非致命的受伤。为了保持或恢复到正常飞行包线内,严重瞬变不要求:

(i) 特殊的驾驶技巧,机敏或体力;

(ii) 超过第 25.143(d)条要求的驾驶员力量;

(iii) 会对有保护或无保护的乘员产生进一步危害的飞机的加速度或姿态。

解析　(a)款对自动驾驶仪和自动推力装置的安装位置和快速断开操作做了明确要求。(a)款要求必须经适航当局批准后才能投入使用。对于简单的相对独立的自动驾驶仪系统的批准可以是用 TSO 的方式批准;对于复杂的并与飞机性能密切相关的自动驾驶仪系统的批准,往往需要和整个飞机的型号合格审定同时取得批准。

快速断开:目的是确保每个驾驶员凭单手/臂动作,就能迅速且容易的断开自动驾驶仪和自动推力功能的操纵器件(主要为驾驶盘或等效物)。

易于接近:飞行导引系统的手操纵部件包括接通/关断电门、转弯按钮、俯仰手轮、航向选择器、高度选择器和其它各种按钮等。这些部件往往集中安装在飞行控制板上。为了便于每个驾驶员操作,飞行控制板一般都被布置安装在中央操纵台或驾驶舱遮光板上。在每个驾驶盘(或等效物)或者推力控制杆上安装的快速断开装置,是为了便于驾驶员一只手操纵驾驶杆,必要时断开自动驾驶仪;另外一只手还可以用来操纵推力控制杆。

(i) 款提出对指示告警信号的要求。工作状态指示装置应确保不会造成错误选择和指示不明确,及时向驾驶员正确指示其飞行的即时工作状态(如"航向保持"、"VOR"、"下滑"等),以提高飞行安全性能。选择器转换开关:由于转换开关可能会发生错位、接触不良等不正常工作情况,所以本款要求,选择器转换开关的位置不可以用来作为飞行导引系统工作状态的显示手段,必须另外设置"工作状态显示器"装置。

(j)、(k) 款提出对自动驾驶仪和自动推力的切断警告要求。

(l)、(m) 款提出对超控力对自动驾驶仪和自动推力的影响的安全性评估要求。

(n) 款对瞬变的进行了定义和说明。

第 25.1331 条　使用能源的仪表

(a) 对于第 25.1303(b)条要求的使用能源的每个仪表,采用下列规定:

(1) 每个仪表都必须具有与仪表构成一体的目视指示装置,在供能不足以维持仪表正常性能时发出指示。能源必须在进入仪表处或其附近测量。对电气仪表,当电压在批准的范围内时,即认为电源满足要求;

(3) 如果提供导航数据的仪表是从该仪表外部的来源接受信息的,并且丧失这些信息就会使所提供的数据不可靠,则该仪表必须具有目视指示装置,当信息丧失时向机组发出警告,不应再信赖所提供的数据。

解析　本条主要规定了第 25.1303(b)条中所要求的使用能源的仪表供能不足时的指示要求、能源失效时的转换要求及数据信息来源的目视指示要求。同时在条款中专门指出,"仪表"的范围并不仅限于表头本身,还包括与之相连的设备,应从整体的角度去考虑。

第 25.1357 条　电路保护装置

(d) 如果飞行安全要求必须有使某一断路器复位或更换某一熔断器的能力,则这种断路器或熔断器的位置和标识必须使其在飞行中易被复位或更换。在使用熔断器的地方,必须有备用熔断器供飞行中使用,其数量至少应为保护整个电路所需的每种额定熔断器数量的50%。

(f) 对于正常工作中有必要进行断电或电源复位的飞机系统,该系统必须设计为:其断路器不得作为断电或电源复位的主要手段,除非将断路器特别设计作为开关使用。

解析　根据 AC 25.1357－1,如果在飞行中具有重置或替换电路保护装置的能力对飞行安全是重要的,那么电路保护装置必须容易接近。在定义一个安全设计时,必须考虑到单个失效或组合失效,包括自动电路保护装置断开。需借助其才能使得电源持续供应的任何单个电路保护装置,包括那些用于保护汇流条或电源的电路保护装置,也就是那些在飞行中对安全起重要作用的元件,必须使得机组人员在不需离开其座位的情况下容易接近。

第 25.1381 条　仪表灯

（a）仪表灯必须满足下列要求:

（1）提供足够的照明,使安全运行所必需的每个仪表、开关或其他装置易于判读,除非有其他光源提供的充足照明。

（2）灯的安装应做到:

（i）遮蔽直射驾驶员眼睛的光线;

（ii）使驾驶员看不到有害的反光。

（b）除非在每一预期的飞行条件下,不可调节亮度的仪表灯已令人满意,否则必须有措施控制照明强度。

解析　仪表灯的用途是对驾驶舱仪表板上的各种仪表、开关或其他装置提供照明,使机组人员能在各种飞行条件下清晰判读需要观察的仪表显示信息。本条是从满足适航的最低安全标准出发,对运输类飞机驾驶舱仪表灯照明的总体效果所做的规定。

"易于判读"是对仪表灯照明功能综合效果的最低要求。"易于判读"的要求包含客观照明条件和主观视觉两方面的内容。机组要能容易地判读仪表的显示与下列因素有关:机组人员的视觉敏锐度和对比敏感度、仪表显示的清晰程度、照明环境（由驾驶舱观察窗的自然采光、仪表照明和其他灯的照明共同形成）。

眩光:是指视野范围内由于亮度分布和范围不适宜,或者在空间或时间上存在着极端的亮度对比引起的一种不适的、降低观察能力的视觉状态或条件。一般是由灯、玻璃等透射或反射的光造成。眩光刺激眼睛,影响正常的视觉,并加速视觉疲劳,是影响照明质量的最重要因素之一。反射眩光:由物体镜面反射引起,产生不舒适感,严重的会产生视觉丧失。光幕反射:由于仪表板表面的反光,减弱了仪表刻度、指针、字符和底面间的黑白对比,降低了反差,从而增加了辨识的困难。这除与灯光照射的方向有关外,还与驾驶员视线与仪表板的角度、仪表板表面的光滑程度以及刻度、指针和字符的发射率等因素有关。

第 25.1447 条　分氧装置设置的规定

（b）如果申请运行高度≤7600 m(25000 ft)的合格审定,则供每一机组成员立即使用的供氧接头和分氧设备,必须位于易取处,其他乘员所用的供氧接头和分氧设备,必须设置在能够满足中国民用航空规章营运规则的要求来使用氧气的位置上;

解析　对于"易于取用"的解释,可参见 AC 25－17《Transport Airplane Cabin

Interiors Crashworthiness Handbook》。

CCAR‑25 运输类飞机适航标准——G 分部使用限制和资料

第 25.1523 条 最小飞行机组

必须考虑下列因素来规定最小飞行机组,使其足以保证安全运行:

(a) 每个机组成员的工作量;

(b) 有关机组成员对必需的操纵器件的可达性和操作简易性;

(c) 按第 25.1525 条所核准的运行类型。

附录 D 阐述了按本条要求确定最小飞行机组时采用的准则。

解析 本条的符合性方法请参见本书第二部分 AC 25.1523‑1 的相关内容。

第 25.1525 条 运行类型

飞机限用的运行类型按其适航审定所属类别及所装设备来制订。

解析 本条内容规定了飞机投入运行时的运行类型限制,确保飞机投入运行时的规章符合性,其限制主要体现在以下几个方面:

(1) 飞机的运行类型不能超过该机型适航审定所属类别;

(2) 确定飞机运行类型时,应核查飞机设备安装情况(具体设备要求可参照 ICAO 附件 6 第一部分、CCAR21、CCAR25、CCAR91、CCAR121、CCAR135),如果缺少的设备影响到运行,则受该设备影响的运行类型不适用。

第 25.1541 条 总则

(a) 飞机必须装有:

(1) 规定的标记和标牌;

(2) 如果具有不寻常的设计、使用或操纵特性,为安全运行所需的附加的信息、仪表标记和标牌。

(b) 本条(a)中规定的每一标记和标牌必须符合下列要求:

(1) 示于醒目处;

(2) 不易擦去、走样或模糊。

解析 "规定的标记和标牌"是指第 25.1543 条—第 25.1563 条所述的标记和标牌。这些标记和标牌要求是满足运输类飞机安全的最低适航要求。标记指直接标在仪表、操纵器件、飞机结构和系统附件上面或其附近带有颜色的标志、记号和符号。标牌是指标有文字、数值和曲线的警告或使用说明等的告示牌。标牌使用的术语和单位应与飞行手册上的术语和单位一致。标记和标牌传递的信息必须尽可能简单、清晰、明了。

对于飞机的非常规的设计、使用或操纵特性,为了保证飞机安全运行应有相应的标记和标牌,如采用襟副翼代替单独的襟翼和副翼等。此类标记和标牌的数量和具体内容随各机型而异。

标记标牌的位置要清晰易见,例如:对于一些应急设备和乘客信息标记,允许使用符号来表示,但是此种表示必须清晰易懂、不引起混淆。存放应急设备的隔间(如橱柜)必须有标明只能放置轻软物品的标识,以避免会对放置于该处的应急设备被重物可能的损坏以及遮掩,从而影响取用。

标记和标牌应是清晰可辨的,不容易擦去、走样或模糊。这要求喷涂的油漆应是抗燃油的,并且其固定方式牢固可靠。

第 25.1543 条　仪表标记:总则

(a) 当标记位于仪表的玻璃罩上时,有使玻璃罩与刻度盘盘面保持正确定位的措施;

(b) 每一仪表标记必须使相应机组人员清晰可见。

解析　仪表标记使相应的机组人员清晰可见,指刻度的粗细、长短以及颜色的组合能使机组人员位于驾驶位置上时,在各种光线条件下看清楚,并且要求最小的误读率。可以使用包括颜色组合、闪烁等各种途径达到以上目标。以下经验数据可供参考:

—红、黄和绿色直线:1.25 mm 宽,7.5 mm 长;

—红、黄和绿色弧线:2.5 mm 米宽,长度按需要确定。

第 25.1545 条　空速限制信息

第 25.1583(a)条所要求的空速限制信息必须为飞行机组易于辨读和理解。

解析　"易于辨读"要求空速限制标牌必须安置在每个驾驶员均能清晰可见的部位,可以安置在驾驶员前面仪表板左右角上方的醒目位;同时也应考虑到驾驶员以外的机组人员(如机上工程师)读取相应数据的需要。简单的速度限制可采用标牌,复杂的速度限制应在仪表上自动显示,例如采用一个可移动的附加指针指示不同飞行状态下的最大使用限制速度 V_{MO}/Ma_{MO} 等。信息的标记方法建议采用各机型上普遍采用的方式以便机组人员正确理解。

第 25.1555 条　操纵器件标记

(a) 除飞行主操纵器件和功能显而易见的操纵器件外,必须清晰地标明驾驶舱内每一操纵器件的功能和操作方法。

(b) 每一气动力操纵器件必须按第 25.677 条和第 25.699 条的要求来标示。

(c) 对动力装置燃油操纵器件有下列要求:

(1) 必须对燃油箱转换开关的操纵器件做出标记,指明相应于每个油箱的位置和相应于每种实际存在的交叉供油状态的位置;

(2) 为了安全运行,如果要求按特定顺序使用某些油箱,则在此组油箱的转换开关上或其近旁必须标明该顺序;

(3) 每台发动机的每个阀门操纵器件必须做出标记,指明相应于所操纵的发动机的位置。

(d) 对附件、辅助设备和应急装置的操纵器件有下列要求:

（1）每个应急操纵器件（包括应急放油操纵器件和液流切断操纵器件）必须为红色；

（2）如果采用可收放起落架，则必须对第25.729(e)条所要求的每个目视指示器做出标记，以便在任何时候当机轮锁住在收起或放下的极限位置时驾驶员能够判明。

解析　"显而易见的操纵器件"包括如第25.781条规定操纵手柄形状的操纵器件，如襟翼、起落架等。气动力操纵器件要按第25.677条（配平系统）的要求，在配平操纵器件近旁，必须设置指示装置以指示与飞机运动有关的配平操纵器件的运动方向以及配平装置在其可调范围内所处的位置；按第25.699条（升力和阻力装置指示器）的要求对升力和阻力操纵器件进行标示。对动力装置燃油操纵器件按本条(c)款进行标示。对附件、辅助设备和应急装置的操纵器件按本条(d)款进行标示；特别地，如果采用可收放起落架，对起落架的收放操纵器件，应按第25.729(e)条（收放机构位置指示和警告装置）的相关规定进行标示。

第25.1563条　空速标牌

必须在每个驾驶员的清晰视界内安装标有襟翼在起飞、进场和着陆位置时最大空速的标牌。

解析　本条规定了最大空速的标牌要求，可采用设计符合性说明、合格鉴定等验证方法表明符合性。

第二部分

运输类飞机驾驶舱人为因素符合性依据

第1章 AC 25‒11B 电子飞行显示器

　　本咨询通告(AC)为表明符合联邦法典第14集第25部有关安装于运输类飞机的驾驶舱电子显示器、组部件和系统的设计、安装、综合与批准的若干要求提供了指导。修订版B为原版AC添加了附录F与附录G并且更新了对一些相关规章和文件的引用。

　　倘若您对本AC有改进建议,您可以使用本AC结尾处的咨询通告反馈表。

1.1 引言

1.1.1 目的

　　本咨询通告(AC)不仅为安装于运输类飞机的驾驶舱电子显示器、组部件和系统的设计、安装、综合与批准提供了通用指导,而且也为表明对于联邦法典(CFR)第14集第25部若干要求的符合性提供了指导。本AC的附录A为显示(§25.1303(b)和§25.1333(b)规定的)主飞行信息提供了补充指导,本AC的附录B则为动力装置显示器提供了补充指导。

1.1.2 适用性

　　1.1.2.1　本AC中提供的指导针对运输类飞机的飞机与航电设备的制造厂商、改型人以及营运人。

　　1.1.2.2　本AC中的材料既非强制性也非规章性的,并且也不构成条例要求。它阐述了表明对于适用条例符合性的可接受方法,但并非唯一的方法。对于申请人可能选择提出的其他表明符合性的方法,联邦航空局(FAA)也会考虑。尽管这些指导不是强制性的,但它们荟萃了FAA与工业界在确定对于相关条例的符合性方面的大量经验。另一方面,如果我们认识到在某些情况下按此AC不见得能得到符合适用条例的结果时,我们不会拘泥于本AC的教条,我们可能会要求补充验证资料或进行设计更改作为判定符合性的基础。若某技术标准规定(TSO)要求没有提供充分的指导信息,则该TSO的申请人应当考虑遵循本AC的指南。

1.1.2.3 对已有规章要求而言,本 AC 中的材料并不构成更改、任何补充、批准更改或偏离许可。

1.1.3 撤销

本 AC 撤销 2007 年 6 月 21 日的 AC 25 - 11A"电子飞行显示系统"。

1.1.4 概述

1.1.4.1 本 AC 适用于运输类飞机的驾驶舱电子显示器、组部件和系统的设计、综合、安装与合格审定批准,其至少包括了——

- 全面适航性考虑,
- 显示系统和组部件特性,
- 安全性与临界性问题,
- 功能特性,
- 显示信息特性,
- 对于显示信息管理的指导,
- 飞行机组接口与互动性,以及
- 适航批准(符合方法)考虑。

1.1.4.2 表 1 - 1 - 1 列出了本 AC 指导范围内的主题,表 1 - 1 - 2 则列出了超出本 AC 指导范围的议题。

表 1 - 1 - 1 本 AC 指导范围内的主题

主 题
驾驶员电子显示器,包括单功能和多功能显示器
预定由驾驶员使用的显示特征与功能
预定若其可能干扰驾驶员飞行值勤时不由驾驶员使用的显示功能
Ⅲ类电子飞行包(装机设备)的显示问题
与本 AC 涵盖电子显示器有关的操控器件。这类操控器件包括硬操控器件(实际按钮与旋钮)和软操控器件(虚拟或可编程的按钮与旋钮,一般通过光标装置或行选择键进行操控)
备用电子显示器
平视显示器(head up display, HUD)
增强和合成视景系统

表 1 - 1 - 2 超出本 AC 指导范围的议题

议 题
并未预定由驾驶员使用的显示功能
空中娱乐显示器

（续表）

议 题
乘务员显示器
维护终端,即使其在驾驶舱,但并未预定由驾驶员使用
驾驶员使用的头载式显示器
飞行机组休息区显示器
手持式或便携型设施(非装机设备)
Ⅰ类与Ⅱ类电子飞行包
机电仪表
听觉"显示器"(如,音响告警)以及触觉"显示器"(如,振杆器)。
飞行操控器件、油门杆,以及其他并非直接与电子显示器相关的(硬)操控器件。

1.1.4.3 在为电子显示器提供的具体功能和特性制订指南时也有一些其他咨询材料可供使用。例如,AC 25 - 23"25 部飞机地形提示和警告系统(TAWS)安装批准的适航准则"阐述了 TAWS 适航批准的方法,包括有关 TAWS 显示器的指导。本次修订的 AC 25 - 11B 无意取代或抵制任何现有的 AC,其目的是为驾驶舱电子显示器提供一种通用的高层次的指导。本 AC 与其他咨询材料如有矛盾,将以个案方式通过 FAA 同意予以解决。在这类情况下,应当遵循更特定适用的材料。

1.1.4.4 本 AC 中的指导材料、有关为 14 CFR 第 25 部增加一项新条例和修订其两项现有条例的航空规章制订咨询委员会(ARAC)建议,以及 ARAC 这些建议相关的指导材料,这些内容结合起来旨在用来说明设计特性和技术是——

- 为航空工业界所普遍接受的,
- 适合于规章要求的,并且
- 能够合理应用于运输机驾驶舱电子显示器的合格审定项目。

1.1.4.5 ARAC 的建议包括对以下现有条例的修订:§25.1309"设备、系统及安装"和§25.1333(b)"仪表系统"。FAA 的宗旨是:本 AC 中的信息与 ARAC 有关§25.1309 和§25.1333(b)建议可能导致产生的指导材料所提供的信息不重复、不冲突。

1.1.4.5.1 ARAC 有关§25.1309 建议的信息可在 FAA 网站 ARAC Task 2 -System Design and Analysis Harmonization and Technology Update 网页上查看。

1.1.4.5.2 ARAC 有关§25.1333(b)建议的信息可在 FAA 网站 ARAC Task 2 -Cockpit Instrument System 网页上查看。§25.1333(b)是该项任务有关建议的一个组成部分。

1.1.5 本 AC 所用术语的定义

1.1.5.1 就本 AC 而言,一个"显示系统"不仅包括显示硬件和软件组部件,还包括用来向飞行机组显示信息的整套航空电子装置。影响显示器、显示功能或显示操控器件的其他系统的硬件和软件组部件,应当考虑本 AC 提出的显示问题。例如,本 AC 将适用于为高度表设置气压修正值所用的显示器,即使气压设置功能也许是其他系统的一部分。

1.1.5.2　就本 AC 而言,"可预见情况"意指假设显示器或显示系统按其给定预定功能在其中工作的整个环境,包括其在正常、非正常以及应急情况下的工作。

1.1.5.3　关于本 AC 所用的技术术语定义可查阅本 AC 的附录 C。全文用到的缩略语见本 AC 的附录 D。适用条例、相关指导以及工业界材料的清单见本 AC 的附录 E。

1.1.6　背景

1.1.6.1　电子显示器可为设计和合格审定过程带来特别的机遇与挑战。在许多情况下,在表明对于最新驾驶舱显示系统能力相关的条例要求的符合性时,申请人和 FAA 都进行了大量的解释工作。在首批电子显示器开发出来时,它们都直接取代了传统的机电式组部件。首次发布的 AC 25-11 就为以阴极射线管(CRT)为基础的电子显示系统的批准制订了指导材料,运输类飞机的飞行机组用其来实施导引、操控或决策。该初始指导是适用于 CRT 的,但要处理新技术,就需要补充指导来更新 AC 25-11。随着新型显示器的开发问世,补充附录也添加了进来:附录 F 是有关 HUD 的指导,而附录 G 则是有关气象显示器的指导。

1.1.6.2　FAA 和欧洲航空安全局(EASA)制订了旨在提高航空安全性的很多条例要求,其规定驾驶舱设计必须具有一定的能力与特性。驾驶舱显示器和显示系统的批准通常会涉及应用专门针对某些系统的许多规章或一些有普遍适用性的规章,诸如 §25.1301(a)、§25.771(a)和 §25.1523。因而,本 AC 提供了有关这些条例以及其他适用条例的指导。

1.2　电子显示系统概述

1.2.1　概述

以下各部分提供了适用于整个电子显示系统的指导。本章与本 AC 第 1.1~1.7 节一起,提供了符合性目标和设计指南。第 1.8 节就如何为批准电子显示系统而表明符合性提供了一般指导。本 AC 第 1.2~1.9 节以及附录 1.A 和 1.B 的材料,为电子显示系统的批准制订了一个全面的符合方法。

1.2.2　设计理念

申请人应当为支持预定功能(§25.1301)的显示系统制订设计理念、形成文件并遵循该原则。成文的设计理念可包含在系统说明、合格审定计划或其他文件之中,作为其一部分在合格审定项目期间提交 FAA。设计原则应当包括对以下方面的高层规定:①信息展示;②电子显示器的颜色;③信息管理;④互动性,以及⑤冗余度管理。

1.2.2.1　信息展示的总原则

例如:信息展示是采用"静暗"驾驶舱原则或是采用某种其他方式?

1.2.2.2　电子显示器上的颜色原则

不同颜色的含义及预定的解释。例如:洋红色是否总表示一种约束?

1.2.2.3　信息管理原则

例如:驾驶员应当何时采取措施来恢复信息或者其是自动恢复? 信息位置的预定解释是什么?

1.2.2.4　互动性原则

例如:驾驶员何时并为何要确认其请求的行动? 何时提供反馈?

1.2.2.5　冗余度管理原则

例如:如何调节单项与多个显示失效? 如何调节供电与数据总线失效?

1.2.3　人的行为考虑

1.2.3.1　开发显示系统时,申请人应当制订下列人的行为元素并形成文件:

● 飞行机组工作负荷。

● 飞行机组达到充分熟悉使用显示器所需的培训时间。

● 飞行机组差错的潜在可能性。

1.2.3.2　高工作负荷或过长的培训时间可能表示该显示器设计使用不便,需要过度的注意力,或者易于引起飞行机组差错。符合性考虑见本 AC 的第8章。

1.2.4　合格审定计划所涉及的预定功能

合格审定计划应当列出相应的 25 部规章。作为合格审定计划的一个重要部分,其中要有系统说明和所有的预定功能,包括姿态、高度、空速、发动机参数、水平态势显示等。为演示验证对于§25.1301(a)的符合性,申请人必须表明设计适合于其预定功能。申请人对于预定功能的叙述必须足够具体与详细,使 FAA 可以对系统适合于其预定功能做出评定。§25.1302 规章与 AC 25.1302-1"飞行机组使用的安装系统和设备"提供了预定功能要求和指导方面的补充信息。笼统和/或含糊的说明预定功能是不可接受的(例如:只是说某项功能是"告知情势"的)。某些显示器也许是用来告知情势的,但是需要对该术语进行澄清或做限定性解释,说明是要告知哪一类的特定情势。对于新的、新颖的、高度综合的或复杂的设计,则可能有必要进行更详细的阐述。许多现代显示器具有多种功能,申请人应当阐明其每一项预定功能。系统说明是一种阐明预定功能的文件。

1.2.5 不干扰飞行值勤

并非预定给飞行机组使用的显示系统和显示器组部件(比如维护用的显示器)不应当干扰飞行机组的飞行执勤。

1.3 电子显示器硬件

1.3.1 显示器硬件特性

以下各节为电子显示器硬件提供了有关其基本目视、安装和电源汇流条瞬变操作特性方面的一般指导与一种符合方法。更详细的显示器硬件各种特性可查自下列 SAE 国际(原汽车工程师学会)文件:

● 对电子显示器,SAE 航宇标准(AS)8034B,"机载多功能电子显示器最低性能标准"。

● 对 HUD,SAE AS 8055"机载平视显示器(HUD)最低性能标准"。

● 对液晶显示器(LCD),SAE 航宇推荐工作法(ARP)4256A"25 部(运输)航空器液晶显示器设计目标"。

注 1 SAE ARP 4256A 中的定量准则,对于 LCD 的镜面反射率特性不被视为是一种可接受的可靠预算公式。因此,LCD 的该方面性能应当通过飞行机组的评定专门加以评估,以确认没有可能导致飞行机组分散注意力或误读显示信息的内部或外部反射。

注 2 有关 SAE ARP 4256A 中的故障指示原则,FAA 已确定:表明字体和符号能容忍丧失单个的列、行或元素,是提供故障指示的一种可接受的替代方法。但是若其满足 SAE ARP 4256A 的准则,不使用能容忍这类缺陷的字体和符号的设计方案也是可接受的。

注 3 若有任何目视显示特性不满足适用 SAE 文件的指导原则时,申请人应当通报 FAA 合格审定工程师。

注 4 应当考虑有关 SAE 文件的最新修订版本,若在 SAE 文件与本 AC 之间的指导原则有矛盾时,应遵循本 AC 的指导原则。

1.3.2 目视显示特性

驾驶舱显示器的目视显示特性直接与其光学特性相关联。显示缺陷(如元素缺陷或笔画拖尾)不应当妨碍显示器的可读性或引起错误的判读。除了本 AC 第 5 章列出的信息元素和特征以及上述 SAE ARP 4256A、SAE AS 8034B 和 SAE AS 8055 中的目视特性外,显示器还应当满足有关下列特性的准则,这些特性与提出的显示技术无关。

1.3.2.1 显示器的物理尺寸

显示器的大小应当足以根据其预定功能,在相对运行和照明环境的所有可预期情况下,以可用的形式(如可读或可辨)向从其工作位置观察的飞行机组(见相关条例)展示信息。

1.3.2.2 分辨率和行宽

分辨率和最小行宽应当足以支持所有显示的图像,使得在相对运行和照明环境的所有可预期情况下,从飞行机组的工作位置上(见相关条例)都能看到并读懂显示的信息而不致误判。

1.3.2.3 亮度

在相对运行环境所有可预期情况下的大范围周围照明条件下,均应当可以辩读信息。其运行环境包括但不限于——

- 阳光直射显示器;
- 阳光通过前窗照到白衬衣(反射);
- 前方地平线上方以及在飞行机组成员眼中的云盖上方的阳光;以及
- 夜里和/或暗黑的环境。

1.3.2.3.1 对于低(照明)环境条件,显示器应当能够调暗到使飞行机组适应黑暗的程度,并保持外部视景和可接受的(内部信息)展示。

1.3.2.3.2 可以使用亮度自动调节系统来减轻驾驶员的工作负荷并延长显示器的寿命。这类系统应当在大范围的周围照明条件下都能满意地工作,包括前下方太阳以及侧后方太阳直接照射显示器的极端情况。

(1)应当为正常与非正常的运行差别保留某些手动调节,使得亮度变化不致分散飞行机组的注意力并且不妨碍飞行机组执行其任务的能力。

(2)传送诸如气象雷达图像一类信息的带有均匀满布区域的显示器或显示器层面,应当可以独立于其覆盖符号调节亮度。其亮度控制范围应当允许察觉主尺寸不超过 5 mrad 的相邻满布小区域之间的颜色差异;同时在此调定下,应当可以辨别所覆盖的地图符号(若有时)。

(3)应当尽量减小整个驾驶舱内的显示器亮度变化,使得所显示的同等亮度的符号、线条或字母在任何亮度设定和所有可预期运行条件下都保持均匀一致。

1.3.2.4 对比度

1.3.2.4.1 显示器的对比度应当足以确保在相对运行环境的所有可预期情况下,在整个周围照明范围,均可从飞行机组的工作位置(见相关条例)辨别信息。

1.3.2.4.2 所有符号、字母、线条及其相关背景之间的对比度,应当足以排除对任何必需信息的混淆或分辨不清。

1.3.2.5 色品

1.3.2.5.1 在相对照明环境的所有可预期情况下,显示器的色品差异,连同其亮度差异,应当足以允许从飞行机组的工作位置(见相关条例)对图形符号在其相互之间、与其背景(如外部场景或图像背景)和背景阴影区之间作出辨别。光栅或视频区段(比方:诸如气象雷达一类的非向量图形)应当使图像与覆盖符号可以相区分,并且应当允许显示想要的图形符号。相关补充指导见 SAE AS 8034B 的 4.3.3 和 4.3.4 小节。

1.3.2.5.2　在相对运行温度范围、目视包线、图像动态以及调暗范围的可预期情况下,显示器提供的色品稳定性应当使得符号是可读懂的,并且不会引起误导、混乱或者混淆。

1.3.2.6　灰度

1.3.2.6.1　显示器可以提供的阴影格雷数以及阴影格雷数之间的差别,应当满足所有图像容量及其使用,并且应当适应所有观看条件。

1.3.2.6.2　在可预期的运行温度范围、目视包线以及调暗范围,显示器应当提供足够的灰度稳定性,使得符号是可读懂的,并且不会引起误导、混乱或者混淆。

'1.3.2.7　显示器响应

显示器的动态响应应当足以提供可辨别和易判读的显示信息,而不会呈现误导、混乱或者混淆的信息。响应时间应当足以确保颜色、线条宽度、灰度以及符号相对位置的动稳定性。不合乎需要的显示现象和特性,诸如移动图像的拖影以及失去辉度,应当减至最低程度,使得信息在所有可预期情况下都依然易读与可以辨识,不会造成混乱,并且不会导致数据的误判。

1.3.2.8　显示刷新率

显示刷新率应当足以防止会导致误导信息或者难以读取或判读信息的闪烁影响,显示刷新率应当足以防止出现不可接受的闪烁。

1.3.2.9　显示更新率

显示更新率应当足以防止会产生误导或者混乱的有害的运动伪影。

1.3.2.10　显示缺陷

由硬件与图形影像原因引起的显示缺陷,诸如元素缺陷和笔画拖尾,不应当损害显示器的可读性或者诱导或引起错误的判读。SAE ARP 4256A、SAE AS 8034B 和 SAE AS 8055 有更详细的相关规定。

1.3.2.11　反射

驾驶舱不得有影响最小飞行机组完成正常职责的眩光和反射。这一点必须通过无降水情况下的白天和夜间飞行试验来表明(§25.773(a)(2))。有关最小飞行机组的(确定)准则以及基本职能工作负荷与工作负荷因素方面的问题在 25 部附录 D 和 §25.1523 中规定。

1.3.2.12　驾驶舱目视包线

目视包线的尺度应当在飞行机组正常头部运动范围内提供驾驶舱显示器的可视性,并且应当在需要时支持驾驶舱交叉观察,如当需要机长能够观察与使用副驾驶员的主飞行信息时。有关安装方面的指导见 3.3.3 小节。

1.3.3　安装

1.3.3.1　驾驶舱显示设备和安装设计应当与驾驶舱总体设计特性(诸如驾驶舱尺寸和形状、飞行机组成员工作位置、窗户位置、外部亮度等)以及飞机环境(诸如温度、高度、电磁干扰和振动)相兼容。

1.3.3.2　RTCA(前航空无线电技术委员会)的 DO - 160G"机载设备的环境条件与试验程序",以及欧洲民用航空电子设备组织(EUROCAE)的 ED - 14G"机载设备的环境条件与试验程序",提供了用于飞机环境显示设备的可接受鉴定方法的信息。

1.3.3.3　显示装置在驾驶舱中的布局必须使得用于任何驾驶员的飞行、导航和动力装置信息,能够让驾驶员在其工作位置沿飞行航迹向前看时,尽量不偏移正常姿态和视线即可看清(§25.1321(a))。主显示器上的主飞行信息应当保持醒目突出,其观察视线不得受到遮挡。

1.3.3.4　显示设备的安装在相对运行和照明环境的所有可预期情况下,不得对其可读性以及飞行机组的外部视景能见度(见相关条例)有不利影响(§25.773(a)(1))。

1.3.3.5　在所有可预期情况下,显示设备的安装不得在显示器或驾驶舱窗户上引起可能影响最小飞行机组完成正常职责的眩光或反射(§25.773(a)(2))。

1.3.3.6　若显示系统的设计在其使用上依赖于驾驶舱交叉观察时,则其安装应当考虑显示装置的视角限制、显示信息的大小以及每位飞行机组成员至显示器的距离。

1.3.3.7　当用某个显示器来将符号与真实世界的外部数据进行对准或重叠时(如 HUD 符号),该显示器的安装应当使其能够在所有飞行阶段均保持这类符号的精确定位。本 AC 附录 F 和 SAE ARP 5288"运输类飞机平视显示器(HUD)系统"提供了有关 HUD 上保形符号定位精度的详细补充规定。

1.3.3.8　在相对运行环境(如湍流、应急撤离、鸟撞、硬着陆和应急着陆)的可预期情况下,显示系统组部件不应当对飞行机组造成人身伤害。

1.3.3.9　所安装的显示器不得对其他操控器件和仪表造成视觉障碍或妨碍这类操控器件和仪表实施其预定功能(§25.1301)。

1.3.3.10　在所有可预期情况下显示系统均不得易于受到飞机其他系统的不利电磁干扰影响(§25.1431)。

1.3.3.11　显示器组部件的安装方式,应当使其在相对飞行环境的所有可预期情况下都能保持机械完整性(固定在位)。

1.3.3.12　驾驶舱中显示系统组部件的液体溢出或破损不应当造成危害。

1.3.4　电源汇流条瞬变

RTCA DO - 160G 和 EUROCAE ED - 14G 提供的信息,可用作为显示设备在

承受异常输入电源时能够实施其预定功能的可接受鉴定方法。SAE ARP 4256A "25 部（运输）航空器液晶显示器设计目标"为电源瞬变恢复提供了补充信息（专用于显示器装置）。

1.3.4.1　与其预定功能相适应，驾驶舱显示器和显示系统应当对于飞机正常负载切换引起的电源瞬变不敏感。

1.3.4.2　在发动机失效引起的电气汇流条瞬变后，电子姿态显示器的不可用或不稳定不应当延续一秒钟以上。一台发动机的失效只能影响飞机一侧的显示器，在受影响的显示器上，一秒钟之内应当能够得到可辨认的有效俯仰和横滚数据，而任何延续一秒钟以上的影响均不应干扰获取快速扫视有效姿态的能力。对多数飞机，起飞后一台发动机失效将会同时产生横滚加速度、新的俯仰姿态要求以及电气瞬变。若在发动机失效下，为防止不安全状态而要以足够及时的方式转向备用姿态或者把飞机操控转交给另一位驾驶员不能可靠完成时，姿态信息是最为重要的。在这种失效模式的试验中，经验表明：在控制板上切断发电机不一定会导致最长时间的电气瞬变。模拟该项失效的一种可行方法是切断燃油，这将使得在汇流条控制器识别失效之前发电机的输出电压与频率会不断降低。还有一些不能在飞行试验期间合理评定的其他发动机失效情况，可能是更临界的（比如低于慢车失速），应当通过分析判定这类失效模式并表明其满足以上准则。

1.3.4.3　非正常汇流条瞬变（如发电机失效）不应当引发提高功率的初始化或冷起动过程。

1.3.4.4　显示器对于短时电源中断（<200 ms）的响应，应当使得显示器的预定功能不会受到不利影响。

1.3.4.5　在空中长时电源中断（>200 ms）后，显示系统应当按照其预定功能迅速恢复运行，并且应当继续允许对飞机的姿态、高度、空速和航向的安全操控。

1.3.4.6　重新起动某些类型发动机所必需的大电气负载，在起动顺序进行期间不应当影响一个以上驾驶员的显示器。

1.4　电子显示系统的安全性问题

1.4.1　概述

本章为依据 §25.1309 和 §25.1333（b）批准显示系统提供了补充指导与解释材料。电子显示器和综合模块航电设备的利用使得设计师可以把系统综合到比以往驾驶舱组部件曾经达到的要高得多的程度。尽管综合的结果也许会使飞机的操作变得容易，但是对于引起显示系统失效情况的评定以及失效导致影响的严重性的确定则可能会变得更加复杂。评定失效情况时应当判定显示器的功能，并应当包括可能影响该项功能的显示与显示设备的所有原因。§25.1309 为飞机系统的适航批准确定了基本的安全性要求。本章中的表格使用了 ARAC 有关修订现行 §25.1309 危害性分级和相关概率的建议文字,而 ARAC 有关修订现行 AC 25.1309-1A"系统设计与分析"的建议所提供的指导则可用于制订可接受符合方法。有关 ARAC 建议的更多信息的出处可见本 AC 的附录 E。

1.4.2　失效情况的判定

确认对于 §25.1309 符合性的最初步骤之一是判定与某个显示器或显示系统有关的失效情况,以下各小节提供了可用于支持该项最初行动的材料。失效情况的分析应当判定受到影响的功能、对飞机和/或其乘员的影响、对于相关飞行阶段的任何考虑,以及判定驾驶舱的任何指示、飞行机组行动或其他有关缓减手段。

1.4.2.1　显示系统失效情况的类型在很大程度上将取决于其构架(综合模块航电设备、联合系统、非联合系统等)、设计理念以及系统的技术实现。失效情况的类型包括以下几种。

1.4.2.1.1　(系统或显示器)功能丧失。

1.4.2.1.2　显示操控器件失效,即功能丧失或故障,使得操控器件以一种不合适的方式工作,包括不正确的显示器操控。

1.4.2.1.3　(系统或显示器)故障,其导致:丧失部分数据或者显示错误数据,其属于——

● 可由系统检测到(如旗标或比较器告警),和/或容易被飞行机组检测到,或者

● 飞行机组难以检测到或检测不到,并会被认为是正确的(如,"……的误导显示")。

1.4.2.2　当驾驶舱设计包括主显示器和备用显示器时,要考虑涉及备用显示器与主显示器一起失效的失效情况。在主显示器失效之后,飞行机组可使用具有两种互补作用的备用仪表。

1.4.2.2.1　冗余显示,以应对主仪表失效,或者

1.4.2.2.2　独立的第三信息源,以解决主仪表之间的不一致性。

1.4.2.3　当显示错误信息系因与该显示系统有接口的其他系统失效所引起时,这类失效的影响不一定限于该显示系统。其相关失效情况可在飞机级处理,或视适用情况归入其他系统的安全性评估,以评估其累积性影响。

1.4.3　显示器失效情况的影响

显示系统失效情况对于安全运行的影响在很大程度上取决于驾驶员的技能、驾驶舱程序、飞行阶段、所实施运行的类型以及仪表或目视气象条件。

1.4.3.1　基于以往的飞机合格审定大纲,本 AC 的 4.6 节给出了关于某些失效情况的安全性目标举例。提供这些安全性目标,并不等于不需要对这些失效的实际影响进行安全性评估,根据设计其严重性程度可能会有上下。因此,在 §25.1309

的安全性评估过程中，为了使该项评估被视为有效，将需要 FAA 同意申请人关于这些失效情况的危害性分级。

1.4.3.2　在评估显示器失效所导致的影响时要考虑以下方面，并计及相关的飞行阶段。

1.4.3.2.1　对飞行机组在姿态、速度、加速度以及飞行航迹方面操控飞机能力的影响，其潜在可能导致——

● 受控飞入地形区域；

● 在飞行期间和/或临界飞行阶段（进近、起飞、复飞等）丧失对飞机的操控；

● 相对飞行阶段的不足性能能力，包括丧失越障能力以及超出起飞或着陆场长；

● 超出飞行包线；

● 超出飞机结构完整性范围；以及

● 引起或促使产生驾驶员诱发振荡。

1.4.3.2.2　对飞行机组操控发动机能力的影响，诸如——

● 在响应另一发动机失效时，导致未失效发动机停车的那一类影响，以及

● 未察觉的重大推力损失。

1.4.3.2.3　对飞行机组的飞机系统管理影响。

1.4.3.2.4　对飞行机组的操纵实施、工作负荷以及应付不利运行条件能力的影响。

1.4.3.2.5　对知晓情势的影响，如必须判定对诸如有关导航或系统状态的情势知晓的具体影响。

1.4.3.2.6　若把显示器用作为操控装置时，对自动装置的影响。

1.4.3.3　当把显示系统用作为飞机其他系统的操控装置时，要考虑该显示系统失效对所有被操控系统的累积影响。

1.4.4　失效情况的缓减

1.4.4.1　在为某种失效情况确定缓减措施时，要考虑以下方面：

1.4.4.1.1　针对共模失效的保护。

1.4.4.1.2　故障隔离和重构。

1.4.4.1.3　冗余（如可由一个独立的综合备用和/或一个磁航向指示器提供航向信息）。

1.4.4.1.4　提供飞行机组告警的可用性、等级、及时性以及类型。

1.4.4.1.5　飞行阶段与飞机形态。

1.4.4.1.6　情况的持续时间。

1.4.4.1.7　可能被飞行机组用于识别的飞机运动提示信号。

1.4.4.1.8　在检测到失效后预期的飞行机组纠正措施和/或操作程序。

1.4.4.1.9　在某些飞行阶段丧失一侧主姿态显示后,飞行机组操控飞机的能力。

1.4.4.1.10　飞行机组关掉显示器的能力(如在夜间的满亮度显示器)。

1.4.4.1.11　其他系统提供的保护(如飞行包线保护或增强系统)。

1.4.4.2　应当用安全性分析/评估文件或通过引用其他文件(如某个系统说明文件)来规定缓减措施,还应当判定存在失效情况下的缓减措施并保证其继续实施。

1.4.4.3　安全性评估应当包括设计所使用的任何显示系统保护和监控原则的合理性与覆盖范围,还应当包括依据 ARAC 有关修订 AC 25.1309-1A 的建议对经判定的每一种显示系统失效情况的评定以及遭受共模/共因或级联失效影响的分析。此外,安全性评估还应当证明并阐明用来降低综合组部件失效或功能失效影响的任何功能分隔方案。

1.4.5　失效情况及其影响分类的确认

可能会有需要对安全性分析所判定的失效情况影响的严重性进行确认的情况,完成此类确认也许需要进行试验室试验、模拟器试验或飞行试验。确认失效情况分级的方法要取决于该情况的影响、所做的假设以及任何相关的风险。若预期需要飞行机组行动来应对该失效情况的影响,则飞行机组可获得的信息对于失效情况的检测与启动纠正措施应当是有用的。

1.4.6　系统安全性指南

1.4.6.1　以往合格审定大纲的经验表明:因显示系统、传感器或其他某个相关系统丧失或故障引起的单项失效,若造成主飞行信息的误导显示时,则可能给安全性带来负面影响。所以建议显示系统的设计与构架实施对主飞行信息的监控,以降低显示误导信息的概率。

1.4.6.2　以往合格审定大纲的经验表明:两个主显示器失效加上备用系统丧失可能导致具有灾难性影响的失效情况。

1.4.6.3　当综合备用显示器用来为主飞行信息提供备用手段时,则安全性分析应当验证在其设计中,包括软件和复杂硬件的设计,已充分解决了共因失效的问题。安全性分析特别应当表明:没有违背主仪表与综合备用仪表之间的独立性,因为综合备用显示器可与许多飞机组部件,包括电源、全静压口以及其他传感器有接口界面。

1.4.6.4　应当有某种手段来检测主飞行信息的丧失或错误,无论其由显示系统失效或相关传感器失效所造成。当检测到主飞行信息的丧失或故障时,用来指示信息丧失或错误的手段应当确保飞行机组不会使用该错误信息(如删除显示器上的该项信息或在失效显示上打"×")。

1.4.6.5　用来指示信息丧失或错误的手段,在其检测到时,应当独立于产生失效的机构。如,产生错误参数的处理器与发出通告或从显示器上删除错误参数的处理器不应当是同一个。应当考虑同类处理器的共模失效(如,用于计算显示参数的处理器与用于监控和通告失效的同类处理器可能存在共模失效)。

1.4.6.6　某个系统的单个组部件、零部件或元组件的失效不应当导致灾难性的失效情况。系统设计应当提供失效包容性以限制任何单项失效影响的蔓延并防止发生灾难性的失效情况。此外,不应当存在会同时影响单个组部件、零部件或元组件及其失效包容措施的共因失效。

1.4.6.7　对于安全性临界显示参数,应当有手段来核查传感器输入数据的正确性。可能情况下,应当使用量程检查、时效性检查以及有效性检查。

1.4.6.8　显示系统导入的反应时间,尤其对于告警,不应当过长,并且应当计入告警的临界性以及必要的机组响应时间,以尽量减少失效情况的蔓延。

1.4.6.9　对于把开窗构架综合到显示系统的那类系统,应当提供某种手段来控制呈现在显示器上的信息,使得显示系统的完整性作为一个整体不会受到被综合功能中的异常情况的不利影响。该项控制信息显示的手段在本 AC 中称为窗口管理器,对其开发的软件保证等级应当至少相当于任何窗口的最高完整性功能的等级。例如:若在任一窗口显示的信息是"A"级,则窗口管理器也应当是"A"级(见 RTCA DO-178C"机载系统和设备合格审定的软件考虑")。SAE ARP 4754A"民用航空器系统开发指南"为系统开发保证提供了一种推荐的工作法。

1.4.7　系统安全性评估指南

1.4.7.1　显示系统安全性分析中要考虑的整套失效情况和相关安全性目标由系统安全性评估过程确定,并经申请人与审批的民用航空管理机构双方同意。安全性评估应当考虑显示系统的整套预定功能以及显示系统构架和设计理念(如,失效模式、失效检测与通告、冗余管理以及系统和组部件的独立性与隔离)。系统安全性分析是 §25.1309 规定的,并且其他条例也有间接要求,包括 §25.901,§25.903 和 §25.1333。

1.4.7.2　本 AC 采纳了 ARAC 有关修订 AC 25.1309-1A 的建议。本 AC 使用"严重"和"危害性"两个术语来表述 AC 25.1309-1A 称之为"重大"的失效情况;同时,对于 AC 25.1309-1A 和原始版本 AC 25-11 把严重和危害性失效情况(发生概率)标定为"不可能"的分档,本 AC 纳入了 ARAC 为它们分别建议的"不大可能"和"很不可能"两个概率档次。

1.4.7.3　本 AC 还纳入了 ARAC 建议的以下术语:"灾难性"、"失效"、"失效情况"、"危害性失效情况"和"轻微失效情况"。ARAC 建议在 AC 25.1309-1A 修订时纳入上述术语。本 AC 的附录 C 纳入了这些术语的定义。

1.4.7.4　下列表格提供了业经审定的许多显示系统所共有的失效情况与相关的危害性等级和安全性目标举例。提供这些表格是为了在多个申请人、多个合格审定办公室以及多个显示系统设计之间确定危害性等级时保持一致性,但是,这些仅仅是举例。这些例子并不能取代进行系统安全性评估的需要,也并非失效情况的详尽清单。对于这些失效情况的例子,若增加功能能力或减少运行缓解可能导致较高的危害性等级,而降低功能能力或增加运行缓解则可能导致较低的危害性等级。

1.4.7.4.1　姿态(俯仰和横滚)　表 1 - 4 - 1 列出了姿态相关失效情况的安全性目标举例。

表 1 - 4 - 1　姿态失效情况安全性目标举例

失 效 情 况	危害性等级	定性概率
所有姿态显示器丧失,包括备用显示器	灾难性	极不可能
所有主姿态显示器丧失	严重—危害性①	不大可能—很不可能①
两个主显示器都显示误导的姿态信息	灾难性	极不可能
一个主显示器显示误导的姿态信息	危害性	很不可能
备用显示器显示误导的姿态信息	严重	不大可能
一个主显示器显示误导的姿态信息,加上一项备用功能失效(丧失姿态或不正确的姿态)	灾难性	极不可能②

① 在确定该范围内的等级时应当考虑系统构架和功能综合。本项失效可能导致安全性裕度的严重减小以致达到危害性等级。

② 与"所有姿态显示器丧失,包括备用显示器"情况的安全性目标一致,因为飞行机组不一定能够判定正确的显示器。应当考虑飞行机组在某些飞行阶段(如起飞期间)中丧失一侧主姿态显示之后操控飞机的能力。

1.4.7.4.2　空速　表 1 - 4 - 2 列出了空速相关失效情况的安全性目标举例。

表 1 - 4 - 2　空速失效情况安全性目标举例

失 效 情 况	危害性等级	定性概率
所有空速显示器丧失,包括备用显示器	灾难性	极不可能
所有主空速显示器丧失	严重—危害性①	不大可能—很不可能①
两个主显示器都显示误导的空速信息,加上丧失失速警告或丧失过速警告	灾难性	极不可能
备用显示器显示误导的空速信息(主空速仍可用)	严重	不大可能
一个主显示器显示误导的空速信息,加上一项备用功能失效(丧失空速或不正确的空速)	灾难性	极不可能②

① 在确定该范围内的等级时应当考虑系统构架和功能综合。本项失效可能导致安全性裕度的严重减小以致达到危害性等级。

② 与"所有空速显示器丧失,包括备用显示器"情况的安全性目标一致,因为飞行机组不一定能分离出正确的显示器。

1.4.7.4.3　气压高度　表 1 - 4 - 3 列出了气压高度相关失效情况的安全性目标举例。

表 1 - 4 - 3　气压高度失效情况安全性目标举例

失 效 情 况	危害性等级	定性概率
所有气压高度显示器丧失,包括备用显示器	灾难性	极不可能
所有主气压高度显示器丧失	严重—危害性①	不大可能—很不可能①
两个主显示器都显示误导的气压高度信息	灾难性	极不可能
备用显示器显示误导的气压高度信息(主气压高度仍可用)	严重	不大可能
一个主显示器显示误导的气压高度信息,加上一项备用功能失效(丧失高度或不正确的高度)	灾难性	极不可能②

　① 在确定该范围内的等级时应当考虑系统构架和功能综合。本项失效可能导致安全性裕度的严重减小以致达到危害性等级。
　② 与"所有气压高度显示器丧失,包括备用显示器"情况的安全性目标一致,因为飞行机组不一定能分离出正确的显示器。应当考虑气压高度设定功能的设计与为气压高度判定的安全性目标的协调性。

1.4.7.4.4　航向　表 1 - 4 - 4 列出了航向相关失效情况的安全性目标举例。

(1) 备用航向可由一个独立的综合备用或磁航向指示器来提供。

(2) 若能演示验证有航迹信息可用并正确时,可以降低下列安全性目标。

表 1 - 4 - 4　航向失效情况安全性目标举例

失 效 情 况	危害性等级	定性概率
驾驶舱中稳定航向丧失	严重②	不大可能②
驾驶舱中所有航向显示器丧失	灾难性	极不可能
两位驾驶员的主显示器都显示误导的航向信息	严重—危害性①	不大可能—很不可能①
一个主显示器显示误导的航向信息,加上一项备用功能失效(丧失航向或不正确的航向)	严重—危害性①	不大可能—很不可能①

　① 在确定该范围内的等级时应当考虑系统构架和功能综合。本项失效可能导致安全性裕度的严重减小以致达到危害性等级。
　② 此处假设有一个§25.1303(a)(3)要求的独立的无陀螺稳定航向信息。

　1.4.7.4.5　导航和通信(不包括航向、空速与时钟数据)　表 1 - 4 - 5 列出了导航和通信相关失效情况的安全性目标举例。

表 1 - 4 - 5　若干导航和通信失效情况安全性目标举例

失 效 情 况	危害性等级	定性概率
所有导航信息的显示丧失	严重①	不大可能①
所有导航信息显示的不可恢复的丧失,加上通信功能的全部丧失	灾难性	极不可能

（续表）

失 效 情 况	危害性等级	定性概率
向两位驾驶员同时显示误导的导航信息	严重—危害性	不大可能—很不可能
所有通信功能的丧失	严重	不大可能

① "所有"意味着丧失所有导航信息，但不包括航向、空速与时钟数据。若有任一或所有后者信息也丧失时，则可能要规定更严重的等级。

1.4.7.4.6 其他参数（通常显示在电子显示系统上） 表 1-4-6 列出了与通常显示在电子显示系统上的其他参数相关失效情况的安全性目标举例。

表 1-4-6 其他参数失效情况安全性目标举例

失 效 情 况	危害性等级	定性概率
向一位驾驶员显示误导的飞行航迹矢量信息	严重	不大可能①
所有垂直速度显示器的丧失	严重	不大可能
向两位驾驶员显示误导的垂直速度信息	严重	不大可能
所有侧滑/滑移指示显示器的丧失	严重	不大可能
向两位驾驶员显示误导的侧滑/滑移指示	严重	不大可能
显示误导的气象雷达信息	严重	不大可能②
飞行机组告警显示器的全部丧失	严重	不大可能
显示误导的飞行机组告警信息	严重③	不大可能
显示误导的飞行机组程序	严重—灾难性	不大可能—极不可能④
备用显示器的丧失	严重	不大可能

① 根据其用途以及飞行阶段的不同，安全性目标可能更为严格。
② 仅适用于该系统的显示部分。
③ 适用于一般情况，然而，有些情况下可能会更严重。补充指导见 AC 25.1322-1"飞行机组告警"。
④ 有待根据具体程序和相关情势进行评定。

1.4.7.4.7 发动机 表 1-4-7 列出了与发动机相关失效情况的普遍接受的安全性目标举例。本 AC 的附录 1.B 为动力装置显示器提供了补充指导。

（1）术语"规定的发动机指示"特指发动机推力/功率设定参数（如发动机压力比、风扇速度或扭矩）以及飞行机组为保持发动机在安全运行限制之内而可能需要的任何其他发动机指示（如转子速度或排气温度）。

（2）表 1-4-7 中的信息基于这样的前提：显示失效在发动机自主控制模式工作下发生。发动机自主控制模式，如同数字化全权发动机控制装置所提供的那样，可以保护发动机在任何推力杆设定的情况下继续安全运行。因此，驾驶舱指示和相关的飞行机组行动并非是保护发动机安全运行的首要手段。

（3）对于把指示作为确保发动机继续安全运行主要手段的场合，其危害性等级可能更加严重。例如在表中"丧失一台以上发动机的一个或更多规定的发动机指示"条目下，其危害性等级可能会改变为"灾难性"而其概率则改变为"极不可能"。

（4）表1-4-7中提供的每种一般失效情况的说明，代表了一组更为特定的失效情况。表1-4-7中提供的危害性等级和概率，代表了通常与该组内任何失效情况相关的最严重结果。若分开考虑时，每一组内的某些特定失效情况很可能会有较低的危害性等级和较高的概率。

表1-4-7　发动机失效情况安全性目标举例

失效情况	危害性等级	定性概率
丧失单台发动机的一个或更多规定的发动机指示	严重	不大可能
显示单台发动机的一个或更多误导的规定发动机指示	严重	不大可能
丧失一台以上发动机的一个或更多规定的发动机指示	危害性	很不可能①
显示一台以上发动机的任何误导的规定发动机指示	灾难性	极不可能②

① 往往会从考虑同时丧失所有规定的发动机指示来得出与该类失效相关的最严重预期结果，所以在任何情况下，这类结果通常都会包括高速中断起飞以及丧失确保发动机安全运行的备用手段。高速中断起飞因其对飞行机组工作负荷和安全性裕度的双重影响，通常被FAA定为"危害性"一类。由于任何数量的单项失效或差错都可能使常用自主发动机控制的保护功能失去作用，所以丧失备用控制能力也被认为是安全性裕度的一种足够大的减少，从而也应列入"危害性"一类。因此选择了"很不可能"的设计指南。

② 若在起飞期间功率设定参数的指示比实际的高，就有可能直接导致一场灾难，或是由于高速冲出跑道，或是在起飞之后撞到某个障碍物。FAA以往已经多次讨论过并一向坚持这类失效。故而此处列入了"极不可能"的概率。

1.4.7.4.8　显示系统用作为操控器件　对于作为操控器件使用显示系统的情况，没有规定危害性类别和安全性目标，因为失效情况取决于被操控的功能和系统或者取决于替代的操控手段。作为操控器件使用显示系统在本AC的1.7节叙述。表1-4-8列出了显示系统用作为操控器件时的失效情况。

表1-4-8　作为操控器件使用的显示系统失效情况

失效情况	定性概率
作为操控器件使用显示系统的能力全部丧失	取决于被操控的系统
未检测到来自作为操控器件的显示系统的错误输入	取决于被操控的系统

1.5　电子显示信息的元素和特征

1.5.1　显示信息的元素和特征

本章为单独与组合显示的信息元素提供指导,包括文本、标志、符号、图形以及其他描述(如示意图),涉及这些信息元素在给定显示区域内的设计与格式。本AC1.6节涉及驾驶舱内跨越若干显示区域的信息综合,包括关于驾驶舱信息位置、显示器布局、开窗、冗余度管理以及失效管理方面的指导。

1.5.2　概述

1.5.2.1　下列各条按每一显示信息元素的预定功能提供了相应目标:

1.5.2.1.1　用于飞行机组的每一飞行、导航和动力装置仪表,必须使每一驾驶员在其工作位置沿飞行航迹向前看时,能尽量不偏移正常姿势和视线即可看清(§25.1321(a))。

1.5.2.1.2　显示的信息应当易于清楚辨识,并且具有足够的视觉对比度以便驾驶员查看与判读。总的说来,显示应当使驾驶员能识别与辨认信息而不致眼睛疲劳。有关对比度的补充指导可见本 AC 的 1.3.2.4 小节。

1.5.2.1.3　对于所有的显示形态,应当考虑相对于照明的所有可预期情况。考虑可预期照明时,应当包括诸如照明与电源系统失效的失效模式、驾驶舱整个范围照明与显示系统照明的选择方案以及运行环境(如白昼与夜晚运行)。若提供了指示仪表故障的目视指示器时,该指示器必须在所有可预期照明条件下都有效(§25.1321(e))。

1.5.2.1.4　信息元素(文本、符号等)应当足够大,以便驾驶员在相对运行环境的所有可预期情况下,从飞行机组工作位置上查看与判读(见相关条例)。若两位或更多驾驶员需要观看信息时,那么信息元素在这些观察距离上都应当是可辨认与可判读的。

1.5.2.1.5　驾驶员对于显示的信息应当能够清晰、无阻挡并且不失真地观看。

1.5.2.1.6　信息元素应当各具特殊性,并且在同类信息有多个来源的情况下,应当使得驾驶员能够立即识别出信息元素的来源。例如:若垂直导引信息有多个来源,则每个信息元素就应当各不相同,使飞行机组能够立即识别出各垂直导引的来源。

1.5.2.2　在设计和评定显示信息的可视性与可读性时要考虑的因素包括:①显示信息的位置,②振动,③视角,④显示信息的可读性。

1.5.2.2.1　显示信息的位置

通常要使用到设计眼位(DEP)的距离。若需要对信息进行驾驶舱交叉检查,则应当使用到越界侧 DEP 的距离,并计入头部的正常运动。对于并非安装在前仪表板上的显示器,距离的确定应当包括飞行机组任何偏离 DEP 的预期运动。

1.5.2.2.2　振动

在诸如振动一类的不利条件下应当保持可读性。引起振动的一个可能原因是发动机持续不平衡。AC 25-24"发动机持续不平衡"提供了对于该情况下的可读性指导。

1.5.2.2.3　视角

要同时考虑显示信息的位置以及字体高度。SAE ARP 4102/7"电子显示器"提供了有关这方面的补充信息。

1.5.2.2.4　显示信息的可读性

照明工程协会把影响可读性的因素归于三个主要参数——亮度、尺寸以及对比度。尺寸则是把字体大小结合到显示器的距离一起考虑的。

1.5.3　一致性

显示信息的展示应当使其在符号表示、位置、操控、行为特征、尺寸、形状、颜色、标志、动态特性以及告警等方面均符合驾驶舱的设计理念,一致性也适用于同一驾驶舱的多功能显示器上的信息展示。代表相同事项的信息在同一驾驶舱的多个显示器上的显示应当协调一致,缩略语和标志的使用应当始终如一,而消息/通告也应当以一致的方式包含文本。应当对不一致性进行评定,以确保其不易导致混淆或差错,并且不会对有关系统的预定功能产生不利影响。

1.5.4　显示信息的元素

1.5.4.1　文本的表达对于其所展示的信息应当是清楚明了并且合乎理性的,消息应当传达预期含义,简称和缩略语应当简洁明确并符合既定标准。例如:国际民用航空组织(ICAO)文件 8400"空中导航服务程序 ICAO 简称和代码"提供了国际公认的标准简称和机场标识符。

1.5.4.2　无论字体类型、尺寸、颜色与背景,文本都应当在所有可预期的照明与运行条件下从飞行机组工作位置上可以读取(§25.1321(a))。关于文本的通用指南如下:

1.5.4.2.1　建议对较长的文件和消息采用大小写字母的标准语法,对于句子形式的文本结构,使用这种格式也是有利的。

1.5.4.2.2　可接受对文本标志仅使用大写字母。

1.5.4.2.3　避免简写,如用"can't"代替"can not"。

1.5.4.2.4　仅在空行或其他自然分隔符处作文本断行。

1.5.4.2.5　尽量避免使用简称和缩略语。

1.5.4.2.6　SAE ARP 4102/7 提供了有关字体大小的普遍接受的指南。

1.5.4.3　字体的选择也会影响可读性,其适用以下指南。

1.5.4.3.1　为有利于可读性,字体选择应当与显示技术相匹配。例如:带衬线的字体在某些像素分辨率低的显示器上可能会发生畸变。然而,在可以接受带衬线字体的那些显示器上,已经发现这样的字体对于完整句子或大文本信息串的表述是有利的。

1.5.4.3.2　灯芯体(如 Futura(前景)或 Helvetica(黑体))建议用于在极端照明条件下察看的显示器。

1.5.5　标志

标志可以是文本或图标。以下各小节提供了对于诸如旋钮、按钮、符号和菜单之类标志项目的指导。本指导适用于显示器上的标志,以及对显示器或显示操控器件做记号的标志。§25.1555(a)规定:必须为驾驶舱的每一操控器件,不包括功能显而易见的操控器件,清晰标明其功能和操作方法。功能不显而易见的操控器件应当标明或做出标记,使得不熟悉或不太熟悉该型飞机的飞行机组成员能够迅速、准确并且始终如一地确定它们的功能。

1.5.5.1　文本和图标的表达相对其所标明的功能应当是清楚明了并且合乎理性的。应当使用标准的或无歧义的符号、缩略语和术语;例如:为了区分于气压高度,任何用几何方法导出的显示高度都应当标以"GSL"。

1.5.5.2　若某个操控器件执行一项以上的功能时,则其标志应当包括所有的预定功能,除非该操控器件的功能是显而易见的。通过光标操控装置访问的图形操控器件的标志,应当包含在图形显示器上。

1.5.5.3　以下是对于标志的指南和建议。

1.5.5.3.1　对数据段应当作唯一性标识,或用测量单位,或用一个描述性标志。然而,不带测量单位的某些基本"T"型布局仪表,已被确认为可接受。

1.5.5.3.2　标志应当与设置在驾驶舱其他各处的相关标志协调一致。

1.5.5.3.3　当某项操作或指示发生于多个位置时(如在飞行管理功能的多个页面上的"返回"操作),在其所有发生场合的标志都应当保持一致。

1.5.5.4　标志设置的位置应当使得——

1.5.5.4.1　标志与其相关目标之间的空间关系清楚明了;

1.5.5.4.2　显示操控器件的标志在其标识的操控器件上或附近;

1.5.5.4.3　显示操控器件的标志不被相关操控器件遮挡;

1.5.5.4.4　标志的取向有利于可读性——例如:标志持续保持竖直取向或者对准某个相关的符号,比如跑道或航路;并且

1.5.5.4.5　在多功能显示器上,应当有一个标志用来指示现行的功能,除非其功能是显而易见的。当该功能不再有效或不再显示时,其标志应当消除,除非使用了其他表明该功能可用性的手段。如使某个无效菜单按钮变成灰色。

1.5.5.5 当用图标代替文本标志时,应当只需图标显露很短的时间即可使飞行机组确定某个操控器件的功能与操作方法。使用的图标不应当造成飞行机组混淆。

1.5.6 符号

1.5.6.1 电子显示器符号外观和动态特性的设计应当根据其预定的功能来增强飞行机组的理解力与记忆力,并且最大限度减少飞行机组的工作负荷与差错。下列各条为符号外观和动态特性提供了指导。

1.5.6.1.1 符号的位置应当足够精确以避免判读差错或显著增加判读时间。

1.5.6.1.2 所用的每一符号应当能与其他相关符号相互识别和区分。

1.5.6.1.3 在同一驾驶舱多个显示器上表示相同功能的符号,其形状、动态特性和其他特征应当统一。

1.5.6.1.4 用来传递多层次信息的符号变址数,应当遵循申请人清楚阐明的表述规则。符号变址数是对易于识别的基准符号的改变,诸如颜色、填充和边界。

1.5.6.1.5 代表物理目标(如导航辅助装置和空中交通)的符号,不应当在目标的物理特性(包括位置、大小、包络面以及取向)方面做出误导。

1.5.6.2 在驾驶舱之内,要避免为不同目的使用同一符号,除非能够表明其没有产生误解差错或增加飞行机组培训时间的潜在可能性。

1.5.6.3 建议使用标准化符号,下列 SAE 文件中的符号经确认可接受用于符合有关条例。

● SAE ARP 4102/7"电子显示器",附录 A 至 C(用于主飞行、导航和动力装置显示器)。

● SAE ARP 5289A"航空电子符号"(关于导航符号描述)。

● SAE ARP 5288"运输类飞机平视显示器(HUD)系统"(关于 HUD 符号)。

1.5.7 指示

1.5.7.1 概述

1.5.7.2 至 1.5.7.4 小节为数字读出器、测量表、标尺、刻度盘、尺带和诸如示意图一类的图形说明提供了指导。有关互动性的图形在本章 1.5.10 节以及本 AC 1.7 节中讨论。图形和显示器指示应当——

1.5.7.1.1 易于理解并且与驾驶舱中的其他图形和指示相匹配,

1.5.7.1.2 可辨别且易于区分,还要

1.5.7.1.3 遵循本章 1.5.1,1.5.2,1.5.3 和 1.5.4 各节提供的有关可见性指导。

1.5.7.2 数字读出器

数字读出器不仅包括数字位置保持固定的显示器,也包括模拟旋转磁鼓读出器

滚动数字的显示器。

1.5.7.2.1　数字读出器的数据精度应当足够用于预定功能并能避免飞行机组作不适当响应,其有效位数应当相应于数据精度。不应当显示前导零,除非规约另有指令(如航向和航迹)。在数字改变或滚动时,不应当有任何混淆运动的影响致使表观运动与实际趋势不相匹配。

1.5.7.2.2　当某个数字读出器与任何标尺、尺带或指针均无关时,会使驾驶员难以确定相对于目标或限制的裕度,或者难以进行数字参数之间的比较,所以可能需要有标尺、刻度盘或尺带来完成预定的飞行机组任务。

1.5.7.2.3　正北的航向数字读出器应当指示360,与000相对。

1.5.7.3　标尺、刻度盘与尺带

已表明带有固定和/或移动指针的标尺、刻度盘与尺带可有效提高飞行机组对数字数据的判读能力。

1.5.7.3.1　显示的范围应当足够执行预定功能。若在任何给定时间均不能显示整个运行范围时,则在转向该范围的其他区段时不应当造成混乱或引起混淆。

1.5.7.3.2　标尺的分辨度应当足以执行预定任务。若单靠标尺就能为预定功能提供足够精度时,可以就使用标尺而无需相关数字读出器。当数字读出器结合标尺使用时,其位置应当足够靠近标尺以确保适当的相关性,但也不能影响对图形或读出器的判读。

1.5.7.3.3　分隔符,比如钩号标记,应当能够迅速判读而不会增加不必要的杂乱无序。标记和标志的定位应当使其含义清晰但又不妨碍判读。指针和分度器不应当遮挡标尺或分隔符致其无法判读。指针和分度器的位置应当足够精确以适合其预定功能。此处的精确包括因数据分辨率、反应时间、图形定位等方面的影响。

1.5.7.4　其他图形描述

这些描述包括示意图、概要图以及其他图形,诸如姿态指示、移动式地图和垂直态势显示器。

1.5.7.4.1　为避免目视杂乱无序,只有在能够添加有用信息内容、减少飞行机组访问或判读时间或者降低判读差错概率情况下,才应当纳入图形元素。

1.5.7.4.2　在必要和可行的范围内,图形取向与飞行机组的参考系应当互相关联。例如:左向指示应当在图形的左侧,而较高的高度应当显示在较低的高度之上。

1.5.7.4.3　若有多重描述时,比如"拇指甲"(小块说明)或重叠说明,其每一说明的取向(如航向朝上、航迹朝上、北在上等)应当相同,但是这一原则不适用于机长与副驾驶员在其他系统中对同样信息选择由其自己使用的不同展示方式的情况。

1.5.7.4.4　具有三维效果的图形,如在透视图上的凸起按钮或飞机飞行航迹,应当确保用于达到这类效果的符号元素不会被错误判读。

1.5.8　颜色编码

1.5.8.1　颜色用于编码时,至少还应当使用另一种可区分的编码参数(如尺寸、形状、位置等)。眼睛的正常老花会降低对红色目标的敏锐聚焦能力或区分蓝绿色的能力。对具有这类缺陷的驾驶员,显示判读的工作负荷可能会增加到不可接受的程度,除非对符号进行更多方面的编码而不光是颜色。但是,对于某些情况已表明光用颜色来进行信息编码是可接受的,诸如气象雷达以及导航显示器的侧视图上的地形描述。

1.5.8.2　为确保正确的信息传输,颜色使用的一致性以及标准化是最理想的。为避免混淆或判读差错,感知颜色的方法在所有可预期情况下不应当有变化。在某组信息中用于某种目的的颜色,不应当在另一组信息中用于可能产生误解的不兼容目的。尤其根据§25.1322的规定,对红色与琥珀色或黄色的统一使用与标准化,是保持飞行机组告警有效性所必需的。通常的应用是从绿色到琥珀色到红色的递进,代表了威胁程度、潜在危险性、安全临界性的逐步提高,或者是告知飞行机组或要求其响应紧迫性的增加。应当评定颜色使用的不一致情况,以确保其不易引起混淆或差错,并且不会对有关系统的预定功能产生不利影响。

1.5.8.3　如果把颜色用于编码,通常认为使用六种或更少一些颜色作为编码参数是较好的做法。每一编码的颜色之间应当有足够色度间隔,使其在所有可预期照明和运行条件下一起使用时能互相辨别和区分。在信息元素尺寸、形状和运动的整个范围内,颜色应当是可辨别的并且是易于区分的。应当仔细选择可用于电子显示系统编码的颜色,使其色度间隔最大化,应当避免使用亮度相同的颜色组合(如海军蓝色置于黑色之上或者黄色置于白色之上)。

1.5.8.4　其他图形描述,诸如地形地图与合成视景展示,可以使用六种以上的颜色,并可使用颜色混合技术来表示外部世界的色彩或者强调地形特征。这些显示器通常作为背景图像提供,显示器所用到的颜色不应当妨碍飞行机组判读重叠的信息参数,如本章1.5.8.5* 小节所述。

1.5.8.5　表1-5-1叙述了以往接受的颜色编码以及与每种颜色相关的功能性含义。建议这些颜色用于带彩色显示器的电子显示系统。

表1-5-1　为某些功能推荐的颜色

特　征	颜　色
警告	红色
飞行包线和系统限制,超出数	红色或黄色/琥珀色,视适用情况(见上面)
戒备,非正常源	黄色/琥珀色
标尺、刻度盘、尺带以及相关信息元素	白色①
地面	褐色/棕色
天空	蓝色/青色

---

* 似应改为1.5.10.1——译注。

(续表)

特　征	颜　色
接通的模式/正常情况	绿色
仪表着陆系统偏移指针	洋红色
无效软按钮的分割线、单位和标志	浅灰色

① 把绿色用于尺带元素(如空速和高度)也已被确认为可接受,只要该绿色不对飞行机组告警产生不利影响。

1.5.8.6　表1-5-2叙述了应当从颜色集1或颜色集2中指定一种颜色的显示特征。

表1-5-2　为某些显示特征规定的颜色

显　示　特　征	颜色集1	颜色集2
固定基准符号	白色	黄色①
当前数据、数值	白色	绿色
预位模式	白色	青色
选定数据、数值	绿色	青色
选定航向	洋红色②	青色
有效航路/飞行计划	洋红色	白色

① 应当限制将黄色用于非飞行机组告警的其他功能,即使使用了也不应当对飞行机组告警产生不利影响。
② 在颜色集1中,洋红色意在用于构成"飞往"或"保持对中"一类信息的那些模拟参数。

1.5.8.7　应当避免使用下列颜色对:
- 深红色与蓝色。
- 深红色与绿色。
- 深蓝色与绿色。
- 深黄色与绿色。
- 黄色置于紫色之上。
- 黄色置于绿色之上。
- 黄色置于白色之上。
- 洋红色置于绿色之上。
- 洋红色置于黑色之上(尽管对于低临界性项目也许可以接受)。
- 绿色置于白色之上。
- 蓝色置于黑色之上。
- 红色置于黑色之上。

注:有关该项问题的详尽信息见编号为 DOT/FAA/CT-03/05 HF-STD-001 的 FAA 报告"人为因素设计标准(HFDS):非开发项和开发系统的商业货架分系统购置"。

1.5.8.8　采用背景颜色(如灰色)时,不应当妨碍重叠信息元素的使用,标志、基于显示器的操控器件、菜单、符号,以及图形都应当保持可辨别和区分。背景颜色的使用应当符合驾驶舱颜色使用与信息管理的总原则。若用纹理造就背景时,其不应当导致重叠在其上面的符号丧失可辨读性的,也不应当增加目视杂乱无序或延长驾驶员的信息访问时间。透明是一种通过前景元素看到背景信息元素的手段,应当尽量减少使用透明,因为它可能增加驾驶员的判读时间或判读差错。

1.5.8.9　不推荐要求飞行机组在相同颜色的阴影之间做出区分,来确定不同的含义。纯蓝色不应当用于重要信息,因为这种颜色在多种显示器技术(如 CRT 和 LCD)上会呈现较低的亮度。

1.5.8.10　符号尺寸的任何可预期改变都应当确保正确的颜色判读;例如符号的大小应当足以使驾驶员能够判明正确的颜色。

1.5.9　显示器上的动态(图形)信息元素

以下各小节涉及图形信息元素在显示器上的运动,比如在尺带显示器上的指针。图形目标的平移或旋转,应当平稳而不致造成混乱,或引起令人反感的抖动、颠簸或棘轮效应。对于直接用于飞机或动力装置手动操控任务(诸如姿态、发动机参数等)的信息元素数据,等于或大于 15 Hz 的更新率已经确认为可以接受。由显示系统引起的任何迟延,应当符合与该参数相关的飞机操控任务。特别对于姿态显示系统(包括传感器),一阶当量时间常数不超过 100 ms 的迟延对于具有常规操控系统响应的飞机,通常是可以接受的。

1.5.9.1　显示信息元素的运动不应当使影像模糊、闪烁或产生无意的动态影响,致使图像混乱或难以判读。旨在使显示元素运动平稳的数据过滤或惰性方法,不应当引起明显的定位差错或造成系统的迟延致使难以执行预定任务。

1.5.9.2　当某个符号到达其许可运动范围的限制时,该符号应当或者滑离视图,或者改变视觉特性,或者不言而喻地表明继续偏移是不可能的。

1.5.9.3　动态信息在运动时不应当明显改变其形状或颜色。目标改变尺寸(如地图幅度改变)不应当引起其含义不清,并且应当在其整个尺寸范围内保持一致。目标在所有尺寸时,都应当满足本章的适用指导(即目标应当是可辨别的、清楚的、易于区分的、精确定位的、不会造成混乱的等)。

1.5.10　显示器上的共享信息

在给定显示器上共享信息有三种主要方法。首先,信息可以重叠或组合,比如把交通告警和防撞系统(TCAS)信息叠加在一个地图显示器上。其次,信息可按时间分享,使驾驶员能够在各功能之间选择,一次触发一个功能。第三,信息可以同时在分开的物理区域或窗口中显示。不管采用何种信息共享方法,都应当注意确保因优先权较低而被排除但却是需要的那些信息能够恢复,并且一旦有需求即能恢复。

1.5.10.1　重叠与组合信息元素

1.5.10.1.1　当图形信息重叠在显示器同一位置的其他信息上(如飞机符号重叠在航路点符号上)时,应当尽量减小信息可用性、信息访问时间以及潜在混淆等方面的损失。

1.5.10.1.2　当信息遮挡其他信息时,应当表明被遮挡的信息在其被挡住的时候是不需要的,或是可以迅速恢复的。需要的信息不应当被遮挡,这一点可以通过保护显示器的某些区域来实现。

1.5.10.1.3　若某信息与显示器上的其他信息相综合时,其投影、位置精度、方向性定位以及显示数据范围都应当协调一致(如当交通或气象信息与导航信息综合起来时)。当信息元素暂时遮挡其他信息时(如弹出菜单或窗口),所导致的信息损失不应当对被遮挡信息的预定功能造成危害。

1.5.10.1.4　时间分享

(1) 有关全时段与分时段显示的指南,见本 AC 的 6.3.3 小节。

(2) 应当或必须由飞行机组持续监控的任何信息应当做全时段显示(如姿态)。

(3) 信息是否可以按时间分享,取决于其在正常、非正常以及应急运行下能被恢复的容易程度。用于某项给定性能监控任务的信息可按时间分享,前提是其来回切换的方法不会危及该性能监控任务。

(4) 通常,系统信息、计划制订以及其他并非驾驶任务所必需的信息都可按时间分享。

1.5.10.2　目视信息分离

当不同的信息元素在一个显示器上互相邻近时,这些元素应当在视觉上分离开来,使驾驶员易于作其间的区分。目视分离可以根据驾驶舱信息管理总原则,通过如间隔、分隔符或阴影等方法来实现。在显示器失效后以恢复或紧凑显示模式展示的必要信息,应当保持没有杂乱无序并且依旧有可接受的信息访问时间。

1.5.10.3　杂乱无序及其清理

1.5.10.3.1　杂乱无序的显示器会呈现过多数量或种类的符号、颜色和/或其他不必要的信息,而且根据情势还可能妨碍飞行任务或运行。杂乱无序的显示器会导致增加飞行机组处理显示判读的时间,而且可能分散其对导引与驾驶飞机所必需信息判读的注意力。信息的显示应当尽量减少杂乱无序。

1.5.10.3.2　为提高驾驶员效能,应当考虑用一种手段清理显示器的杂乱无序。例如当飞机处于某异常姿态时,姿态指示器会自动清理,消除一些不必要的信息并保留飞行机组恢复飞机所需要的信息,以帮助驾驶员改出该异常姿态。

1.5.11　通告和指示

1.5.11.1　概述

通告和指示包括通告器开关、消息、提示符、旗标以及状态或模式指示,它们或就在驾驶舱显示器上,或操控某个驾驶舱显示器。有关诸如警告、戒备和提示等级告警一类的专用通告和指示的信息可见§25.1322以及AC 25.1302-1*。

1.5.11.1.1　通告和指示应当与运行相关,并且受制于尽量减少对飞行机组工作负荷的不利影响。

1.5.11.1.2　通告和指示应当清晰、无歧义、及时,并且符合驾驶舱设计理念。当为某系统的状态或模式提供通告时,建议该通告要指示系统的实际状况,而不仅是某个开关位置或选择。通告应当只在状态存续期内指示。

1.5.11.2　位置

通告和指示应当协调一致地设置在电子显示器的某个特定区域。可能要求飞行机组立即知道的通告应当设置在飞行机组的正前方/主视界中。

1.5.11.3　消息与提示符的管理

以下通用指导适用于所有消息与提示符:

1.5.11.3.1　当一些消息正在显示而另一些消息还在排队没有显示时,应当有一项"还有更多消息"的指示。

1.5.11.3.2　同一紧迫层次内的消息应当按逻辑次序显示。对许多情况,按事件发生的次序进行消息排序被确认为是最符合逻辑的方法。

1.5.11.3.3　关于警告、戒备和提示告警的信息见§25.1322以及AC 25.1302-1**。

1.5.11.3.4　文本本身的改变不应当用作为一种引起注意的提示符号(如通告模式的变化)。

1.5.11.4　闪烁

使诸如读数或指针之类的信息元素闪烁是有效的通告方法。然而对闪烁的使用应当有所限制,因其会打扰心情故使用过多会降低其吸引注意的效果。应当使用0.8~4.0 Hz的闪烁率,具体取决于显示技术和紧迫性与分散注意力之间的综合权衡。若某个信息元素的闪烁时间可能超过大约10 s时,则应当提供一种取消闪烁的手段。

1.5.11.5　图像的使用

本小节对使用描述飞机特定部分环境的图像提供了指导,这类图像可以是静态的或是不断更新的。图像可包括气象雷达回波信号、地形描述、天气预报地图、视频信号、增强的视景显示以及合成视景显示。图像可以由数据库或传感器产生。

1.5.11.5.1　图像应当有足够的大小并纳入充分的细节以满足其预定功能。驾驶员应当能够迅即区分其所描述的特征。图像的取向方式应当使其展示易于判读。所有图像,尤其是动态图像,所具有的位置或可控性应当使其不会分散驾驶员

---

*　似应改为 AC 25.1322-1——译注。

*　似应改为 AC 25.1322-1——译注。

处理规定任务的注意力。应当向驾驶员提供图像的来源及其预定功能,以及使用该图像的运行批准等级。这一点可以利用飞机飞行手册(airplane flight manual, AFM)、图像位置、足够的标志、特定的纹理或其他手段来完成。

　　1.5.11.5.2　图像畸变不应当影响图像的判读。旨在提供有关纵深信息的图像(如三维型透视显示)应当提供足够的纵深信息以满足其预定功能。

　　1.5.11.5.3　动态图像应当满足本章1.5.9节的指导要求。动态图像相对于实际时间的系统总迟延时间不应当引起飞行机组误解或导致潜在的危害性状态。图像失效、冻结、惰性或变色不应当产生误导并应当在安全性分析中予以考虑。

　　1.5.11.5.4　把编码信息元素重叠到图像上时,这类信息元素应当在底下图像的所有可预期情况下及其运动范围内都易于识别和区分,这类信息元素不应当遮挡图像中包含的必要信息。应当以合适的尺寸、形状以及布置精度来表述信息以免误导,它们应当在底下图像的所有可预期情况下及其运动范围内都保留与维持其形状、尺寸及颜色。

　　1.5.11.5.5　在融合或重叠多个图像时,尽管之间会在图像质量、投影、数据更新率、对阳光的敏感度、数据反应时间或传感器调节算法等方面有所差别,其合成的组合图像应当满足预定功能。在使某个图像适应外部世界时,比如在 HUD 上,该图像不应遮挡实际世界的目标或明显妨碍飞行机组检测该目标的能力。对图像的独立亮度控制可有助于满足上述指南的要求。与实际世界目标相关的或突出实际世界目标的图像元素应当高度一致以免产生判读差错或显著增加判读时间。

1.6　电子显示信息元素的构成

1.6.1　信息元素的构成

　　本章为把信息综合进驾驶舱内提供指导,其涉及信息位置管理、显示器布置、窗口设置、显示器配置与重新配置,以及跨接驾驶舱显示器的传感器选择。以下各节是对各种驾驶舱配置的指导,包括作为姿态导引指示器和水平态势指示器的专用电子显示器,以及利用开窗技术在某个显示区域显示多方面功能性的大尺寸显示器。在某些驾驶舱中,主飞行信息和导航显示是利用开窗技术显示其信息的例子。本 AC 的1.5节为下列信息元素提供指导:以分离和组合出现的文本、标志、符号、图形以及其他描述(如视频信号)。

1.6.2　显示信息的类型和布局

本节为各类信息的布局和位置提供指导,其信息类型包括:
- 主飞行信息,包括姿态、空速、高度和航向。
- 涉及推进相关功能的动力装置信息。

● 其他信息。

1.6.2.1 放置——通用信息

消息或符号在显示器上的位置会向驾驶员传递含义,某个符号在电子显示器的特定区域没有位置的一致性或重复性,就可能增加其判读差错与响应的时间。以下信息在正常情况下应当放置于某个不变位置:

1.6.2.1.1 主飞行信息(见本章 1.6.2.3 小节和本 AC 附录 1. A)。

1.6.2.1.2 动力装置信息(见本章 1.6.2.4 小节和本 AC 附录 1. B)。

1.6.2.1.3 飞行机组告警。每一飞行机组告警应当显示在一个特定位置或在飞行机组中央告警区域内。

1.6.2.1.4 自动驾驶仪和飞行指引仪工作模式。

1.6.2.1.5 横向和垂直航迹偏离指示器。

1.6.2.1.6 无线电高度指示。

1.6.2.1.7 失效旗标应当展示在其所引注的信息位置或取而代之。

1.6.2.1.8 用于导航、交通、飞机系统以及其他信息的数据标志应当放置在相对其所标志信息的某一不变位置上。

1.6.2.1.9 用于其他信息的支持数据,诸如可移标和限制标记,应当放置于相对其所支持信息的不变位置。

1.6.2.1.10 相对当前飞机位置的移动式电子地图显示器上的特征(如甚高频全向信标台(very high-frequency omnidirectional range,VOR)、航路点等)。此外,这类特征(信息)应当置于相应每一选定范围的定常标尺上。

1.6.2.1.11 相对类似信息或其他各段的飞行信息段。

1.6.2.2 放置——操控器件和指示

当某项操作或指示发生于多个位置时(如在飞行管理功能的多个页面上的"返回"操作),该项操作或指示在其所有发生场合的位置都应当保持一致。

1.6.2.3 布局——基本 T 型信息

1.6.2.3.1 §25.1321(b)包括了对于§25.1303(b)规定的若干信息的"基本T型"布局要求。

1.6.2.3.2 以下各小段为基本 T 型布局提供了指导。本指导适用于单个和多个显示器表面。

(1)正常情况(即显示系统无失效)下,基本 T 型信息应当连续显示在每一飞行机组成员的正前方。§25.1321(b)要求§25.1303 规定的飞行仪表必须在仪表板上构成组列,并以驾驶员向前视线的垂直平面为中心尽量靠近。

(2)基本 T 型布局适用于姿态、空速、高度和航向的主显示。视驾驶舱设计而定,在一位驾驶员的前方可以有一个以上的基本 T 型信息元素的指示。例如航向信息可以出现在备用显示器、HUD 以及移动式地图显示器上。主空速、高度和航向指示为各自最接近主姿态指示的显示器指示。

(3) 主姿态指示应当以飞行机组向前视线的(垂直)平面为中心,测量时应当从飞行机组工作位置的 DEP 处开始(见相关条例)。若主姿态指示设置在主仪表板上,则必须处于上部中心位置(§25.1321(b))。姿态指示的放置应当使其显示在所有飞行条件下都不会被遮挡。补充信息可见 SAE ARP 4102/7。

(4) 主空速、高度和航向指示应当设置在主姿态指示的相邻位置。可接受以在这些指示内部、叠放在其上或置于其间的方式来放置信息元素,诸如横向与垂直偏离,前提是这类信息各自与用来完成基本飞行任务的空速、高度或航向指示相关,并能表明其不会干扰正常的交叉检查也不会降低手动飞行性能。

(5) 最有效指示空速的仪表,必须紧邻主姿态指示的正左侧(§25.1321(b))。空速指示的中心应当对准姿态指示的中心。对于空速指示,已确认可接受向下至 15°与向上至 10°的垂直偏离,自飞机水平线基准符号的正水平位置开始测量。对于带式空速指示,其中心被规定为当前空速状态基准的中心。

(6) 与主空速指示有关的参数,诸如基准速度或马赫数指示,应当显示在主姿态指示的左侧。

(7) 最有效指示高度的仪表,必须紧邻主姿态指示的正右侧(§25.1321(b))。高度指示的中心应当对准姿态指示的中心。对于高度指示,已确认可接受向下至 15°与向上至 10°的垂直偏离,自飞机水线基准符号的正水平位置开始测量。对于带式高度指示,其中心被规定为当前高度状态基准的中心。

(8) 与主高度指示有关的参数,诸如气压表设定或主垂直速度指示,应当显示在主高度指示的右侧。

(9) 最有效指示航向的仪表,必须紧邻主姿态指示的正下方(§25.1321(b))。航向指示的中心应当对准姿态指示的中心。航向指示的中心规定为当前航向状态基准的中心。

(10) 与主航向指示有关的参数,诸如基准(即磁或真)或定位器偏移,应当显示在主姿态指示的下方。

(11) 若申请人根据§21.21(b)(1)的规定,寻求对于其他仪表布局的等效安全批准时,FAA 通常会要求具有得到充分确认的研究,或者从军方、外方或其他来源取得的相关服役经验,来验证申请人提出的补偿因素。

1.6.2.4 布局——动力装置信息

1.6.2.4.1 为设置和监控发动机推力或功率所必需的规定发动机指示,应当连续显示于飞行机组的主视界,除非申请人能够演示验证这样做是不必要的(见本章 6.3.3 小节和本 AC 附录 B 的指导)。动力装置信息的自动选择显示不应当抑制飞行机组必须知道的其他信息。

1.6.2.4.2 动力装置信息必须(依据§25.1321)以易于识别与逻辑布置的方式构成紧凑组列,使得飞行机组能够清晰迅即判定所显示的信息并找到其所对应的发动机。一般,把与某一动力装置有关的参数作垂直排列,并且按照动力装置的位置,将其放置在与另一动力装置有关的参数旁边,使得相同的动力装置参数水平对齐,这样的布置认为是可以接受的。通常,要按重要性的次序来放置参数指示,最重要的放在顶部。一般说来,顶部指示是主推力设定参数。

1.6.2.5　布局——其他信息(如下滑道与多功能显示器)

1.6.2.5.1　下滑道偏离标尺应当位于主姿态指示的右边。若在电子水平态势指示器和电子姿态航向指示器上都展示下滑道偏离数据时,则该项信息应当出现在每个指示器上的同一相对位置。

1.6.2.5.2　若下滑道指针由带垂直导航(VNAV)或仪表着陆系统(ILS)相仿功能的区域导航(RNAV)系统驱动时,对该指针不应当做"GS"或"下滑道"标记。

1.6.2.5.3　导航、天气以及垂直态势显示信息常常会在多功能显示器上显示。该类信息可显示在一个或更多的实体电子显示器上,或者显示在一个较大显示器的若干区域内。当不要求该类信息连续显示时,其可作分时段显示,但在需要时显示过的信息应当易于恢复给飞行机组。有关分时段显示的指导可见本章 1.6.3.3 小节。

1.6.2.5.4　其他信息不应当设置在主飞行信息或规定的动力装置信息通常会展示的地方。有关主飞行信息的指导可见本章 1.6.2.1 节和 1.6.2.3 节。有关动力装置信息的指导可见本 AC 的 1.4.7 节和 1.6.2.4 节。

1.6.3　显示信息的管理

以下各小节涉及整个驾驶舱信息显示的综合和管理,包括使用窗口来展示信息以及使用菜单来管理信息的显示。

1.6.3.1　窗口

窗口是可以在一个或多个实体显示器上出现的某个规定区域,包含一组相关信息的窗口通常称之为一种格式。一个实体显示器表面可以展示多个窗口,其可有不同的大小。有关利用分开窗口实施显示器上的信息共享的指南如下所述。

1.6.3.1.1　窗口应当有固定的尺寸和位置。

1.6.3.1.2　窗口之内以及跨窗口的信息元素之间的间隔应当足以使飞行机组能够快速区分独立的功能或功能组(如动力装置指示)并且避免任何混乱或无意的交互影响。

1.6.3.1.3　可选择信息的显示,如在某个显示区域的一个窗口,不应当干扰或影响主飞行信息的使用。

1.6.3.1.4　有关在给定位置的信息显示、数据交叠以及数据改写方面的补充信息,可见航空无线电股份有限公司(ARINC)标准 661-5"驾驶舱显示系统与用户系统的接口"。

1.6.3.2　菜单

1.6.3.2.1　菜单是飞行机组可以从中选择的显示项目清单。菜单有下拉式和滚动式菜单、在多功能显示器上的行选择键以及飞行管理系统菜单树等形式。选项是菜单上可选择的某个项目,选择是用户挑选某个菜单选项的行动,其可通过点击(用光标操控装置或其他机构)、输入一个相关的选项编码或作动某个功能键来实施。

1.6.3.2.2　菜单的层次结构和编排的设计,应当使飞行机组能够以一种支持其任务的逻辑方式,按顺序逐步通过可用菜单或选项。任何具体菜单所提供的选项应当互相逻辑相关。菜单的显示位置应当协调一致,可以是某个固定位置,或是相对不变的位置,使飞行机组知道去何处找到它们。系统应当随时指示其在菜单和菜单层次中的现行位置。

1.6.3.2.3　子菜单数目的设计应当确保能及时访问想要的选项,而无需过于依赖对菜单结构的记忆。菜单上展示的项目,应当使得选择其他菜单的项目和最终选定项目之间能够明显区分。

1.6.3.2.4　挑选期望选项所必需的步骤数目应当与飞行机组任务的频度、重要性以及紧迫性相协调。

1.6.3.2.5　被显示的菜单不应当遮挡必需的信息。

1.6.3.3　信息的全时段与分时段显示

某些飞机参数或状态指示是条例(如§25.1305规定的动力装置信息)要求显示的,但它们也许只是为某些飞行阶段所需要或必需。若想要抑制某些参数的全时段显示时,应当演示验证其可用性等级和等效于全时段显示的功能性。

1.6.3.3.1　在确定某个显示器上的信息能否分时段显示时,要考虑以下准则:

(1)相对在所有正常飞行阶段的飞行安全性,该参数不必要连续显示。

(2)在必须显示的飞行阶段、当其值表明某种非正常状态,或当其会是某种失效情况中的相关信息时,该参数会自动显示。

(3)被抑制的参数可由飞行机组手动选择显示,而不会妨碍显示其他必要的信息。

(4)若该参数在需要时没有显示出来,其失效影响以及组合影响必须满足所有适用条例(如§25.1309)的要求。

(5)被抑制参数的自动显示或请求显示不应当引起显示器上不可接受的杂乱无序,而且,同时多重的"弹出"也不应当引起显示器上不可接受的杂乱无序。

(6)若某个新参数的出现并非明显地不言而喻,则对于该参数的自动展示应当伴以合适的告警或其他通告。

1.6.3.3.2　信息的弹出显示　某些类型的信息,诸如地形和空中交通预警和防撞系统(traffic alert and collision avoidance system, TCAS),是运行条例要求显示的,但它们只为某些飞行阶段(类似于规定飞机参数的分时段显示(见本章1.6.2.3*小节))或某些特定条件所需要或必需。一种通常用来显示这类信息的方

---

* 似应改为1.6.3.3——译注。

法称为"自动弹出"。自动弹出可以用覆盖的形式,如在移动式地图上覆以 TCAS,或作为显示格式的一部分在一个独立窗口弹出。弹出窗口的位置不应当遮挡必要的信息。显示自动弹出信息要考虑以下准则:

(1) 当其值表明某种预定状态或当其相关参数达到预定值时,信息会自动显示。

(2) 弹出信息应当恰当吸引飞行机组的注意,同时又尽量降低对任务的干扰。

(3) 若飞行机组中途取消自动弹出信息的显示,则在有新的情况/事件引发之前不应当再次发生自动弹出。

(4) 若某个自动弹出条件被触发而系统仍处于显示信息的错误形态或模式,并且该系统形态不能自动改变时,则应当显示一项符合其告警性质颜色的通告,提醒飞行机组为信息显示进行必要的更改。本项指导不同于 25 部规定的信息分时段显示,因为规定的信息都是应当显示的,与其形态无关。

(5) 若发生弹出或同时多重弹出时遮挡了信息,则应当表明被遮挡的信息对于飞行机组的当前任务是无关的或并非必要的。此外,弹出还不应当引起误导展示。

(6) 若在某个显示区域同时发生一个以上的自动弹出,例如地形和 TCAS 弹出,则系统应当根据弹出事件的临界性对其进行排序。弹出显示的取向应当使航迹向上或航向向上。

(7) 对某给定系统的并非连续显示的任何信息,若安全性评估确定其需要向飞行机组展示时,应当自动弹出或另行指示其为必要的显示。

1.6.4　显示形态的管理

以下各小节涉及电子显示系统展示信息的管理及其对失效情况的响应和飞行机组的选择。以下各小节还提供了有关显示格式的可接受性以及在正常飞行和失效模式期间它们在驾驶舱内的必要物理位置等方面的指导。还涉及手动和自动系统的重新配置和源的切换。

1.6.4.1　正常情况

正常情况(即非失效状态)下,可以有数种可能的显示形态供手动或自动选择。对于飞行机组可用的所有可能显示形态,应当按其布局、可视性以及干扰等方面考虑设计和进行评定。

1.6.4.2　系统失效情(重新配置)

以下各段提供了在响应显示系统失效时,用手动和自动重新配置显示系统的指导。布局与可视性要求也适用于失效的情况。非正常情况下使用的替代显示位置,应当通过 FAA 或其委任代表评定以确定该替代位置是否满足可接受性准则。

1.6.4.2.1　把显示格式移到驾驶舱其他显示位置或利用冗余显示路径来驱动显示信息,对于满足可用性与完整性要求而言是可接受的。

1.6.4.2.2　对于主飞行信息显示单元位于导航信息显示单元之上的仪表板配

置形态,若上显示单元失效时把主飞行信息移到下显示单元是可接受的。

1.6.4.2.3　对于主飞行信息显示单元位于导航信息显示单元旁边的仪表板配置形态,若首选显示单元失效时把主飞行信息移到其紧邻的显示单元是可接受的,把导航信息切换到某个中央位置的辅助显示器(多功能显示器)也是可接受的。

1.6.4.2.4　若重置失效显示有多种可能性时,应当考虑一种推荐的飞行机组程序并将之录入 AFM。

1.6.4.2.5　在系统失效情况下具有手动或自动的切换能力(首选自动切换)是可接受的;然而,ARAC 建议修订§25.1333(b)要求设备、系统和安装的设计,必须使得在发生未表明为极不可能的任何单项失效或失效组合后,无需增加飞行机组的动作,就有足够的信息确保一名驾驶员能对飞机的空速、高度、航向和姿态实施操控。

1.6.4.2.6　重新配置显示信息的以下方法是可接受的:

(1) 显示单元重新配置把某个显示格式移到一个不同位置(如把主飞行信息移到邻近的显示单元)或使用一种紧凑格式也许是可接受的。

(2) 源/图形发生器重新配置　为适应某项失效,也许可接受手动或自动重新配置图形发生器源。在机长和副驾驶员两者的显示器均由一个图形发生器源驱动的情况下,应当有清晰的戒备告警提醒飞行机组所显示的信息来源于一个图形发生器。

(3) 在某些飞行阶段,手动重新配置不一定能满足操控飞机的驾驶员毫不迟延地恢复主飞行信息的需求,这样就可能需要自动重新配置以确保及时得到要求飞行机组成员立即行动的信息。

(4) 发生自动重新配置时(如显示转移),不应当对飞行机组的实施能力产生不利影响,并且不应当导致任何航迹偏离。

(5) 当显示重新配置导致没有通告的源或显示路径的切换,并且这种切换对飞行机组并非显而易见时,应当注意根据驾驶舱原则在必要时让飞行机组知道系统的实际状况。

1.6.5　重新配置的方法

1.6.5.1　紧凑格式

1.6.5.1.1　本 AC 所用的术语"紧凑格式",系指一种恢复性显示模式,其时所选择的某种多重显示形态的显示组分结合成为一种单个显示格式,以便在某种显示失效后提供较高优先权的信息。在主显示失效的情况下可自动选择"紧凑格式",或由飞行机组手动选择(首选自动选择)。除培训目的外,只有在发生显示失效时才可使"紧凑格式"成为可选择。如本章 1.6.2.3 小节的讨论,§25.1321 的概念和要求依然适用。

1.6.5.1.2　在主格式被替代时,紧凑显示格式应当保持同样的显示属性(颜色、符号位置等)并且包括同样的必要信息。紧凑格式应当确保其所展示的所有显示功能的正常工作,包括导航和导引模式的通告(若有时)。然而,由于尺寸限制并为了避免其杂乱无序,可能有必要减少紧凑格式下的显示功能数目。例如对于某些情况,已确认可接受用数字读出器代替图形标尺。只要有可能,失效旗标和模式通告应当显示在与正常格式相同的位置。

1.6.5.2　传感器选择与通告

1.6.5.2.1　处理可能同时发生的多重失效情况并要求飞行机组立即行动的那些事件时,建议采用传感器数据向显示系统的自动切换,尤其是带有高度综合的显示系统。在系统不那么复杂或者无须飞行机组立即行动的情况下,手动切换也许是可接受的。

1.6.5.2.2　对于机长和副驾驶员的主飞行信息显示,规定要有独立的姿态、航向和大气数据源(见§25.1333)。若该数据源可以切换成使机长和副驾驶员由单个传感器提供信息时,则每一位驾驶员都应当收到一项指示其易于引起误导信息的明确通告。

1.6.5.2.3　若传感器信息源不能切换时,则无须通告。

1.6.5.2.4　应当有一种手段来确定所显示导航信息的源以及有效的导航模式。对于进近运行,应当可从主飞行显示器或紧邻主飞行显示器的地方获取所显示导航信息的源以及有效的导航模式。

1.6.5.2.5　若有多个或不同类型的导航源(飞行管理系统、仪表着陆系统、全球卫星导航系统(global navigation satellite system, GNSS)着陆系统等)可供(人工或自动)选择时,应当通告被选定的源。

1.6.5.2.6　当向飞行机组展示的信息不再满足要求的完整性等级时,应当给出告警信号,尤其对于单个传感器或是丧失独立性的情况。

1.7　电子显示系统的操控装置

1.7.1　总则

每一电子显示系统的操控装置具有相应于其操作的独有特性,是在设计显示系统操控的功能以及为失效模式期间提供的冗余度时需要考虑的。不管有多少冗余度可供用于完成给定任务,整个驾驶舱都应当为主显示器保持统一的用户接口配置,而对于辅助显示器,若不能统一时,至少也应当是兼容的。

1.7.2　多功能操控器件标志

多功能操控器件的标志应当使驾驶员能够——

1.7.2.1　迅即、准确并且始终如一地识别与选择操控装置的所有功能;

1.7.2.2　通过光标定位迅速可靠地判定显示器上哪个项目是"有效的",并判定若用选择器按钮选定该项目和/或用多功能操控器件更改项目时将会执行哪项功能;而且

1.7.2.3　快速准确地确定操控器件的功能而无需过多培训或经验。

1.7.3　多功能操控器件

以下安装指南适用于运行特定功能的专用操控输入装置(如操控按钮与操纵盘),以及新的操控特征(如光标操控装置(cursor control devices,CCD))。

1.7.3.1　"硬"操控器件

1.7.3.1.1　用于在某个显示器上设定数字数据的机械操控器件应当具有足够的摩擦力或触觉制动装置,使飞行机组无需过多培训或经验就可以在相应其任务的时间内以规定精度等级设定数值(如按显示的数值设置视界外的航向可移标)。

1.7.3.1.2　应当按粗略运动以及精细定位任务优化其对操控显示响应增益的输入,而无过调。依据§25.777(b),驾驶舱操控器件的运动方向必须符合§25.779的要求。只要可能,与其他操控器件操作有关的运动感觉,也必须符合该操作对飞机或对被操作部分的效果感觉。用旋转运动调节大小的操控器件,必须从断开位置顺时针转起,经过逐渐增大的行程达到全开位置。

1.7.3.2　"软"操控器件

1.7.3.2.1　有两种互动型的软操控显示器,一类影响飞机系统,而另一类不影响。利用图像用户界面(GUI)的显示器,允许飞行机组直接操控不同显示区域内的信息(如改变量程、滚动机组告警消息或电子检查单、配置窗口或分层信息)。这种显示互动等级只影响到显示信息的展示,对驾驶舱运行的影响甚微。另一等级的显示互动则提供GUI来操控飞机系统的运行(如通常属于顶部板功能的显示器上的多用途操控器件,飞行管理系统(FMS)运行,以及图形飞行计划)。

1.7.3.2.2　用作软操控器件的显示系统设计与其操控的功能有关,设计这类显示系统时要考虑以下指南:

(1)GUI和操控装置应当与其要操控的飞机系统相兼容,GUI和操控装置的硬件和软件设计保证等级以及试验应当与其要操控的飞机系统的临界性等级相匹配。

(2)操控系统的冗余方法可以降低对显示操控器件要求的临界性,应当特别关注显示操控器件的相依性(即具有共模失效的弱点),以及丧失多重系统和功能操控的组合影响。

(3)申请人应当演示验证任何显示操控器件的失效在正常、非正常以及应急情况下,都不会造成飞机运行不可接受的中断(涉及飞行机组成员任务的分派)。

(4)在表明对于§25.777(a)和§25.1523的符合性时申请人应当表明在所有预期飞行演绎过程,飞行机组都能方便地访问规定的和备用的操控功能,而不会影响飞机的操控、飞行机组完成任务的能力以及飞行机组资源管理。

(5) 操控系统的反应时间和增益对于显示操控器件的可接受性可能会很重要，因此，可用性试验应当准确复现实际飞机将会产生的反应时间和操控增益。

(6) 对操控输入最终显示响应的快速程度，应当足以避免对飞行机组设置数值或显示参数时的过分专注要求（§25.771(a)）。对软操控器件输入响应的初始指示应当不长于 250ms。若对某操控器件输入的初始响应与最终预期响应不同时，则应当有可供飞行机组使用的指示驾驶员输入状态的手段。

(7) 在表明对于 §25.771(e) 的符合性时，申请人应当通过在代表性运动环境（如湍流）中的试验和/或演示验证表明：就操控飞行机组在这些条件下可能访问的所有功能而言，该显示操控器件是可接受的。

1.7.4　光标操控装置

用输入装置操控光标在显示器上工作时，即称为光标操控装置（CCD），CCD 用于在显示器的可选择区域定位显示光标。这些可选择区域就是"软操控器件"，预期实施与传统控制板上的机械开关或其他操控器件一样的功能。通常，CCD 可操控数种功能并是一种直接选择显示元素的手段。设计 CCD 时，除本章 1.7.2 节、1.7.3 节和 1.7.5 节提供的指导外，还要考虑以下各小节的指导，其涉及 CCD 特有的设计考虑。有关光标操控器件的补充指导见于 2010 年 10 月 28 日的 AC 20‑170 "用 RTCA/DO‑297 和技术标准规定‑C153 研发、核查与批准综合模块航电设备"。

1.7.4.1　CCD 的设计和安装应当使飞行机组在可预期的正常和不利飞行条件（如湍流与振动）下，无需特殊技能就能操作 CCD。应当避免诸如双击或三击一类的选择技术。

1.7.4.2　CCD 的安全性评估应当涉及丧失 CCD 之后向替代操控手段的转换，包括失效对飞行机组工作负荷影响的评估。

1.7.4.3　应当从下述飞行机组接口考虑，演示验证 CCD 的功能性：

1.7.4.3.1　在 CCD 失效后，飞行机组以合适的工作负荷和效率分担任务的能力。

1.7.4.3.2　在可预期的运行条件（如湍流、发动机不平衡以及振动）下，飞行机组以相关任务要求的精度和选择速度使用 CCD 的能力。

1.7.4.3.3　以惯用手或非惯用手操作 CCD 时，飞行机组任务实施和 CCD 功能的满意度。

1.7.4.3.4　手部稳定性支持位置（如腕托）。

1.7.4.3.5　易于改出不正确使用情况。

1.7.5　光标显示

1.7.5.1　应当限制光标符号用于主飞行信息区域或因光标掩蔽显示信息可能导致飞行机组误解的场合。若允许光标符号进入临界显示信息段，则应当演示验证在任何飞行阶段或失效情况下光标符号的存在都不会引起干扰。

1.7.5.2　由于光标是一种在显示器上可直接操控的元素,故具有其独有的特性。设计光标显示要考虑以下方面:

1.7.5.2.1　在所有可预期运行条件下,光标的展示都应当清晰、无歧义并易于察觉。

1.7.5.2.2　应当评定不可控和混乱显示的光标失效模式。

1.7.5.2.3　鉴于对多数应用情况,都会有不止一位飞行机组成员要使用一个光标,申请人应当制订一种与整个驾驶舱理念相兼容的可接受方法,来处理"光标争夺"问题(例如"最后用显示器者胜")。还应当制订用来处理其他可能场景的可接受方法,包括两位驾驶员使用两个光标。

1.7.5.2.4　若某显示系统使用了不止一个光标时,应当提供光标之间区分的手段。

1.7.5.2.5　若允许某个光标淡出显示器时,则应当采用一些手段使飞行机组迅速锁定其在显示系统中的位置,其通常举例有使光标"持续闪亮"或"不断增大"来吸引飞行机组的注意力。

1.8　为电子显示系统的批准表明符合性

1.8.1　通用符合性考虑(试验与符合性)

本章为演示验证对于批准驾驶舱电子显示器的条例的符合性提供了指导。鉴于很多显示系统的符合性均取决于主观评定,所以本章的重点放在为促进这类评定而提供具体指导。

1.8.2　符合方法

1.8.2.1　显示系统的可接受符合方法取决于许多因素,并需按个案确定。例如当提出的显示系统采用成熟的并众所周知的技术时,诸如以"相似性声明"文件表示的类比理由的方法也许就足够了。然而,对被视为新颖、复杂或高度综合的显示系统设计方案,就比较适用更为严谨和有组织的方法,诸如分析和飞行试验。

1.8.2.2　可接受符合方法还与其他因素有关,包括接收准则的主观性、申请人的评定设施(如高保真度飞行模拟器)以及这类设施的使用方式(如数据收集)。

1.8.2.3　当以主观性准则证实符合方法时,应当向多人(包括驾驶员、工程师以及人为因素专家)收集主观性数据。

1.8.2.4　以下为电子显示器符合方法指南:

1.8.2.4.1　系统说明　系统说明可以包括系统构架、驾驶舱布局和总体安排说明,预定功能、飞行机组接口、系统接口、功能性、运行模式、模式转换和特性(如显示系统的动态特性)等方面说明,以及本说明涉及的适用要求。布局图和/或工程图可以表明硬件或显示图形的几何关系,当表明对于条例的符合性可以方便地缩减到图纸上的简单几何关系、布局或给定特征时,通常就会使用图纸。以下问题可用于评定预定功能的说明是否足够具体和详尽:

(1) 是否对每一系统、特征以及功能都规定了预定功能?

(2) 根据该显示系统,预期飞行机组成员会做出怎样的评估、决定或行动?

(3) 假设有哪些其他信息会与该显示系统一起使用?

(4) 被使用的设备将有怎样的假定运行环境? 例如在驾驶舱、飞行阶段以及飞行程序中,驾驶员的任务和操作。

1.8.2.4.2 相似性声明 这是一种通过与以往经批准显示器(系统或功能)的比较来演示符合性的验证方法。这是要从两个系统的物理、逻辑和功能与运行等方面进行详细比较的相似性,应当为这种比较提供关于之前安装的验证数据资料。应当慎用这种符合方法,因为对驾驶舱应当作为一个整体来评定,而不仅是一组各别的功能或系统。例如在以往不同项目中已获批准的显示功能,当其用于别的驾驶舱时,就不一定兼容。同样地,更改驾驶舱内的某项特征,也许会有必要相应更改其他特征,以便保持一致性和避免混淆(如颜色的使用)。

1.8.2.4.3 计算和工程分析 这里包括了相关参数和关联事项的假设,诸如运行环境、驾驶员群体以及驾驶员培训。计算和工程分析的例子包括在视力检测、任务时间以及操纵力方面的人的行为模拟。对于那些并非根据咨询材料或可接受工业标准的分析,应当考虑采用与显示器直接参与互动来对计算和工程分析进行确认。

1.8.2.4.4 评定 这是一种由申请人进行的设计评估,然后由其向 FAA 提供结果报告。评定通常会使用一个显示器设计模型,它比图样更能代表一个实际系统。该评定具有两个定义特点使其与试验相区分:①显示器设计的样件制造上不必符合其最终文档,并且②FAA 可以到场也可以不到场。该评定可有助于作出符合性确认,但一般不能据其本身来确认符合性。

(1) 该评定可在合格审定项目早期开始,可以涉及对显示器基本设计和布局的静态评估、在代表性运行环境(环境可以模拟)中的部分任务评定和/或全部任务评定。进行评定时,可以使用多种多样的研发工具,包括从模型到实际产品或驾驶舱的完全安装样件。

(2) 对用人员主体(通常是驾驶员)来收集(主观或客观)数据的情况,申请人应当用文件全面说明主体选择的过程、该主体的经验、所收集数据的类型及其收集方法。所得到的信息应当尽早提供 FAA,以便在申请人与 FAA 之间,就该评定的有效性及其与合格审定让与的相关性程度达成一致。此外,合格审定让与还要取决于设备和设施实际代表驾驶舱构型的程度以及飞行机组任务的真实性。

1.8.2.4.5 试验 这种符合方法的实施方式与评定(见上面)很相似,只是要采用制造符合的系统(或与试验相关的制造符合项目)按经批准的试验大纲来进行,有 FAA 或其委任代表到场。试验可以在试验台架、模拟器和/或实际飞机上进行,常常要比评定更为正式、更有组织和更加严谨。

(1) 为表明符合性而进行的台架或模拟器试验,应当在按其试验目的能够充分代表飞机环境的条件下进行。

(2) 应当通过飞行试验来确认和核查从其他符合方法收集到的数据资料,诸如分析、评定与模拟。依据 § 25.1523,在合格审定过程中,应当用飞行模拟器或实际飞机完成飞行机组工作负荷评估和失效分级的确认,尽管该项评估可能会有相应分析的支持(有关分析类型的规定见 AC 25.1523 - 1"最小飞行机组")。

1.9　持续适航和维修

1.9.1　持续适航和维修

以下各节为编制显示系统及其组部件的持续适航文件以表明对于 § 25.1309 和规定编制持续适航文件的 § 25.1529(包括 25 部的附录 H)的符合性提供指导。以下指导并非最后的清单,作为安全性评估、设计评审、制造商推荐以及维修指导小组 3(MSG - 3)分析实施的结果,可能会形成其他维修任务。

1.9.2　概述

有关持续适航文件编制的信息可见 25 部的附录 H,除这些文件外,还应当为以下方面考虑维修程序:

1.9.2.1　正常运行中不使用的恢复开关。在例行维修期间应当检查这类开关,因为若在飞机飞行之前未能判定某个开关的失效,在需要时就会不能切换或使用备用显示器/传感器。这类失效可能会在系统安全性评估中涉及,其应当列入飞机的维修大纲(如 MSG - 3)。

1.9.2.2　带冷却管道的显示器冷却风扇和过滤器组合装置。

1.9.3　维修性设计

显示系统的设计应当最大限度地降低维修差错和提高维修性。

1.9.3.1　显示器的安装架、连接器以及标志,应当允许进行快速、容易、安全和正确的通达,以便对其识别、拆卸与更换。应当提供手段(如使用实体尺寸编码的连接器)来防止系统元组件的不当连接。

1.9.3.2　若系统具有向维修人员提供有关系统故障信息的能力(如诊断程序)时,则其应当以文本而不是以编码信息显示。

1.9.3.3　若飞行机组需要向维修人员提供信息(如过热警告)时,则应当视适用情况把与显示系统相关的问题,按任务和显示信息的临界性通知维修人员。

1.9.3.4 显示器组部件的设计应当使其能够承受清洁处理而不致引起内部损伤、刮伤和/或龟裂(破裂)。

1.9.4 显示特性的维护

1.9.4.1 可使用维护程序来确保显示特性保持在合格审定时展示并接受的水平。

1.9.4.2 经验表明:显示器品质可随时间推移而降格并变得难以使用。例子包括降低亮度/对比度,屏幕失真或褪色(晕光效应),以及屏幕区域不能正常显示信息。

1.9.4.3 可以制订试验方法和准则来确定显示系统是否保持在可接受的最低水平。作为替代的方法,显示系统制造商可以为显示器提供"寿命终止"规范,其可由飞机制造厂商采纳。

附录 1.A 主飞行信息

1.A.1 概述

本附录提供了关于主飞行信息显示的补充指南。显示主飞行信息是§25.1303(b)和§25.1333(b)的要求,在§25.1321(b)中则规定了主飞行信息的安排要求。

1.A.2 姿态

1.A.2.1 俯仰姿态的显示标尺应当使得在正常机动期间(如在高推重比下的进近或爬升)地平线在显示器中保持可见,且至少有 5°的俯仰裕度。

1.A.2.2 在所有异常姿态状态和其他"非正常"机动下,均应当可以通过快速扫视准确、方便地判读姿态,使得驾驶员能够在一秒钟以内就足以认定该异常姿态并启动适当的改出。建议对所有姿态指示均使用人字图形、指针和/或永久性的地空地平线的信息,以有效地实施自异常姿态的手动改出。

1.A.2.3 固定飞机基准和固定地面基准两者的坡度指针("地面和/或天空"指针)均可接受作为主姿态信息的基准点,但是不建议在同一驾驶舱内采用这两种类型的混合。

1.A.2.4 应当有手段来确定相对失速的裕度并在必要时显示该项信息。例如一项俯仰限制指示就是可接受的。

1.A.2.5 应当有手段在失速抖振之前判定过大坡度角状态。

1.A.2.6 应当向飞行机组明确指示侧滑(如在姿态显示器上的一块分离的不规则四边形)并应当提供过大侧滑的指示。

1.A.3　主飞行信息（包括备用）在异常姿态或快速机动情况下的持续功能

1.A.3.1　主飞行信息必须在异常姿态或快速机动情况下持续显示（§25.1301），驾驶员必须还能够依靠主仪表信息或备用仪表信息改出可能遭遇到的所有姿态以及最高速率的俯仰、横滚和偏航（§25.1301）。

1.A.3.2　在表明符合§25.1301(a)、§25.1309(a)、§25.1309(b)、§25.1309(c)、和§25.1309(d)要求时，其分析和试验大纲必须考虑可能因驾驶员动作、系统失效或外部事件而发生的下列状态——

- 非正常姿态（包括飞机变为倒转），
- 任何其他飞行参数漂移至受保护飞行边界以外，或者
- 可能引起高于正常俯仰、横滚或偏航速率的飞行状态。

1.A.3.3　对于以上所列的每一种状态，主飞行显示器和备用指示器必须持续提供可用的姿态、高度、空速和航向信息，以及驾驶员可能需要用以认定并实施改出异常姿态和/或阻止高于正常俯仰、横滚或偏航速率的任何其他信息（§25.1301）。

1.A.4　空速和高度

1.A.4.1　空速和高度显示器传递的当前速度或高度，应当使飞行机组能通过快速扫视辨读。传统的圆盘移动指针显示器按其固有特性所给出的某些辨读，可能难以在移动标尺上重现，标尺长度是影响这种快速扫视能力的一个属性。对于移动标尺，经确认可接受的最低限度可见空速标尺长度一直是 80 kn（1 kn＝1.852 km/h），鉴于该最小值的依据是标尺的其他属性和飞机的使用速度范围，因此对于该值的偏离应当通过可接受性核查。用几何方法推得的显示高度应当易于与主高度信息相分辨，后者系依据气压推得的海拔高度。为确保驾驶员易于对这两者作分辨，应当对高于平均海平面的几何高度用"GSL"标记进行标识。关于平视显示器（HUD）专用空速考虑见本 AC 附录 1.F 的 1.F.5.4.4 段。

1.A.4.2　传统空速指示器上的空速基准标记（可移标），作为重要空速参数的目视提示符号有着十分实用的功能，所以鼓励在电子空速显示器上采用此可移标。对显示在空速标尺上的计算空速/迎角的可移标，诸如 $V_{失速警告}$、V_1、V_R、V_2、襟翼限制速度等，应当进行精确度评定。空速指示器的设计应当包括纳入基准标记的能力，以用其反映飞行导引系统的当前目标空速。过去对某些具有复杂速度选择算法的系统已经提出过上述要求，目的是给飞行机组足够的信息用于按§25.1309(c)的要求进行系统监控。

1.A.4.3　只要读出内容清楚，对于纳入主飞行显示的大气数据不要求有刻度单位标记（"节"、"空速"用于空速；"英尺"、"高度"用于高度表）。对于能同时显示英制和公制的高度表，其标尺和主展示的当前值读数应当保持英制刻度而不要求有单位标记，而其公制显示则应当由另一个必须包含单位标记的现值读数组成。

　　1.A.4.4　应当显示空速标尺标记,诸如失速警告、最大使用速度/最大使用马赫数或襟翼限制,为飞行机组提供相对关键目标或限制的快速速度扫视辨读。这类标记在传递快速扫视感知信息方面应当有足够力度,但是其影响不应当在接近此类速度正常运行(如在失速警告与襟翼限制速度之间的稳定化进近运行)时导致涣散注意。

　　1.A.4.5　若空速趋势或加速度的提示符号做在速度标尺上,则应当使垂直放置的移动标尺空速指示的大值在上,从而在能量或速度增大时使提示符号向上移动。速度、高度或垂直速率的趋势指示器,应当具有适当的滞后和阻尼作用且不分散注意;但是在加速时,阻尼会引起空速差错。此时可能有必要使用算法中的加速度数据来补偿其误差。评定时应当包括服役中预期的湍流。

　　1.A.4.6　空速标尺刻度以 5 kn 为增量、每隔 20 kn 作一刻度标记的方式是可接受的。此外,在移动标尺尺带上还应当提供一种手段用来快速判定空速的变化(如速度趋势矢量或加速度提示符号)。如果采用了趋势或加速度提示符号,或者在空速显示器上纳入了数字现值读数,那么可接受刻度以 10 kn 为间隔的标尺。

　　1.A.4.7　高度表的最小刻度应当以 100 ft 为增量,带有现值读数;或者以 50 ft 为增量,仅带有现值指示标志。由于运行要求的缘故,预期飞机若不装备 20 ft 刻度的标尺或不具有现值读数,就将无法获准以气压确定的决断高度进行Ⅱ类低能见度运行。

　　1.A.4.8　高度表在下列方面有其特殊设计问题:①总的可用范围与规定的分辨率之比是空速或姿态的 10 倍以上,②失去辨读高度内容的后果是有危害的。因此,高度表应当有合适的标尺长度和标记,使得其分辨率足以许可在平飞中进行精确的手动高度跟踪,而且还要有足够的标尺长度和标记来强化飞行机组对于高度的感觉,并允许其有充分的前瞻空间对完成改平有充裕的预测。对于提供告知低高度的情况,把无线电高度表的信息包括到标尺上会很大帮助,因为可以看到其相对地面位置的关系。

1.A.5　低速和高速告知提示符号

　　1.A.5.1　§25.1541(a)(2)规定:"如有非常规设计、使用或操纵特性时",飞机必须包含有"为安全运行所需要的任何补充信息资料、仪表标记和标牌。"25 部关于仪表系统及其标记的条例在制订时并没有考虑现代的电子显示器,因此根据§25.1541(a)(2),这类电子显示器就被视为是"非常规设计特性",就会要求其用补充标记来保证安全运行。特别是,我们认为对于电子空速显示器有必要用低速和高速告知提示符号的形式作为补充标记,为驾驶员提供与圆盘刻度仪表的固有特征类型相同的"快速扫视"空速告知。

　　1.A.5.2　低速告知提示应当就空速低于相应于飞机形态(即重量、襟翼设定、起落架位置等)的参考使用速度,为驾驶员提供适当的目视提示符号;同样地,高速告知提示也应当就空速接近制订上限可能引起危害性运行状态,为驾驶员提供适当的目视提示符号。在研制空速告知提示符号时需考虑下列指导:

1.A.5.2.1　计入所有可能影响被保护速度的独立参数,这一点对于低速状态最为重要,因为所有运输类飞机都有多种襟翼/缝翼形态以及很大的潜在总重变化,使其具有较宽的失速速度范围。

1.A.5.2.2　该提示符号应当一眼就能与诸如 $V_{速度}$ 和速度目标(可移标)一类的其他标记相区分,它不仅应当指示出速度限制的边界值,还必须在正常速度范围与超出这类限制值的不安全速度范围之间做出清楚区分(§ 25.1545)。鉴于移动标尺显示器不会就当前空速相对于空速低限或高限之间的关系提供任何固有的目视提示,很多电子显示器都在空速带旁边使用了琥珀色和红色条码,以通过这类快速扫视提供告知低/高速的手段。指示已降到低于某个参考速度但仍具有充分机动裕度的空速时,优先选用的颜色是琥珀色或黄色,而在到达失速警告速度时则转变为红色。应当视飞机的形态和运行的飞行阶段来选择相应的低速告知区启动速度,例如对于进近和着陆,应当在 V_{REF} 的 $+0$, $-5\,kn$ 容差范围内开始显示低速告知提示符号。某些经 FAA 批准的系统,采用了一种在 V_{REF} 时的驾驶员可选运行速度"可移标",以系统计算的低速提示符号作为补充,其按空速降到低于相应失速速度的一定倍数来改变颜色(如低于 $1.3V_S$ 为白色,低于 $1.2V_S$ 为琥珀色,低于 $1.1V_S$ 为红色)。在制订关于目视提示符号的准则时,要考虑其他飞行状态的具体运行需要。

1.A.5.2.3　低速告知显示器应当具有对载荷系数的敏感性(g 敏感性),使驾驶员在所有飞行阶段均能够保持高于失速警告的充分机动裕度。对于该 g 敏感性功能的精确度应当通过飞行试验核查。

1.A.5.2.4　还应当进行机动飞行和预期水平湍流的飞行试验,来评定纳入低速告知软件的任何阻尼程序的功能准确性;其阻尼水平应当能够在湍流运行期间排除低速提示符号的有碍性/飘忽不定移动,但是阻尼也不能高到阻碍适当的响应以致不能准确反映机动飞行期间相对失速警告和失速的裕度变化。

(1) 应当提供高速告知以防止无意间偏移至超出限制速度,应当用符号来方便判定襟翼和起落架的速度限制。应当采用目视提示符号为接近 V_{MO} 提供充分的告知。类似于之前讨论过的低速提示符号,琥珀色带已经提供了此类告知,当对于 V_{MO} 的接近速率增加到超出某个值时,瞬时空速显示会转变成琥珀色(或闪烁琥珀色的数字),这样的门槛值为驾驶员提供了采取纠正措施的充分时间而不会超过限制速度。

(2) 关于显示空速告知提示符号的要求,是在诸如振杆器和音响超速警告之类其他低速超限和高速超限告警以外的补充。

1.A.6　垂直速度

垂直速度(或爬升率)指示的显示范围应当符合飞机的爬升/下降性能能力,若其决策提示(RA)与主垂直速度指示相综合时,则垂直速度指示的范围应当足以显示所有 TCAS RA 信息的红色带和绿色带。

1.A.7 飞行航迹矢量或符号

1.A.7.1 不要求在主飞行显示器上有飞行航迹矢量(flight path vector, FPV 或速度矢量)或飞行航迹角(flight path angle, FPA)提示符号的显示,但其可能会包含在很多设计内。

1.A.7.2 FPV 符号对于 HUD 的应用软件会特别有用,关于 HUD 专用的 FPV 考虑,见附录 1.F 的 1.F.5.4.5 段。

1.A.7.3 FPV 或 FPA 的指示也可以显示在下视显示器(head down display, HDD)上。对于某些 HDD 和大多数 HUD 的应用软件,FPV 或 FPA 是在多数飞行阶段内操控飞机的主要操控和跟踪的提示符号。但是即使 FPV 或 FPA 指示可以用作为主飞行操控参数,根据§25.1303要求还必须显著显示仍然作为主指示的姿态俯仰和横滚符号(即水线或视轴和俯仰标尺)。在诸如改出异常姿态之类的动态状态,要求始终保持有姿态指示。

1.A.7.4 若 FPV/FPA 用作为主要手段来操控飞机的俯仰和横滚时,该 FPV/FPA 系统的设计应当使驾驶员操控和机动飞机的安全水平至少等同于依据姿态的常规设计(§25.1333(b))。

1.A.7.5 现有的飞机设计可能有用 HUD 提供 FPV 展示和用 HDD 提供 FPA 展示的情况,但是我们并不推荐把这两种不同展示相混合,因为飞行机组有可能误判。我们发现之前被接受的一些设计均具有如下的特点:建立 HUD FPV 显示与主飞行显示 FPA 显示之间的关系,统一的 FPV/FPA 垂直轴展示,以及驾驶员在判读和响应 FPV 和 FPA 能力方面的相似性。

1.A.7.6 必要时驾驶员应当能够方便直观地在 FPV/FPA 和姿态之间进行转换,FPV/FPA 的主飞行显示符号不得与姿态显示相干涉,并且根据§25.1321的要求在驾驶员主视界的上部中心处必须始终有姿态符号。

1.A.7.7 在 HUD 和 HDD 上显示飞行航迹符号的飞机设计,应当使用统一的符号形状(即 HUD FPV 的符号看起来要像 HDD FPV)。

1.A.7.8 对于目前用平视显示 FPV 和用下视显示 FPA 的飞机情况,用于每一种显示的符号不应当具有相同的形状。当不同型式的飞行航迹指示可能作平视和/或下视显示时,其符号应当易于区分以避免使飞行机组产生任何误判。不推荐将两种类型的飞行航迹指示相混合,因为飞行机组有可能误判。

1.A.7.9 常规 FPV、视界限制的 FPV 以及局域化的 FPV 每一种均应当有其特定的外观,使得驾驶员知道是受限制的运动或者是非保形性的。

1.A.7.10 实施以空气质量为依据的 FPV/FPA 展示应当考虑空气质量飞行航迹计算的固有局限性。

1.A.7.11　在坡度指令期间,飞行指引仪应当为横向飞行指引仪导引提示符号提供某些横向移动。

1.A.7.12　为表明对于§25.1301(a)、§25.1303(b)(5)和§25.143(b)的符合性,FPV/FPA飞行指引仪(flight director, FD)的设计必须——

1.A.7.12.1　没有任何可能导致振荡操控输入的特性;

1.A.7.12.2　提供充分有效和醒目的提示符号,以支持所有沿纵向、横向和航向轴的预期机动,包括改出异常姿态;以及

1.A.7.12.3　使在HUD和HDD显示器上提供的提示符号之间,没有任何可能导致驾驶员分辨不清的或对驾驶员的能力具有不利影响的不一致性。

1.A.7.13　关于飞行导引系统的性能和系统安全性要求见下列AC:

● AC 25.1329-1B,更改1,"飞行导引系统的批准"。

● AC 120-28D,"Ⅲ类最低气象条件起飞、着陆和滑行的批准准则"。

● AC 120-29A,"Ⅰ类和Ⅱ类最低气象条件进近的批准准则"。

附录1.B　动力装置显示器

1.B.1　概述

1.B.1.1　刚采纳§25.1305时,驾驶舱动力装置的显示器基本上就是一堆专门、独立、全时段的模拟量"圆盘"式仪表,一般一个显示器用于一种规定指示。而现代的驾驶舱动力装置显示器已成为与驾驶舱其他显示器相组合,展示于少数几个相对较大电子显示空间的主电子显示器了。在这样的技术改进过程中,FAA也采用了一些合格审定问题纪要和其他指导材料,以确保这类增加了潜在共因故障以及在共享显示空间有效性方面颇受质疑的新技术,不会对为符合§25.1305所需的动力装置信息的及时可用性和独立性产生不利的影响。本AC提供了一些有关的指导材料。

1.B.1.2　在采纳本规章之初,为符合§25.1305的某一规定,一项显示就应当提供预期为专用全时段的模拟型仪表的所有仪表功能(见AC 20-88A"航空器标记指南")。在初始采纳§25.1305和§25.1549的时候,根本还想象不到现代显示器的设计灵活性和状态的适应性,而且现代操控系统能够自动完成飞行机组的功能也令人匪夷所思。在某些情况下,这类系统的能力甚至排除了对于专用全时段模拟型仪表的需要。

1.B.1.3　在做出一项符合性确认时,应当考虑相关显示器的所有用途,包括——

1.B.1.3.1　支持经批准使用程序的驾驶舱指示(§25.1585),

1.B.1.3.2　动力装置系统安全性评估所需要的指示(§25.1309),和

1.B.1.3.3　支持持续适航文件所需要的指示(§25.1529)。

注:例如发动机 N2 转子符合§25.1305(c)(3),最初就是通过一个专用全时段模拟仪表来达到的,该仪表提供了为实施下列功能所需要的持续监控能力——

● 支持发动机起动(如通常用于判定供油点);

● 支持功率设定(如有时用作为主要或备用的参数);

● 根据§25.903(d)(2)的要求,"合理保证在服役中不会超过对涡轮转子结构完整性有不利影响的发动机使用限制";

● 提供§25.1549 所规定的正常、预警性和限制性使用值的指示;以及

● 根据符合§25.901、§25.1309 等条款的要求,支持检测相对使用限制裕度的不可接受减小和其他不正常的发动机工作状态。

1.B.1.4　随着技术的进步又引入了数字化全权发动机控制装置(FADEC),其设计具有符合§25.903(d)(2)所要求的监督和控制发动机 N2 转子速度的能力。不仅如此,还引入了发动机状态监控计划并将之用于检测不可接受的发动机功能退化。驾驶舱技术的进步已经使得各项指示可以自动显示来涵盖不正常的发动机工作状态。上述技术发展的综合,使得不再需要根据本 AC 第 1.6.6.3 节的指导材料所规定的关于 N2 转子速度的全时段模拟指示。

1.B.2　设计指南

1.B.2.1　涉及安全的发动机超限应当以清晰明了的方式予以指示,有关的飞行机组告警见§25.1322。

1.B.2.2　提供重大推力损失指示时,应当以清晰明了的方式展示。

1.B.2.3　除本 AC 1.3 列出的失效情况外,还应当考虑下列设计指南:

1.B.2.3.1　对于导致某台发动机任何指示不可恢复丧失的单项失效,应当保留有足够的指示以使该发动机能够继续安全运行(见§25.901(b)(2),§25.901(c)和§25.903(d)(2))。

1.B.2.3.2　单项失效不得妨碍一台以上发动机的继续安全运行或要求任何飞行机组成员立即采取措施才能继续安全运行(见§25.901(c),§25.903(b)和§25.1309(b))。

1.B.2.3.3　发动机再起动期间所需要的各项指示,应当在发动机故障事件之后立即提供(见§25.901(b)(2),§25.901(c),§25.903(d)(2),§25.903(e),§25.1301,§25.1305,§25.1309 和本 AC 1.6.6.3 节)。

附录 1.C　定义

1.C.1　空气质量系统

一种以空气质量为基础的系统,提供用航向/空速/垂直速度推得的飞行航迹展

示。在用空气质量描述飞行航迹时,不考虑诸如风致飘移和风切变一类的空气质量的扰动,因此不能用其来表示相对地球表面的飞行航迹。

1.C.2 告警

一个通用术语,用来描述旨在引起飞行机组注意并告知他们非正常的运行或飞机系统状况的驾驶舱指示。警告、戒备和提示均被认为是告警。

1.C.3 通告

用于引起飞行机组成员注意的一种目视、音响或触觉的信号。

1.C.4 构架

显示器或显示系统的组部件进行布置组合的方式。

1.C.5 基本 T 型

§25.1321(b)所规定的主飞行信息布局方式,包括姿态、空速、高度和航向信息。

1.C.6 亮度

感知或主观亮度,不应当将其与光照亮度相混淆。

1.C.7 可移标

一种用于标记或引注其他信息(诸如航向、高度等)的符号。

1.C.8 灾难性

导致多人死亡而通常飞机毁损的失效情况。

注 在先前版本的§25.1309 及相关咨询材料中"灾难性失效情况"曾被定义为会妨碍继续安全飞行和着陆的一种失效情况。

1.C.9 色度

显示图像的质量,包括亮度和色品,其是观察人员主观评估的一种感觉构成。

1.C.10 色品

符号或图像的一种颜色特性,用其 u'、v' 坐标进行定义。(见 Colorimetry, 3rd edition, Commission Internationale de L'Eclairage, CIE publication 15:2004.)

1.C.11 杂乱无序

在一个显示器上有过多数量和/或种类的符号、颜色或其他信息,它会降低飞行机组的访问效率或增加判读时间,或提高*判读差错的概率。

1.C.12　惰性数据资料

不按规定时间期限进行更新的数据资料。

1.C.13　编码

对某些设计元素或特性(如数字、字母、符号、音响信号、颜色、亮度或尺寸变化)指定特定含义,用来以简短的或较常规的方式展示信息。

1.C.14　编码特性

一般与提供特定含义的设计元素相关的易于判定和不同元素之间相互区分的属性,如尺寸、形状、颜色、运动、位置等。

1.C.15　颜色编码

有规律地使用颜色来传递特定的信息、引起对信息的注意,或对显示的信息进行有组织的划分。

1.C.16　指令信息

指令一项操控动作的显示信息。

1.C.17　紧凑模式

用于显示器时,多指以数字方式展示的单一、密集显示,用于恢复状态或失效情况。

1.C.18　保形

指一种与外部景象对齐的缩比图像显示信息。

1.C.19　对比度

- 对于平视显示器:背景景色上的亮度比(见 SAE AS 8055)。
- 对于下视显示器:总前景亮度与总背景亮度之比。

1.C.20　临界性

关于功能、硬件、软件等的危害性水平的一种指示,包括只考虑其(功能、硬件、软件)的一种不正常行为、各种不正常行为的组合或与外部事件的组合。

---

* 原文此处"decrease"似有误,另外"interpretation time"前似乎也少了一个动词"increase"——译者注。

1.C.21　设计眼位(design eye position，DEP)

在每一驾驶员工作位置处的一个点,就座驾驶员从这一点可以达到规定的外界能见度与仪表扫视的组合要求。DEP 是由申请人为每一驾驶员工作位置选定的,满足§25.773(d),§25.777(c)和§25.1321要求的一个点。通常这是一个相对飞机结构(座椅中立参考点)的固定点,当驾驶员坐在正常位置时,其双眼的中点应当位于该点处。DEP 是驾驶舱仪表板、操控器件、显示器和外部景象位置的主要尺寸参考点。

1.C.22　显示元素

显示的一个基本组分,如一个圆、一条直线或一个点。

1.C.23　显示更新率

某项显示全面更新其图像的速率。

1.C.24　显示分辨率

可以显示的最小元素尺寸,用显示器表面的总像素或者每英寸(或毫米)点数来表示。

1.C.25　显示响应时间

把信息的亮度从一个等级改变为另一个等级所需的时间,显示响应时间与其固有响应(与显示器所用的光电效应及其处理方式相关的时间)有关。

1.C.26　显示表面/显示屏

显示装置提供图像的区域。

1.C.27　显示系统

装备用于向飞行机组显示信息的整套航电装置,也称为电子显示系统。

1.C.28　显示装置

驾驶舱中位于飞行机组视界内的一种设备,用于提供目视信息。其例子有彩色下视显示器和平视显示投影器与组合器。

1.C.29　地面基准系统

一种惯性基准系统,提供通过空间飞行航迹的显示。下降时,地面基准系统会指示飞行航迹与地形和/或假想地平线之间的关系。

1.C.30 增强型飞行视景系统(enhanced flight vision system，EFVS)

一种通过使用图像传感器,提供前向外部场景地形(一个地方或区域的自然或人工设置的特征,特别是在某种程度上能够表示它们的相对位置和相对高度的特征)显示的电子装置,诸如毫米波射线探测仪、毫米波雷达以及低照度图像增强装置。

1.C.31 增强型视景系统(enhanced vision system，EVS)

一种通过使用图像传感器,提供前向外部场景地形显示的电子装置,如前向红外观测器、毫米波射线探测仪、毫米波雷达以及低照度图像增强装置。

注 EFVS 是预期用于依据 14 CFR 91.175(l)和(m)的规定进行仪表进近的一种 EVS,所以图像必须在平视显示器上与仪表飞行信息一起显示。

1.C.32 极不可能

极不可能的失效情况是不可能到在一个型号所有飞机的总使用寿命期内也预期不会发生的那类失效情况。

1.C.33 很不可能

很不可能的失效情况是在每架飞机整个使用寿命期内预期不会发生的、但在考虑所有该型飞机的总使用寿命时则可能会发生少许几次的那类失效情况。

1.C.34 眼睛参考位置(eye reference position，ERP)

处于或接近于平视显示器(HUD)眼框中心的一个空间位置。HUD ERP 为HUD 的一个主要几何参考点。

1.C.35 失效

影响元组件、零部件或组部件的工作使其不能再发挥预定功能(包括丧失功能和故障)的某种情况。差错可能引起失效,但不视其为失效。

1.C.36 失效情况

对飞机和/或其乘员有直接或后续影响的某种情况,可以由一个或多个失效或差错引起或促成,要考虑到飞行阶段以及有关的不利运行或环境条件或者外部事件。

1.C.37 视界(field of view，FOV)

能够被在任一驾驶员工作位置就座的任一驾驶员看到的显示器延伸角。

1.C.38 闪烁

对于符号、符号组或发光字段显示亮度的一种不希望存在的快速瞬时变化,会引起看的人感觉不适（如头疼和恼火）。

1.C.39 驾驶舱设计理念

对设计原理的高层次描述，指导设计人员确保向飞行机组展示统一协调的界面。

1.C.40 飞行航迹角（flight path angle，FPA）

也称为飞行航迹符号、爬升角、俯冲角，或"罩住"（在姿态指示器中心线上）的飞行航迹矢量。在姿态显示器上显示的一个动态符号，表示当飞机运动时在俯仰轴上相对假想地平线的竖直角。飞行航迹角是向前速度和垂直速度的合成矢量。对于多数设计，FPA 均以地面为基准，尽管有些也采用空气质量矢量。FPA 在姿态显示器上只有沿垂直（俯仰）轴的移动，没有横向移动。

1.C.41 飞行航迹矢量（FPV）

也称为速度矢量或飞行航迹标志器。在姿态显示器上显示的一个动态符号，表示实时飞行航迹角（垂直轴）与因风致飘移和侧滑/滑移引起相对飞机航向的横向角的合成矢量。对于多数设计，FPV 均以地面为基准，尽管有些也采用不能计入风的影响的空气质量矢量。

1.C.42 可预见情况

假设为给定预期功能的显示器或显示系统在其中运行的整体环境，包括在正常、非正常和应急情况下的运行。

1.C.43 格式

整个显示装置表面提供的图像，一种格式由一个或数个窗口组成（见 ARINC 标准 661）。（见本附录图 1-C-1。）

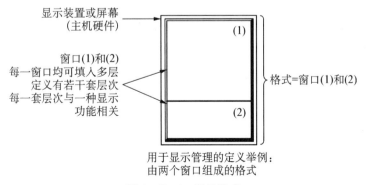

图 1-C-1 显示格式

1.C.44　FPV/FPA 为基准的飞行指引仪（FD）

一种平视显示器或下视显示器飞行指引仪提示符号，其间驾驶员为了符合飞行导引指令而依据 FD 指令来"飞"这个 FPV/FPA 符号。这种情况不同于姿态 FD 导引，对于后者，驾驶员是"飞"飞机（即俯仰、视轴）符号来跟随俯仰和横滚指令。

1.C.45　全时段显示

一种连续的专用信息显示。

1.C.46　功能危害性评估

对于飞机和系统功能的一种系统化综合检查，据其来判定因功能故障或失效的结果而可能产生的轻微、严重、危害性和灾难性的潜在失效情况。

1.C.47　灰度

介于全暗和全亮之间的亮度增量等级量值。

1.C.48　危险性

危及飞机总体安全或显著降低飞行机组应付不利运行条件能力的任何情况。

1.C.49　危害性

危害性失效情况会使飞机的运行或飞行机组处理不利条件的能力降低到如下程度——
- 大大降低安全性裕度或功能性能力，
- 身体痛苦或过度工作负荷使得不能依靠飞行机组准确或全面地执行其任务，或者
- 飞行机组以外的相对少数乘员遭受重伤或致命伤害。

1.C.50　下视显示器（HDD）

一种主飞行显示器，位于驾驶员正前方的飞机主仪表板上直接针对驾驶员的主视界。HDD 在风挡的下方，要求飞行机组往遮光罩下面看才能用 HDD 来操纵飞机。

1.C.51　头戴式显示器（HMD）

戴在驾驶员头上的一种特殊平视显示器，现在已经没有任何 HMD 用于 25 部的安装，但若以后有需要，也可提供指导材料。

1.C.52　平视显示器（HUD）

在驾驶员与风挡之间的、处于驾驶员前视界内一个透明屏幕（组合器）上投射主

飞行信息(如姿态、大气数据、导引等)的一种显示系统。该系统使得驾驶员能够同时一面使用飞行信息一面观察风挡外面的前向航迹,而无须扫视下视显示器。其飞行信息的各种符号应当以聚焦于光学无穷远处的虚像展示,姿态和飞行航迹符号需要对外部视景保形(即对齐和缩比)。

1.C.53　HUD 设计眼框

围绕设计眼位的一个三维区域,其所定义的是从其可以看到 HUD 符号和/或影像的一个区域。

1.C.54　图标

代表一项功能或事件的单个图像符号。

1.C.55　图像尺寸

显示表面的观察区域(视界)。
- 直视显示:显示器的有用(或有效)区域(如以厘米×厘米为单位)。
- 平视显示:总视界(通常以度×度为单位)。

注　总视界规定了头部在眼框内移动之后,任何一只眼睛所能看到显示的最大角度范围(见 SAE AS 8055)。

1.C.56　指示

给飞行机组的任何目视信息,表示图像尺度的状态、其他的图像展示、数字数据消息、指示灯、符号和概要图等。

1.C.57　信息更新率

显示新的数据资料或数据资料更新的速率。

1.C.58　交互作用

通过使用图像用户界面来直接影响显示的能力,图像用户界面由操控装置(如跟踪球)、光标和作为光标目标的"软"显示操控器件组成。

1.C.59　反应时间

显示系统对某个来自输入/输出装置、符号发生器、图像处理器或信息源的触发事件做出反应所需的时间。

1.C.60　层

用户应用软件认识的显示系统最高等级实体。

1.C.61 亮度

显示器发射出的可见光,常用单位:朗伯 (ft · la, 1la = 3.18310 × 10³ cd/m²),坎德拉/米²(cd/m²)。

1.C.62 严重

严重失效情况会使飞机的运行或机组处理不利条件的能力降低到如下程度——
- 显著降低安全性裕度或功能性能力;
- 显著增加机组工作负荷或降低机组工作效率;
- 对飞行机组造成不适;或者
- 对旅客或座舱机组造成身体痛苦,可能包括受伤。

1.C.63 菜单

可供选择的显示选项清单。

1.C.64 消息

用于传递预定含义的一种信息交流,如一项告警或数据链消息。

1.C.65 轻微

轻微失效情况不会显著降低飞机的安全性,其所涉及的机组行动完全在其能力范围之内。轻微失效情况可包括——
- 稍微降低安全性裕度或功能性能力;
- 稍微增加机组工作负荷(比如改变例行飞行计划);或者
- 对旅客或座舱机组造成某些身体不适。

1.C.66 误导信息

因其在给定状态下以正确和可信的面貌出现,而使飞行机组未能检测出来的不准确信息。

注:当不准确信息被监控器自动检测出来而向飞行机组提供指示时,或当该信息显而易见是不准确的时候,就不再视其为误导信息。误导信息的后果与信息的性质和给定的状态有关。

1.C.67 模式

显示器和/或操控系统的功能状态,模式可以手动或自动选定。

1.C.68 维修指导小组 3(MSG‐3)

由航空公司运输协会主办的指导小组,其成员包括来自航空工业界和航空监管权力机构的代表。

1.C.69　掩蔽

一个符号被另一个遮挡到看不见,有时也叫隐蔽现象。

1.C.70　分隔

为功能独立的软件组部件之间提供隔离的一种技术,以包容和/或隔离故障并且潜在地降低软件核查的工作量。

1.C.71　像素

显示图像的元素,通常由三种(红、绿、蓝)子像素(在阴极射线管上亦称为圆点)组成。

1.C.72　像素缺陷

一种看似处于永久接通或断开状态的像素。

1.C.73　主飞行显示器(primary flight display，PFD)

用于展示主飞行信息的显示器。

1.C.74　主视界(field of view，FOV)

主 FOV 的基础是从设计眼睛基准点只通过转动眼睛用视网膜中区视力或中心视力可以看到的最佳垂直和水平视界。图 1-C-2 和下面的说明提供了如何将主视界

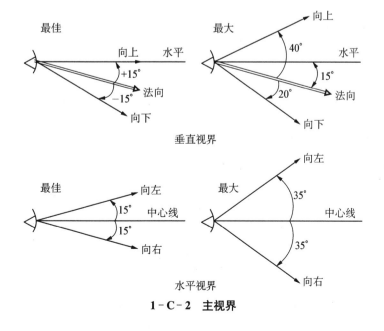

1-C-2　主视界

应用于下视显示器的一个例子：在水平面以下 15°画一条法向视线，其上下（相对飞机向前的法向视线）的最佳值为±15°，而最大为向上＋40°和向下－20°。*

1.C.75　主飞行信息

由§25.1303(b)和§25.1333(b)要求展示的，按§25.1321(b)布置的信息。

1.C.76　主飞行仪表

任何作为飞行机组的主飞行信息具体参数主要基准的显示器或仪表。例如位于中央的姿态指引仪指示器就是一个主飞行仪表，因为其是飞行机组的俯仰、压坡和指令性转向信息的主要基准。

1.C.77　提示符

提示飞行机组有输入进来或需要采取行动的一种方法。

1.C.78　必要的发动机指示

§25.1305 所规定的展示信息。

1.C.79　恢复

显示器失效后，自动进行的或由飞行机组开始（手动）的显示格式或窗口重置。

1.C.80　阴影

阴影可作为——
- 分割信息、改变状态、加以着重和深化信息的一种编码方法；以及
- 在图像元素（地图显示器、合成视景系统）之间过渡的一种方法。

1.C.81　软操控器件

用于处理、选择或取消选定信息的一种显示元素（如菜单和软控键）。

1.C.82　备用显示器

主显示器故障时使用的备份显示器。

1.C.83　状态信息

飞机系统及其周围环境的当前情况信息。

---

* 原文此处少了对水平视界的说明，可参见 AC 25.1322－1 附录 5 有关定义——译注。

1.C.84 符号

符号是一种几何图形或字母—数字信息,用于表示显示器上的参数状态,符号又可以根据其在显示器上的位置和移动情况作进一步定义。

1.C.85 合成视景

一种计算机生成的从驾驶舱观测到的外部地形图像。该图像通过飞机姿态、高精度导航解算,以及地形、障碍物和相关文化特征的数据库推导得出。

1.C.86 合成视景系统

一种向飞行机组显示外部地形情景综合可视图像的电子装置。

1.C.87 绘制纹理

一种图像绘制效应,用于提供一个显示的对象或绘制一种特定的"外观"(金属、草地、浓云等)。纹理可用来——

- 作为分割信息、改变状态、加以着重和深化信息的一种编码方法;
- 作为在图像元素(地图显示器、合成视景系统)之间过渡的一种方法;以及
- 提高合成图像与真实世界景象之间的相似性。

1.C.88 时间分享

在不同时间用同一显示器区域显示不同的信息。

1.C.89 透明处理

通过前景信息元素看到背景信息元素的一种方法,透明处理可以同时改变"前视"元素和"后视"元素的色感。

1.C.90 视角

法向视线(向前直视)与眼睛至观察物连线之间的夹角,该角度可以是水平的、垂直的或这两种角度的组合。

1.C.91 目视包线

显示器满足最低光学性能(如亮度、对比度或色品)的整个体积空间。就直视显示器而言,目视包线是相对于显示图像法向的一个立体角;而对平视显示器而言则是一个三维空间(眼框)。

1.C.92 窗口

显示表面的矩形物理区域,一个窗口可由一层或多层组成(见 ARINC 标准

661),(见前面的图 1 - C - 1)。

1.C.93　开窗

用于设立窗口的技术,把一个显示区域分成两个或更多的独立显示区或者在已有显示区插入新的显示区。

附录 1.D　缩略语

缩略语	含义
14 CFR	联邦法典第 14 集
AC	咨询通告
AFM	飞机飞行手册
ARAC	航空规章制订咨询委员会
ARP	航宇推荐工作法
AS	航宇标准
CCD	光标操控装置
CFR	联邦法典
CRT	阴极射线管
CS - AWO	EASA 全天候运行合格审定规范
DEP	设计眼位
EASA	欧洲航空安全局
EFVS	增强型飞行视景系统
ERP	眼睛参考位置
EUROCAE	欧洲民用航空电子设备组织
EVS	增强型视景系统
FAA	联邦航空局
FADEC	数字化全权发动机控制装置
FD	飞行指引仪
FHA	功能危害性评估
FMS	飞行管理系统
FOV	视界
FPA	飞行航迹角
FPV	飞行航迹矢量
GNSS	全球卫星导航系统
GUI	图像用户界面
HDD	下视显示器

HMD	头戴式显示器
HUD	平视显示器
ILS	仪表着陆系统
ICAO	国际民用航空组织
JAA	联合航空局
LCD	液晶显示器
MSG - 3	维修指导小组 3
PF	驾机驾驶员
PNF	不驾机驾驶员
RA	决策提示
RNAV	区域导航
SAE	SAE 国际(前汽车工程师学会)
SVS	合成视景系统
TAWS	地形提示和警告系统
TCAS	交通告警和防撞系统
TSO	技术标准规定
VFR	目视飞行规则
VNAV	垂直导航
VOR	甚高频全向信标台

附录 1. E　相关条例和文件

1.E.1　概述

1.E.1.1　下列相关文件作为信息提供于此而无须在本 AC 中直接引用。

1.E.1.2　列在下面的条例和标准适用于特定系统或功能,它们即便没有明确提出显示要求,但仍然可能对显示系统特性有隐含的影响。这并不是一份包罗万象的清单,而对其应当进行审查以确保颁发状态的有效性,并且检查是否有任何其他可能适用的规定。

1.E.2　条例

本附录表 1 - E - 1 列出了在审定电子显示系统时应当考虑的条例。您可在互联网以下网址下载这些条例:electronic Code of Federal Regulations (e-CFR),或者通过以下方式订购纸质版本:致函 the Superintendent of Documents, U. S. Government Printing Office, P. O. Box 371954, Pittsburgh, PA, 15250 - 7954;致电(202)512 -1800;或传真(202)512 - 2250。

表 1 - E - 1　审定电子显示系统时的相关条例

14 CFR	标　题
§ 25.143	操纵性和机动性——总则
§ 25.207	失速警告
§ 25.562	应急着陆动态情况
§ 25.672	增稳系统及自动和动力操作系统
§ 25.677	配平系统
§ 25.679	操纵系统突风锁
§ 25.699	升力和阻力装置指示器
§ 25.703	起飞警告系统
§ 25.729	收放机构
§ 25.771	驾驶舱
§ 25.773	驾驶舱视界
§ 25.777	驾驶舱操纵器件
§ 25.779	驾驶舱操纵器件的动作和效果
§ 25.783	机身舱门
§ 25.785	座椅、卧铺、安全带和肩带
§ 25.812	应急照明
§ 25.841	增压舱
§ 25.854	厕所防火
§ 25.857	货舱等级
§ 25.858	货舱或行李舱烟雾或火警探测系统
§ 25.859	燃烧加温器防火
§ 25.863	易燃液防火
§ 25.901	动力装置——安装
§ 25.903	发动机
§ 25.904	起飞推力自动控制系统(auto matic take off thrust control system, ATTCS)
§ 25.1001	应急放油系统
§ 25.1019	滑油滤网或油滤
§ 25.1141	动力装置操纵器件:总则
§ 25.1165	发动机点火系统
§ 25.1199	灭火瓶
§ 25.1203	火警探测器系统
§ 25.1301	设备—功能和安装
§ 25.1302	飞行机组使用的安装系统和设备
§ 25.1303	飞行和导航仪表
§ 25.1305	动力装置仪表
§ 25.1309	设备、系统及安装
§ 25.1316	电气和电子系统闪电防护
§ 25.1321	布局和可视性

（续表）

14 CFR	标　题
§ 25.1322	飞行机组告警
§ 25.1323	空速指示系统
§ 25.1326	空速管加温指示系统
§ 25.1327	磁航向指示器
§ 25.1329	飞行导引系统
§ 25.1331	使用能源的仪表
§ 25.1333	仪表系统
§ 25.1337	动力装置仪表
§ 25.1351	电气系统和设备——总则
§ 25.1353	电气设备与安装
§ 25.1355	配电系统
§ 25.1357	电路保护装置
§ 25.1381	仪表灯
§ 25.1383	着陆灯
§ 25.1419	防冰
§ 25.1431	电子设备
§ 25.1435	液压系统
§ 25.1441	氧气设备和供氧
§ 25.1447	分氧装置设备标准
§ 25.1457	驾驶舱录音机
§ 25.1459	飞行数据记录器
§ 25.1501	使用限制和信息资料——总则
§ 25.1523	最小飞行机组
§ 25.1529	持续适航文件
§ 25.1541	标记和标牌——总则
§ 25.1543	仪表标记:总则
§ 25.1545	空速限制信息资料
§ 25.1547	磁航向指示器
§ 25.1549	动力装置和辅助动力装置仪表
§ 25.1551	滑油油量指示
§ 25.1553	燃油油量表
§ 25.1555	操纵器件标记
§ 25.1563	空速标牌
§ 25.1581	飞机飞行手册——总则
§ 25.1583	使用限制
§ 25.1585	使用程序
§ 33.71	润滑系统
§ 91.205	具有标准类美国适航证的带动力民用航空器:仪表和设备要求

（续表）

14 CFR	标　　题
§ 91.219	高度告警系统或装置：涡喷发动机驱动的民用飞机
§ 91.221	交通告警和防撞系统的设备及使用
§ 91.223	地形提示和警告系统
91 部附录 A 第 2 条	必要的仪表和设备
§ 121.221	防火措施
§ 121.305	飞行和导航仪表
§ 121.307	发动机仪表
§ 121.308	厕所防火
§ 121.313	其他设备
§ 121.323	夜间运行的仪表和设备
§ 121.325	仪表飞行规则或云上运行的仪表和设备
§ 121.344	运输类飞机的数字飞行数据记录器①
§ 121.354	地形提示和警告系统
§ 121.356	防撞系统
§ 121.357	机载气象雷达的设备要求
§ 121.358	低空风切变系统的设备要求
§ 135.149	设备要求：总则
§ 135.154	地形提示和警告系统
§ 135.159	设备要求：目视飞行规则夜间载客或目视飞行规则云上载客运行
§ 135.163	设备要求：仪表飞行规则载客运行的航空器
§ 135.180	交通告警和防撞系统
135 部附录 A	10 或更多座客机的补充适航标准

① 可规定用数字飞行数据记录器来记录电子显示器的状态。

1.E.3　咨询通告

本附录的表 1-E-2 中所列出的相关 AC 作为信息提供于此，其也许并未在本 AC 中直接引用。表 1-E-2 标明了每份 AC 在本文件颁布时的最新版本。若本 AC 颁布后 AC 又有任何修订，则应当引用更新的有效版本作为指导。可在 FAA website 上获取下列 AC 的最新版本。

表 1-E-2　咨询通告

AC 编号	标　　题	日　　期
AC 20-88A	航空器标记指南	1985 年 9 月 30 日
AC 20-115C	机载软件保证	2013 年 7 月 19 日
AC 20-131A	交通告警和防撞系统（TCAS Ⅱ）及 S 模式应答机的适航批准	1993 年 3 月 29 日

（续表）

AC 编号	标　　题	日　　期
AC 20-136B	航空器电气和电子系统闪电防护	2011 年 9 月 7 日
AC 20-138C	定位和导航系统的适航批准	2012 年 5 月 8 日
AC 20-140B	支持空中交通服务（air traffic service, ATS）的航空器数据链通信系统设计批准指南	2012 年 9 月 27 日
AC 20-149A	国内飞行信息服务——广播安装指南	2013 年 9 月 23 日
AC 20-151A	7.0 与 7.1 版交通告警和防撞系统（TCAS Ⅱ）及相关 S 模式应答机的适航批准	2009 年 9 月 25 日
AC 20-152	RTCA 股份有限公司文件 RTCA/DO-254 "机载电子硬件设计保证指南"	2005 年 6 月 30 日
AC 20-155A	支持航空器闪电防护合格审定的工业界文件	2013 年 7 月 16 日
AC 20-167	增强型视景系统、合成视景系统、组合视景系统以及增强型飞行视景系统设备的适航批准	2010 年 6 月 22 日
AC 20-170	用 RTCA/DO-297 和技术标准规定-C153 研发、核查与批准综合模块航电设备	2010 年 10 月 28 日
AC 21-16G	RTCA 文件 D, E, F, 和 G 版 DO-160"机载设备环境条件和试验程序"	2011 年 6 月 22 日
AC 25-7C	运输类飞机合格审定飞行试验指南	2012 年 10 月 16 日
AC 25-12	运输类飞机机载风切变警告系统适航批准准则	1987 年 11 月 2 日
AC 25-17A	运输飞机座舱内设适坠性手册	2009 年 5 月 18 日
AC 25-23	25 部飞机地形提示和警告系统（terrain awareness and warning system, TAWS）安装批准的适航准则	2000 年 5 月 22 日
AC 25-24	发动机持续不平衡	2000 年 8 月 2 日
AC 25.562-1B	运输飞机座椅约束系统和乘员保护的动态评定	2006 年 1 月 10 日
AC 25.703-1	起飞形态警告系统	1993 年 3 月 17 日
AC 25.773-1	驾驶舱视界设计考虑	1993 年 1 月 8 日
AC 25.1309-1A	系统设计与分析	1988 年 6 月 21 日
AC 25.1302-1	飞行机组使用的安装系统和设备	2013 年 5 月 3 日
AC 25.1322-1	飞行机组告警	2010 年 12 月 13 日
AC 25.1329-1B,更改 1	飞行导引系统的批准	2012 年 10 月 16 日
AC 25.1523-1	最小飞行机组	1993 年 2 月 2 日
AC 90-100A	美国航站和航路区域导航（area navigation, RNAV）运行	2007 年 3 月 1 日
AC 120-28D	Ⅲ类最低气象条件起飞、着陆和滑行的批准准则	1999 年 7 月 13 日
AC 120-29A	Ⅰ类和Ⅱ类最低气象条件进近的批准准则	2002 年 8 月 12 日

（续表）

AC 编号	标　题	日　期
AC 120 - 41	机载风切变告警和飞行导引系统的运行批准准则	1983 年 11 月 7 日
AC 120 - 55C，更改 1	航空承运人有关 TCAS Ⅱ 的使用和运行批准	2013 年 3 月 18 日
AC 120 - 64	电子检查单的运行使用和改动	1996 年 4 月 24 日
AC 120 - 76B	电子飞行包的合格审定、适航和运行使用指南	2012 年 6 月 1 日

1.E.4　技术标准规定

表 1 - E - 3 是可能与电子显示器有关的 FAA 技术标准规定（technical specification order，TSO）的一份部分清单。您可在互联网以下网址找到最新版本的这些 TSO：FAA 的 Regulatory and Guidance Library。应当指出：申请人申请的那个 TSO 可能没有充分涉及有关系统的所有功能性问题，申请人可能还要申请多个 TSO，因为没有一个 TSO 能够适应所有的功能。利用 TSO 流程制造出来的设备，其安装者应当确保设备鉴定试验的环境与其将要安装的环境是类似的。

表 1 - E - 3　电子显示器可能适用的 TSO

TSO 编号	标　题
TSO - C2d	空速仪表
TSO - C3e	转弯和侧滑仪表
TSO - C4c	压坡和俯仰仪表
TSO - C5f	非磁性（陀螺稳定）航向仪表
TSO - C6e	磁性（陀螺稳定）航向仪表
TSO - C7d	磁性非稳定型（磁罗盘）航向仪表
TSO - C8e	垂直速度仪表（爬升率）
TSO - C10b	压力致动敏感型高度表
TSO - C34e	在 328.6～335.4 兆赫（MHz）的无线电频率范围内工作的 ILS 下滑道接收设备
TSO - C35d	机载无线电信标接收设备
TSO - C36e	在 108～112 兆赫（MHz）的无线电频率范围内工作的机载 ILS 定位器接收设备
TSO - C40c	在 108～117.95 兆赫（MHz）的无线电频率范围内工作的 VOR 接收设备
TSO - C41d	机载自动测向（automatic direction finder，ADF）设备
TSO - C43c	温度仪表
TSO - C44c	燃油流量表
TSO - C46a	最大许可空速指示器系统

（续表）

TSO 编号	标　　题
TSO-C47a	燃油、滑油和液压仪表
TSO-C49b	磁阻（指示器和发电机）电动转速表
TSO-C54	失速警告仪表
TSO-C55a	燃油和滑油量仪表
TSO-C63d	机载气象雷达设备
TSO-C66c	在 960~1 215 兆赫的无线电频率范围内工作的测距设备（distance measuring etuipment，DME）
TSO-C87a	机载低距离无线电高度表
TSO-C92c	机载近地警告设备
TSO-C93	机载暂定标准微波着陆系统转换器设备
TSO-C95a	马赫数表
TSO-C101	过速警告仪表
TSO-C104	微波着陆系统（microwave landing system，MLS）机载接收设备
TSO-C105	气象和地面测绘雷达指示器可选显示设备
TSO-C106	大气数据计算机
TSO-C110a	机载被动式雷暴探测设备
TSO-C113a	机载多用途电子显示器
TSO-C115c	使用多传感器输入的飞行管理系统（flight management system，FMS）
TSO-C117a	运输飞机机载风切变警告和脱离导引系统
TSO-C118	交通告警和防撞系统（TCAS）机载设备，TCAS Ⅰ
TSO-C119c	交通告警和防撞系统（TCAS）机载设备，带可选混合监控的 TCAS Ⅱ
TSO-C145c	使用卫星基增强系统增强的全球定位系统的机载导航传感器
TSO-C146c	使用卫星基增强系统增强的全球定位系统的独立应用的机载导航设备
TSO-C147	交通提示系统（TAS）机载设备
TSO-C151c	地形提示和警告系统（TAWS）
TSO-C153	综合模块航电设备硬件元器件
TSO-C165	航空器位置的图形描述所用的电子地图显示设备
TSO-C169a	在 117.975~137.000 MHz 的无线电频率范围内工作的 VHF 无线电通信收发设备
TSO-C198	自动飞行导引和操控系统（antomatic flight guidance and control system，AFGCS）设备

1.E.5　其他 FAA 文件

1.E.5.1　FAA 指令

您可在 FAA website 找到最新版本的 FAA 指令 8110.49，更改 1，"软件批准指南"（2011 年 9 月 28 日）。

1.E.5.2　FAA 政策声明

您可在 FAA 的 Regulatory and Guidance Library 找到最新版本的以下政策：

1. E. 5. 2. 1　编号为 PS - ANM - 03 - 111 - 18 的政策"运输类飞机驾驶舱液晶显示器安装的政策声明"(2006 年 8 月 9 日)。

1. E. 5. 2. 2　编号为 PS - ANM100 - 01 - 03A 的政策"评审申请人的驾驶舱合格审定人为因素符合方法提案的考虑因素"(2003 年 2 月 7 日)。

1. E. 5. 2. 3　编号为 PS - ANM100 - 00 - 113 - 1034 的政策"利用 FAA 尚未正式采纳的 ARAC(航空规章制订咨询委员会)建议的规章制订意见作为对于 25 部等效安全或豁免的基础"(2001 年 1 月 4 日)。

1. E. 5. 3　FAA 报告

您可在互联网上找到最新版本的以下 FAA 报告：

1. E. 5. 3. 1　编号为 DOT/FAA/CT - 03/05 HF - STD - 001 的 FAA 报告"人为因素设计标准(HFDS)：非开发项和开发系统的商业货架分系统购置"(2003 年 5 月)。

1. E. 5. 3. 2　编号为 DOT/FAA/AM - 01/17 的 FAA 报告"多功能显示器的人为因素设计指南"(2001 年 10 月)。

1. E. 6　ARAC 建议

您可在 FAA website 找到有关 ARAC 建议的信息：

1. E. 6. 1　有关修订现行 §25. 1309 的建议，见 ARAC 的 Task 2 - System Design and Analysis Harmonization and Technology Update。

1. E. 6. 2　有关修订现行 §25. 1333(b)的建议，见 ARAC 的 Task 2 - Cockpit Instrument System。§25. 1333(b)是该项任务有关建议的一个组成部分。

1. E. 7　JAA/EASA 文件

您可在 EASA website 找到表 1 - E - 4 所列出的 EASA 文件，而在互联网上的 IHS Standard Store 找到表 1 - E - 4 所列出的 JAA 文件。

表 1 - E - 4　EASA/JAA 文件

编　号	标　题
EASA AMC 20 - 4A	在指定为基本 RNAV 运行的欧洲空域使用导航系统的适航批准和运行准则
EASA AMC 20 - 5	使用导航卫星全球定位系统(global positioning system，GPS)的适航批准和运行准则
EASA AMC 20 - 15	机载防撞系统：ACAS Ⅱ 的合格审定考虑
EASA CS AWO	全天候运行
JAA TGL 10 Rev 1	在指定欧洲空域进行精确 RNAV 运行的适航和运行批准
JAA TGL 12	地形提示警告系统：TAWS 的合格审定考虑

1.E.8 工业界文件

以下工业界出版物为驾驶舱电子显示系统提供了补充信息、指导和标准。

1.E.8.1 航空无线电股份有限公司(ARINC)文件

您可从 ARINC website 网购下列文件:

1.E.8.1.1 ARINC 标准 661-5"驾驶舱显示系统与用户系统的接口"(2013 年 7 月)。

1.E.8.1.2 ARINC 标准 708A-3"具有前向风挡检测能力的机载气象雷达"(1999 年 11 月)。

1.E.8.2 欧洲民用航空设备组织*(EUROCAE)文件

您可通过以下方式采购表 1-E-5 所列出的 EUROCAE 文件:发自 EUROCAE,102 rue Etienne Dolet, 92240 Malakoff, France 的邮件;或从 EUROCAE website 网购。

表 1-E-5 EUROCAE 文件

文 件	标 题	颁发时间
ED-12C	机载系统和设备合格审定的软件考虑	2012 年 1 月
ED-14G	机载设备的环境条件与试验程序	2011 年 3 月
ED-75C	MASPS:区域导航的必要导航性能	2013 年 11 月
ED-79A	民用航空器和系统研发指南	2010 年 12 月
ED-80	机载电子硬件的设计保证指南	2000 年 4 月
ED-81	航空器电气/电子系统闪电间接效应的合格审定	1996 年 5 月并在 1999 年 8 月修正
ED-84A	航空器闪电环境和相关的试验波形	2013 年 7 月
ED-90B	无线电频率敏感性试验程序	2010 年 5 月
ED-91	航空器闪电分区	1998 年 7 月
ED-96	航电设备计算机资源需求规范	2000 年 7 月
ED-98B	地形和障碍数据的用户需求	2012 年 9 月
ED-107A	航空器在高能辐射场(HIRF)环境中的合格审定指南	2010 年 7 月
ED-112A	坠撞保护的机载记录器系统的 MOPS	2013 年 9 月

1.E.8.3 国际民用航空组织(ICAO)文件

您可从 ICAO website 网购 ICAO 文件 8400"空中导航服务程序-ICAO 简称和代码"(第 8 版,2010 年)。

1.E.8.4 RTCA 文件

您可通过以下方式采购表 1-E-6 所列出的以下 RTCA 股份有限公司(前航空无线电技术委员会)文件:发自 RTCA Inc. , 1150 18th Street NW. , Suite 910,

---

* 在正文 3.3.2 小节和附录 D"缩略语"中,"EUROCAE"的全称为"欧洲民用航空电子设备组织"——译注。

Washington，DC 20036 的邮件；把 Document Order Form（文件订单）传真到（202）833 9434；或从 RTCA website 网购。

表 1 - E - 6　RTCA 文件

文 件	标 题	颁发日期
DO - 160A 至 DO - 160G	机载设备的环境条件与试验程序[①]	G 版于 2010 年 12 月 8 日
DO - 178B 和 DO - 178C	机载系统和设备合格审定的软件考虑	B 版于 1992 年 12 月 1 日；C 版于 2011 年 12 月 12 日
DO - 220 和更改 1	带前向风切变检测能力的机载气象雷达最低使用性能标准（minimum operational performance requrements，MOPS)	1993 年 9 月 21 日；更改 1 于 1995 年 6 月 23 日
DO - 236B 和 DO - 236C	航空系统最低性能标准：区域导航的必要导航性能	B 版于 2003 年 10 月 28 日；C 版于 2013 年 6 月 9 日
DO - 239	交通信息服务（traffic information service，TIS)数据链通信的最低使用性能标准	1997 年 4 月 2 日
DO - 243	驾驶舱交通信息显示的初步实施指南	1998 年 2 月 19 日
DO - 253C	GPS 局部区域增强系统机载设备的最低使用性能标准	2008 年 12 月 16 日
DO - 254	机载电子硬件的设计保证指南	2000 年 4 月 19 日
DO - 255	航电设备计算机资源（avionics computer resource，ACR)需求规范	2000 年 6 月 20 日
DO - 257A	电子地图上导航信息描述的最低使用性能标准	2003 年 6 月 25 日
DO - 259	驾驶舱交通信息显示（cockpit display of traffic information，CDTI) 应用软件的初始使用说明	2000 年 9 月 13 日
DO - 267A	作为飞行信息服务 - 广播（flight information service，FIS - B)数据链接的航空系统最低性能标准(minimum aviation system performance standards，MASPS)	2004 年 4 月 29 日
DO - 268	民用营运人夜间视景图像系统的运行概念	2001 年 3 月 27 日
DO - 275	集成式夜间视景图像系统设备的最低使用性能标准	2001 年 10 月 12 日
DO - 282B	通用接入收发机（universal access transceiver，UAT)自动相关监视-广播的最低使用性能标准	2009 年 12 月 2 日
DO - 283A	区域导航必要导航性能的最低使用性能标准	2003 年 10 月 28 日
DO - 286B	交通信息服务-广播（TIS - B)的航空系统最低性能标准(MASPS)	2007 年 10 月 11 日

（续表）

文　件	标　题	颁发日期
DO-289 和更改 1	航空器监视应用软件（aircraft surveillance applications，ASA）的航空系统最低性能标准（MASPS）	2003 年 12 月 9 日；更改 1 于 2006 年 12 月 13 日
DO-296	航空运行管制（aeronautical operational control，AOC）数据链消息的安全性要求标准	2004 年 10 月 19 日
DO-325	自动飞行导引和操控系统及设备的最低使用性能标准（MOPS）	2010 年 12 月 8 日

　① 见 AC 21-16G，其概述了有关环境鉴定的指导意见。通常，DO-160D 更改 3 之后的任一 DO-160 版本均可满足要求。

1.E.8.5　SAE 国际文件

　　您可通过以下方式采购表 1-E-7 所列出的以下 SAE 国际（前汽车工程师学会）文件：发自 SAE Customer Service，400 Commonwealth Drive，Warrendale，PA，15096 的邮件；把您的订单信息传真到（724）776-0790；或从 SAE website 网购。请注意本 AC 的出版时间，SAE 文件还没有更新到反映有关超冷大水滴分析和试验的内容，但还是提供了很好的参考材料。

　　注　在发生信息冲突的情况下，作为运输类飞机安装合格审定的指导，本 AC 的意见应予优先考虑。

表 1-E-7　SAE 国际文件

编　号	标　题
AIR818D	航空器仪表和仪表系统标准：措词、术语、用语以及环境与设计标准
AIR1093A	航空器仪表显示器所用的数字、字母和符号尺寸
ARD50017	航空制图
ARD50062	地形分离保障显示技术相关的人为因素问题
ARP426A	罗盘系统安装
ARP571C	运输航空器通信与导航设备所用的驾驶舱操控器件和显示器
ARP926B	故障/失效分析程序
ARP1161A	机组工作位置照明——商用航空器
ARP1782B	机载直视 CRT 的光度和色度测量程序
ARP1834A	数字系统和设备的故障/失效分析
ARP1874	25 部（运输）航空器 CRT 显示器的设计目标
ARP4032A	在航空器电子显示器上使用颜色的人因工程考虑
ARP4033	驾驶员-系统综合
ARP4101	驾驶舱布局与设施
ARP4102	驾驶舱面板、操控器件和显示器
ARP4102/7	电子显示器

（续表）

编　号	标　题
ARP4102/8A	驾驶舱平视显示器
ARP4102/15A	电子数据管理系统（electronic document management system，EDMS）
ARP4103	商用运输航空器驾驶舱照明
ARP4105C	驾驶舱使用的简写、缩略语和术语
ARP4256A	25 部（运输）航空器液晶显示器设计目标
ARP4260A	机载平板电子显示器的光度和色度测量程序
ARP4754A	民用航空器系统开发指南
ARP4761	民用机载系统和设备实施安全性评估过程的方法和指南
ARP5056	25 部航空器驾驶舱设计过程中的飞行机组接口考虑
ARP5287	机载平视显示器（HUD）光学测量程序
ARP5288	运输类飞机平视显示器（HUD）系统
ARP5289A	航空电子符号
ARP5364	民用航空器多功能显示系统设计中的人为因素考虑
ARP5365	驾驶舱交通信息显示的人机接口准则
ARP5412A	航空器照明环境和相关的试验波形
ARP5413A	航空器电气/电子系统闪电间接效应的合格审定
ARP5414A	航空器闪电分区
ARP5415A	航空器电气/电子系统闪电间接效应的合格审定用户手册
AS425C	驾驶舱使用的术语和缩略语
AS439A	失速警告仪表（涡轮驱动的亚声速航空器）
AS8034B	机载多功能电子显示器最低性能标准
AS8055	机载平视显示器（HUD）最低性能标准

1.E.9　其他文件

您可从 CIE website 网购“Colorimetry，3rd edition，Commission Internationale de L'Eclairage，CIE publication 15:2004”。

附录 1.F　平视显示器（HUD）

1.F.1　引言

1.F.1.1　目的

本附录提供了关于运输类飞机平视显示器（HUD）的特性和功能等一些具体方面的补充指导，同时也涉及 HUD 的设计、分析和试验等方面问题，涉及的 HUD 遍及设计用的各种工作概念和功能。本指导适用于一些预期用作补充显示的 HUD，所包含的是与其预定功能相关的运行任务所立即需要的最低限度信息。本指导也适用于一些预期用作有效主飞行显示器的 HUD。本附录不仅论及了通常由左侧驾驶员使用的单个 HUD 安装,同时也有关于每一驾驶员各用一个的双套 HUD 的专项考虑。本附录并没有为视景系统(如增强型飞行视景系统(EFVS)和合成视景系统(SVS))在 HUD 上的视频显示提供指导,有关这类显示的适航要求和符合方法准则,可以从 FAA 颁发的专用条件以及现行版本的 AC 20 - 167"增强型视景系统、合成视景系统、组合视景系统以及增强型飞行视景系统设备的适航批准"中查找。

1.F.1.2　平视显示器定义

HUD 是一种显示系统,它将主飞行信息(如姿态、大气数据和导引)投射在驾驶员与风挡之间的、处于驾驶员前视界(FOV)内的一个透明屏幕(组合器)上,使得驾驶员能够同时一面使用飞行信息一面观察风挡外面的前向航迹,而无需扫视下视显示器(HDD)。其飞行信息的各种符号应当以聚焦于光学无穷远处的虚像展示,姿态和飞行航迹符号需要对外面视景保形(即对齐和缩比)。

1.F.1.3　其他资源

有关使用 HUD 的具体运行指导,诸如低能见度进近和着陆运行,见相关要求和指导材料(如欧洲航空安全局(EASA)全天候运行合格审定规范(CS- AWO),和 AC 120 - 28D"Ⅲ类最低气象条件起飞、着陆和滑行的批准准则")。此外,汽车工程师学会(SAE)的下列文件也为 HUD 的设计和评定提供了相关指导:SAE 推荐的航宇工作法(ARP)5288"运输类飞机平视显示器(HUD)系统"、SAE 航宇标准(AS)8055"机载平视显示器(HUD)最低性能标准"和 SAE ARP5287"机载平视显示器的光学测量程序"。

1.F.2　特殊安全性考虑

1.F.2.1　飞机和系统的安全性

1.F.2.1.1　系统　驾驶舱内安装 HUD 系统,可能会在飞行机组成员和其他显示器及操控系统之间引入复杂的功能关联。为此,应当依据联邦法典第 14 集(14 CFR)25.1309,必须从飞机级角度自上而下进行功能危害性评估。对于具体安装进行功能危害性评估时,不仅需要考虑待审定安装的工作概念(如双套 HUD 相对于单个 HUD 安装,被显示的信息类型和数量等),还必须从 HUD 功能的组合和功能的可用性方面十分仔细地考虑其在驾驶舱内的作用。本 AC 第 4 章提供的材料对于准备功能危害性评估可能会十分有用。

1.F.2.1.2　飞机飞行手册(AFM)程序　对 HUD 安全性分析中考虑到的所有飞行机组缓解措施都需要进行确认,才能放入 AFM 的程序部分,或放入型号专用培训。

1.F.2.1.3　主飞行信息的可用性　可能发生会导致除一个显示器以外的所有主飞行信息都丧失的失效情况,就此种情况而言,若单个 HUD 作为仅有的保留信息的显示器将不能符合 §25.1333(b)的要求,因为 HUD 只能供一名驾驶员观看。

该项规章要求,在丧失其他飞行信息显示器之后,"通过一个显示器显示的飞行安全重要信息"必须保持可为两位驾驶员使用,而不只是一名驾驶员。

1.F.2.2　机组安全性

1.F.2.2.1　防头部伤害　HUD设备可导致的潜在危害性是电子驾驶舱下视显示器一般都不会有的,所以HUD系统的设计和安装必须要防止驾驶员在事故过程或任何其他可预期情况下,诸如湍流、硬着陆或鸟撞情况下,受到伤害的可能性。对于合格审定基础中包含§25.562的飞机,其HUD安装,包括顶部装置和组合器,必须满足§25.562(c)(5)定义的头部伤害判据。对于带摇臂展开机构的HUD组合器设计,应当避免其处于没有完全收起或打开时的虚假卡位和虚假锁住指示。没有收好的组合器会意外摇出撞到驾驶员头部而造成伤害。此外,HUD安装还必须符合§25.785(d)和(k)的乘员防伤害要求以及§25.789(a)的约束固定要求。

1.F.2.2.2　双套HUD安装的专项考虑　对于双套HUD安装,申请人必须考虑那些可能同时使两名驾驶员都失能从而成为飞行安全问题的单项事件。此类单项事件的例子有飞行载荷或突风载荷、硬着陆或应急着陆等。若安装的几何特性显示此类事件可能引起乘员碰到HUD安装时,FAA可能会需要形成问题纪要来提供项目专项符合方法。

1.F.2.2.3　与应急设备无干扰　§25.803,§25.1411和§25.1447要求HUD安装与其他装机设备,诸如应急氧气面罩、耳机或话筒,不得干扰或妨碍其使用。HUD安装对于飞行机组的应急撤离设施不得有不利影响或严重妨碍飞行机组通路。在飞行机组实施任何飞行程序时,该系统不得妨碍其动作。

1.F.3　设计

1.F.3.1　HUD的预定功能

申请人要负责列明HUD的预定功能,对预定功能的描述应当包括飞行的运行阶段和工作概念,要说明怎样、何时以及为何目的而使用HUD。例如,HUD可以在所有飞行阶段都作为主飞行信息的补充显示提供状态信息和/或导引信息,为Ⅱ类、人工和/或监控自动驾驶耦合的仪表进近显示指令导引,为(低)能见度起飞显示导引,和/或显示增强型视景图像和合成视频。有关的补充指导见本AC的1.2.4节。

1.F.3.1.1　总则　HUD的大多数应用都是提供主飞行基准指示,使驾驶员可以在作为HUD设计对象的各飞行阶段迅速评定飞机的姿态、能源状态和位置。设计HUD所提供的信息,通常都是为了提高驾驶员在各种不同的外界能见度条件下进行仪表与目视飞行条件之间过渡的飞行阶段中的运行能力。尽管可以设计HUD来显示增强的和合成目视景象,但是本附录还没有提供关于此类目的的具体符合方法指导。有关指导可见AC 20-167。

1.F.3.1.2　主飞行信息的显示

(1) HUD作为事实上的主飞行显示器。若某HUD显示了主飞行信息,在驾驶员使用时它就是事实上的主飞行显示器,即使它并不是为驾驶员显示此类信息的唯一显示器。驾驶员应当能够很容易辨识有关的主飞行信息;在考虑到驾驶舱其他显示器上的信息时,此类信息不应当具有歧义或发生混淆。

(2) HUD 适用的仪表要求。HUD 上显示的主飞行信息应当符合 25 部关于此类信息的所有要求(如§25.1303(b)规定,必须从每一驾驶员工作位置都能看清飞行和导航仪表,而§25.1333(b)则规定了此类系统的营运要求)。§25.1321(b)有关于主飞行信息布局的规定。关于主飞行信息显示的具体指导,见本 AC 主体正文和附录 1.A。

1.F.3.1.3　其他飞行信息的显示　可以从 HUD 查找的其他信息还可以有关于指令性导引的显示或运行飞机所需的具体飞行参数信息。

(1) 指令性导引　被用于显示飞行导引进行手动操控或监控自动驾驶的 HUD 应当显示下列信息:

- 依据独立于自动驾驶所用信息源的原始数据源的航迹偏离指示;
- 自动驾驶运行模式;
- 自动驾驶接通状态;
- 自动驾驶脱开警告(目视)。

(2) 飞行参数信息　有要求时,HUD 还应当显示补充的飞行参数信息,使驾驶员能够在 HUD 获批准的飞行阶段运行飞机。此类补充信息可以包括:

- 飞行航迹指示。
- 目标空速基准和速度限制指示。
- 目标高度基准和高度提示(如决断高度和最低下降高度)指示。
- 航向或航路基准。

1.F.3.2　HUD 操控器件

1.F.3.2.1　操控器件安置　为符合§25.777,飞行机组必须能够从其正常就座工作位置看到、判定和触摸到操控 HUD 的装置,包括其形态和显示模式的操控。为符合§25.777 和§25.1301,HUD 操控器件的位置和运动,不得使其在无意间工作。

1.F.3.2.2　操控器件照明　为符合§25.1381,必须在所有正常的外界照明条件下对 HUD 的操控器件有足够照明,并不得对 HUD 或其他飞行仪表产生有妨碍的反光。除非有某个不变的光照水平能够在所有照明条件下满足上述要求,应当有控制光强的手段。

1.F.3.2.3　操控器件组合　应当尽一切可能将 HUD 操控器件与驾驶舱的其他相关操控器件组合起来,尽最大努力减轻飞行机组与 HUD 工作相关的工作负荷并减少差错,提高飞行机组对于 HUD 模式的知晓度。

1.F.3.2.4　方便使用　HUD 操控器件的制订,包括那些变更或选择 HUD 模式的操控器件,应当尽量减轻飞行机组在数据选择和数据输入方面的工作负荷,使驾驶员能够从其就座位置方便地看到并实施所有模式操控的选择。

1.F.3.3　可见性和视界(FOV)

1.F.3.3.1　视界　为了使 HUD 在飞机的所有预期飞行姿态、形态和获批准的环境条件下,如侧风,都能够实施其预定功能,对于 HUD 安装的设计应当能够提供足够的显示 FOV。AFM 应当就关于上述的各项因素规定所有的适航限制和使用限制。

1.F.3.3.2　对驾驶舱视界的影响

(1) 舱内视界。依据§25.773 要求,无论组合器是否打开、HUD 是否在使用,均不得对两位驾驶员的舱内视界产生显著的额外遮挡。依据§25.777 和§25.1321 的要求,HUD 还不得对驾驶舱内任何操控器件、指示器或其他飞行仪表的视界造成限制。

(2) 外部视界。在所有飞行阶段的正常、非正常或应急飞行机动期间,HUD 均不应当显著遮挡就座于设计眼位(DEP)驾驶员从驾驶舱内对外部世界的必要视界。HUD 不应当显著影响任何飞行机组成员进行现场交通检查以及看清进近指示灯、跑道、标志、标记或外部视景的其他方面。风挡和 HUD 的组合必须满足§25.773(a)(1)的要求。

(3) HUD 光学性能。要尽一切可能,使 HUD 光学性能引起的失真不致降低或损害飞行机组对外部参照物或其他飞机的视界。依据§25.773 要求,其光学性能不应当降低或损害飞行机组在飞机使用限制内安全完成任何机动的能力。对于风挡光学性能改变驾驶员对外部世界视界的情况,HUD 保形符号的移动和位置必须与感觉到的外部视界保持光学上的一致性(即对齐和缩比)。为避免失真,HUD 的光学品质应当在整个 FOV 均匀一致。当驾驶员在设计眼框内偏离中心的任何位置用双眼看 HUD 时,光学不一致性不应当在双目观察上引起可感觉差异。SAE ARP 5288"运输类飞机平视显示器(HUD)系统"有相关的补充指导。

1.F.3.3.3　有限 HUD 视界的保形符号　保形符号的移动范围对于快速变化和高侧风的情况可能是某种挑战。在某些情况下,导引光标和主要基准提示符号的移动可能会受到 FOV 的限制。应当表明的是,在这种情况下导引光标仍保持可用,而且有明确指示其与外部视景已不再保形。还应当表明在主飞行信息与飞行导引光标提示符号的指示之间无干扰。

1.F.4　HUD 设计眼框准则

1.F.4.1　设计眼位

AC 25.773-1"驾驶舱视界设计考虑"(1993 年 1 月 8 日),把设计眼位定义为是满足§25.773 和§25.777 要求的一个点。就合格审定而言,DEP 就是驾驶员的正常就座位置。每一驾驶员工作位置应当装有固定标记或某种其他手段,使座椅上的驾驶员能把自己调整至 DEP 这个外部可见性与仪表扫视的最佳组合位置。

HUD 的安装必须符合§25.773 和§25.1321，HUD 必须适合高度从 5 ft 2 in～6 ft 3 in 的驾驶员，在其按 DEP 就座系紧肩带和安全带后能够符合§25.777。DEP 的中心必须在最小设计眼框尺寸以内，具体可见本附录 1.F.4.2.3 小节。实际 HUD 的眼框尺寸要大于上述最小尺寸，所以若其中心不在 DEP 周围时，就只需要将其放到足够大使得其最小分体积的中心落在 DEP 周围。

1.F.4.2　设计眼框

1.F.4.2.1　显示的可见性要求　§25.773，§25.777，§25.1301 和§25.1321关于仪表布局和可见性的基本要求适用于 HUD。每一飞行仪表，包括 HUD 上显示的飞行信息，必须使在工作位置的驾驶员，以相对正常姿势和向前视线的最小偏移即可看清。按设计眼位就座的驾驶员必须能够看清 HUD 上显示的飞行信息。与 HDD 相比，HUD 的光学特性——特别是其设计眼框限制——使驾驶员全面看清重要飞行信息的能力相对驾驶员的眼睛位置更加敏感。HUD 的设计眼框是由制造厂商规定的一个三维体积，在该眼框内可以满足显示的可见性要求。即只要驾驶员的眼睛落入该设计眼框，就必须在 HUD 可以看到所要求的飞行信息。对于设计眼框尺寸和飞行信息在 HUD 上布局的设计，应当使得所显示符号的可见性在所有预期的飞行情况下均不会对于驾驶员的头部运动过分敏感。即使发生了由于驾驶员头部运动而失去了所有显示信息的视界，驾驶员也必须能够毫无困难地很快重新获得该显示的视界。显示必要飞行信息所需要的最小单目 FOV，应当包括 FOV 的中心位置并且必须由制造厂商规定。HUD 的 FOV 设计，应当考虑预期的使用环境和潜在的飞机构型。

1.F.4.2.2　设计眼框位置　对 HUD 的设计眼框应当按相关驾驶员的 DEP 作横向和竖直方向定位，而且应当足够大使得驾驶员能够相对本附录 1.F.4.2.3 小节规定的 DEP 做最小位移就能看清必要的飞行信息。符号的布局和定位必须使得不必有过大的眼睛移动就能扫视到各种显示的要素。执行规定任务所需的显示符号必须能够从驾驶员的 DEP 看清。用于评定眼框位置的 DEP 必须与 AC 25.773-1 规定基本驾驶舱所用的设计眼位相同。

1.F.4.2.3　设计眼框尺寸　设计眼框的横向和高向尺寸代表了一个带 0.25 in（6.35 mm）入口孔径（瞳孔）的单眼观看仪表的总移动量。设计眼框的纵向尺寸则代表了能够满足本规范要求的总前后移动量（见 SAE AS 8055）。当 HUD 作为主飞行显示器，当适航批准预期要使用 HUD，或者当可以合理预期驾驶员要参考 HUD 进行主要操纵时，可能需要有大于下列最小的尺寸。

（1）横向：离 DEP 左右各 1.5 in（宽 3.0 in）。

（2）高向：离 DEP 上下各 1.0 in（高 2.0 in）。

（3）＊纵向：离 DEP 前后各 2.0 in（深 4.0 in）。

＊ 原文此处错印为"F.4.2.3.2"——译注。

1. F. 4. 3　保形显示精度

1. F. 4. 3. 1　符号定位　符号相对外部基准的定位精度或显示精度是 HUD 的显示由驾驶员从 HUD 设计眼框内的任何一个眼位,通过组合器和风挡看到的真实世界的相对保形度的一种度量。显示精度是一种单目测量,对于一个固定的视界点,显示精度在数字上等于真实世界特征位置(通过组合器和风挡看到的)与 HUD 投射的符号之间的角度差。

1. F. 4. 3. 2　误差预算　HUD 系统显示精度的总误差预算(不包括传感器和风挡误差)包括安装误差、数字化误差、电子增益和补偿误差、光学误差、组合器定位误差、与阴极射线管(CRT)和座架(若适用时)相关的误差、对准误差、环境条件(如温度和震动)以及组部件的不一致性。

(1)误差源。光学误差取决于头部位置和视界角两个因素,共有三个误差源:源自光学系统像差的无补偿瞳孔和视界误差、镜像畸变误差以及制造变数。光学误差通过对 HUD FOV 和设计眼框的取样统计确定(关于 FOV 和设计眼框取样的讨论,见 SAE AS 8055 的 4. 2. 10)。

(2)总精度。光学误差应当至少代表 95. 4%(2σ)的取样点,显示精度误差包括水平和垂直平面的两个分量,总显示精度则应当为该两个误差分量的和的平方根。

(3)显示误差的容许余量。所有显示误差均应当根据 HUD 的预定功能在整个显示 FOV 最小化。表 1 - F - 1 表示了从 HUD 眼睛基准点测得的保形 HUD 的容许显示精度误差。

表 1 - F - 1　显示容差

在 HUD 组合器上的位置	容差/毫弧度(mrad)
在 HUD 视轴处	$\leqslant$5. 0 mrad
$\leqslant$10°直径	$\leqslant$7. 5 mrad(2σ)
$\leqslant$30°直径	$\leqslant$10. 0 mrad(2σ)
>30°直径	<10 mrad+kr$[$(FOV(°)$-30)]$(2σ) 其中 $kr=$0. 2 mrad FOV 每度误差

(4)最大误差。HUD 制造商应当规定最大容许安装误差,但是无论如何,显示精度容差均不得导致将危害性误导数据呈现给正在看 HUD 的驾驶员。

1. F. 4. 4　符号定位对准

预期用于与其他符号和标度相组合来传输含义的符号,必须以足够精度对准定位,不致对驾驶员产生误导。

1. F. 4. 5　重叠符号

与其他符号共享空间的符号,对其他符号外形的部分遮挡或干扰不得误导驾驶员。

1. F. 4. 6　对准

1.F.4.6.1 外部视界 HUD组合器必须正确对准,以确保诸如姿态比例和飞行航迹矢量符号等一类显示要素的保形(即其位置和移动保持对齐和缩比)。为了使保形显示参数尽可能接近外面真实世界,必须根据这类参数的预定功能对组合器进行正确对准。

1.F.4.6.2 组合器 若HUD组合器可收起,应当有手段能够确保在使用符号进行飞机操控之前,它是完全展开并对准定位的。若组合器的位置使正常的保形数据错位而可能导致显示误导信息时,HUD应当向驾驶员发出告警。

1.F.4.7 目视显示特性

下列各小节重点讨论关于HUD特有性能的一些领域。SAE ARP 5288"运输类飞机平视显示器(HUD)系统"和SAE AS 8055"机载平视显示器(HUD)最低性能标准",提供了关于HUD的性能指导。如本AC第3章所述,若有任何目视显示特性不满足SAE ARP 5288和SAE AS 8055的指导原则时,申请人应当通报适航当局。

1.F.4.7.1 亮度

(1)背景照明条件。在背景(周围环境)照明条件发生动态变化时(按SAE AS 8055规定,5~10 000 ft·la(fL)),显示亮度(照度)应当满足可以看清HUD数据的要求。

(2)亮度控制。HUD必须具有控制亮度的充分手段使驾驶员随时都能看清显示的数据,HUD可同时具有手动和自动的亮度调节能力,而且建议在手动调节之外再提供自动调节。应当有HUD照度等级的手动调节供飞行机组设定自动调光的参考水平。若HUD没有提供自动调光,单个手动设定应当满足在所有可预期运行条件和预期外部景象下可能遭遇到的照明条件。应当在所有可预期运行和环境照明条件下满足显示的可辨读要求。SAE ARP 5288和SAE AS 8055提供了关于反差和亮度控制的指导。

1.F.4.7.2 反射 依据§25.773和§25.1523规定,HUD不得有影响最小飞行机组完成正常职责的眩光和反射。

1.F.4.7.3 幻象 幻象是在光学系统成像面上出现的不希望有的图像,反射光有可能在主成像面附近形成图像,这种反射会产生某个物体的虚像或对光学系统视场内的明亮光源产生不聚焦图像。必须尽量减小在HUD内的外表面幻象可见性,防止其损害驾驶员使用该显示器的能力。

1.F.4.7.4 精度和稳定性

(1)对飞机机动的敏感性,飞机在正常服役中发生的机动或姿态改变不应当对系统工作产生不利影响。

(2)符号的移动。符号定位精度必须适合其预期用途,非保形符号的移动必须平稳,无迟滞或冲击,并与飞机的操控响应相协调。符号必须稳定,无可辨闪烁或抖动。

1.F.5　信息展现指南

1.F.5.1　HUD 与 HDD 显示的匹配性

1.F.5.1.1　**总则**　若 HUD 的内容、布局或格式均不同于 HDD 时,可能会导致飞行机组的混淆、误解以及过大的认知工作负荷。在 HUD 与 HDD 之间转换时(无论是由于导航职责、失效情况、异常飞机姿态或其他原因的要求),不一致性会使飞行机组手动操控飞机或监控自动飞行操控系统显得更加困难,不一致性还可能延迟完成时间紧迫的任务。有些差异可能无法避免,如在 HDD 上使用彩色而 HUD 只用一种颜色(即黑白)。下列指导内容旨在尽量减少潜在混淆、过量工作负荷以及完成飞行机组任务的延迟。

1.F.5.1.2　**例外**　由于 HUD 特有的信息显示特性或要求所带来的与其他信息之间的矛盾,可能会无法避免偏离以下指导要求。这类偏离的相关方面可能有:尽量减少显示的杂乱无序、尽量减少过分的符号闪烁以及某些相对外界景象的信息保形展现等。对此类指导要求的偏离需要进行驾驶员的补充评定。

1.F.5.1.3　HUD - HDD 显示匹配性指南

(1) 显示及其格式的相容性。HUD 上的信息内容、布局、符号和格式与 HDD 的匹配性应当足以防止驾驶员发生混淆、误解、增加其认知工作负荷或飞行机组差错(见本 AC 的 1.5.3 节和 1.5.6 节)。相同信息的 HUD 和 HDD 格式的配置和布局需要传递同样的预期含义(见本 AC 的 1.6.2 节)。如气压高度、空速和姿态的相对位置应当是相似的,同样地,关于推力和横向与垂直飞行航迹的飞行导引模式通告的缩略语和相对位置,也应当相似。

(2) 符号。表 1 - F - 2 提供了关于符号的指南。

表 1 - F - 2　HUD - HDD 兼容符号指南

符号种类	指　　南
形状和外观	与 HDD 符号具有相似形状和外观的 HUD 符号,两者的含义应当相同,不可接受用相同符号代表不同含义。具有相同含义的符号,在 HUD 和 HDD 上应当有同样的形状和外观
专用符号特征	可以使用专用显示特征或更改来表示特定条件,诸如可以用覆盖"X"来表示某个参数无效、对某个参数加围框表示其值已经更改、把实线/形状更改为虚线/形状表示其移动受限等。只要实际可行并含义明确,就应当在 HUD 和 HDD 上使用相同的显示特征
相对位置	与符号相关的信息应当出现在相对其他信息总体位置相同的地方

(3) 字母数字信息。字母数字(即文字)信息应当具有相同的分辨率、单位和标志。例如垂直速度的指令基准指示应当以与 HDD 上相同的 ft/min 的增量和相同的特性标志显示出来。同样地,HUD 上的和 HDD 上的标志、模式和告警消息应当用相同的术语。若设计上对此原则有不同的例外时,则应当提出必要性或不可行性

的理由,并且要表明其不会增加工作负荷,并且不会增加潜在的混淆或飞行机组差错。

(4) 模拟标尺或刻度盘。模拟标尺或刻度盘应当具有相同的范围和动态运行。如显示在平视上的下滑道偏离标尺应当具有与显示在下视上相同的显示范围,其移动方向也应当一致。

(5) 飞行导引系统。应当在 HUD 上显示飞行导引系统的模式(如自动驾驶、飞行指引仪和自动推力)和状态转换(如着陆 2 至着陆 3)。除所用颜色外,应当用一致的方法来显示这些模式(如下视采用的指示飞行指引仪模式从待命转换到截获的方法也应当用于平视)。

(6) 指令信息。当指令信息(如飞行指引仪指令)不仅显示在 HDD 上还在 HUD 上显示时,则 HUD 的导引标和航迹偏离标尺显示(即横向和垂直偏离原点)就需要与 HDD 上的保持一致。当其他驾驶员使用 HDD 的导引和航迹偏离来监督驾机驾驶员的工作情况时,就可能出现这种情况。因此,HDD 必须具有与 HUD 足够一致的航迹偏离标尺显示,才能不误导该监督驾驶员。

(7) 传感器源。同一驾驶员使用的 HUD 和 HDD,其仪表飞行信息(如姿态、航向、高度和空速)的传感器系统源应当保持一致。

1.F.5.1.4　平视至下视的转换

(1) 转换演绎过程。申请人应当列出驾驶员在 HUD 和 HDD 之间转换的条件,并制订用于评定的演绎过程(如模拟或飞行试验),这类演绎过程应当包括导致异常姿态的系统失效和事件。应当表明在所有可预期颠倾模式下的转换能力。

(2) 明确的信息。虽然 HUD 和 HDD 可以用不同方式显示信息(如飞行航迹、航迹偏离或飞机性能信息),但其含义必须相同,而且任何差异均不应当导致含义混淆、误解、不可接受的延迟,或是阻碍驾驶员在两种显示器之间的转换。驾驶员应当很容易就能辨读和解释 HUD 上的信息,这类信息不应当与飞机驾驶舱内其他显示器上的类似信息相含混淆。

1.F.5.2　指示和告警

1.F.5.2.1　单色吸引注意特性　为符合 § 25.1322,同时考虑到大多数 HUD 均是单色主导的装置,所以 HUD 应当重点显示戒备和警告信息,并适当运用诸如频闪、围框、发亮、尺寸和/或位置等一类吸引注意的特性,以弥补其无色标的不足。其他关于告警的指导可见 AC 25.1322-1"飞行机组告警"。对于每一层次的告警,申请人均应当制订和实施统一的有章可循的基本规则。上述吸引注意的特性应当与 HDD 所用的一致,例如 HUD 上用频闪图形指示的状态紧迫性等级,应当等同于 HDD 上的频闪图形。

1.F.5.2.2　HUD 上的时间临界告警　对于某些飞行阶段,也许可以依据使用 HUD 来预计其适航批准。在此类飞行阶段中,可以合理预期驾驶员主要通过使用 HUD 进行操纵,所以当必须立即机动操纵时(如决策提示或风切变),其目标不是把驾机驾驶员(PF)的注意力引向另一个显示器。申请人应当在 HUD 中提供相关导引、警告以及某些系统(若安装时)的通告显示,诸如地形提示和警告系统(TAWS),或交通告警和防撞系统(TCAS)以及风切变探测系统。若不能在 HUD上实现 TCAS 或风切变的相关导引时,申请人应当提供补偿设计特征和驾驶员程序(如操控系统保护手段加上 HUD 上明白无误的回复消息的组合),以确保驾驶员有等效和有效的目视信息,立即获知相关告警并做出响应。

1.F.5.2.3 其他资源 关于指示和告警的其他指导可见 AC 25.1329 - 1B"飞行导引系统的批准"、AC 25.1322 - 1"飞行机组告警"以及相关条例。

1.F.5.3 杂乱无序的显示

本 AC 讨论了仪表板上传统显示器的显示无序性,但是因为驾驶员必须通过 HUD 来看,所以需要特别注意避免会过分遮挡外部视界的杂乱无序显示。

1.F.5.4 信息显示

1.F.5.4.1 总则 HUD 上的信息显示要求取决于该 HUD 的预期功能。关于显示信息的具体指导见本 AC 主体正文和附录 1.A。另外,下面各小节也提供了一些关于 HUD 专有特性的指导。如同驾驶舱内其他显示器一样,凡新的和新颖的显示格式,可能都要由适航当局进行驾驶员界面的人为因素符合性评定。

1.F.5.4.2 主飞行信息的其他格式

(1) 飞行阶段。可能会有某些运行和飞行阶段,在此期间,不需要 HUD 上的某些主飞行基准指示包含模拟提示符号,为驾驶员提供对趋势、偏离的快速扫视感知,这在通常是需要的。例如,已经接受在精确进近阶段提供空速和高度的仅数字显示 HUD 格式。预计接受此类显示的基础是具有相关的补偿特征,当上述参数和某些其他参数超出严格规定的名义进近状态(如进近警告)的上下容差时,它会向飞行机组提供明白无误的警告,这些警告与要求中断进近的程序具相关性。

(2) 数字显示。应当演示验证主飞行信息(如空速、高度、姿态和航向)的仅数字显示格式,能够至少提供下列之一:

①满意的任务实施水平。②对逼近限制值的可靠感知,如 V_S、V_{MO} 和 V_{FE}。③避免违反上述限制值的满意手段。

(3) 复飞和中断进近。若用于复飞的显示格式不同于进近所用格式时,则由于正常复飞或中断进近程序所导致的格式转换应当是自动的。

(4) 尽量减少格式变换。应当尽量减少变换显示格式和主飞行数据的布局,以防混淆并提高飞行机组理解重要数据的能力。

1.F.5.4.3 飞机操控考虑。对于要依据使用 HUD 来预计适航批准的飞行阶段,或在可合理预期飞行机组将主要参考 HUD 进行操纵时,该 HUD 应当充分提供下列信息和提示符号:

(1) 飞行状态和位置。HUD 提供的信息应当使驾驶员立即就能评定飞机的飞行状态和位置,该信息应当足以进行飞机的手动操控和监视自动飞行操控系统的实施状态。用 HUD 手动操控飞机和监视自动飞行操控系统不应当要求特殊的驾驶技能、过大的工作负荷，或对于其他飞行显示器的过多参考。

（2）姿态提示符号。姿态提示符号必须使驾驶员立即就能辨别异常姿态，姿态提示符号不得妨碍异常姿态的改出。若 HUD 的设计能够为改出颠倾或异常姿态提供导引或信息时，其改出的操纵导引指令应当明显有别于诸如水平指针一类的方位符号，不会相互混淆。应当为所有可预期的颠倾模式表明这一能力，包括机组误操纵、自动驾驶失效（包括"欠控"）以及遭遇湍流/突风。

1.F.5.4.4　空速考虑

（1）空速标尺范围。与用其他电子飞行显示器一样，HUD 的空速指示通常也不能表示出整个空速范围。§25.1541(a)(2)规定，飞机必须包含有"为安全运行所需要的任何补充信息资料、仪表标记和标牌，若其具有非常规设计、使用或操纵特性的话。"

（2）低速和高速告知提示符号。HUD 上的低速告知提示符号应当向驾驶员提供足够的目视提示符号，告知空速已经低于该飞机形态（如重量、襟翼设定和起落架位置）的参考使用速度。同样地，高速告知提示符号应当向驾驶员提供足够的目视提示符号，告知空速正在接近所制定的上限，可能导致危险运行情况。

（3）低速和高速告知提示符号的格式。低速和高速告知提示符号应当一眼就可与其他标记相区分，诸如 $V_{速度}$ 和速度目标值（如可移标）。提示符号应当显示速度限制的边界值，而且应当明确区分正常速度范围和超出上述限制值的不安全速度范围。可以接受用交叉影线或其他类似的编码技术，来勾勒不同含义的区域。

1.F.5.4.5　飞行航迹考虑

（1）总则。所显示的飞行航迹信息类型（如地面基准或空气质量基准）可取决于具体飞机的运行特性和要显示飞行航迹的飞行阶段。

（2）速度/飞行航迹矢量。飞机速度矢量或飞行航迹矢量的指示，被视为对大多数 HUD 的应用情况都很重要。地面基准飞行航迹显示信息提供了飞机实际要去地点的即时指示。在进近期间，可以用该信息指示飞机在跑道上的撞击点或接地点。地面基准飞行航迹显示了风对于飞机运动的影响，驾驶员可以使用飞行航迹矢量，相对保形外部视景或相对 HUD 的飞行航迹（俯仰）基准标尺和水平显示，来精确设定爬升角或俯冲角。横轴飞行航迹的符号，应当指示相对视轴的飞机轨迹。

（3）空气质量推得的飞行航迹。空气质量推得的飞行航迹可以作为替代显示，但是它不能显示风对飞机运动的影响。此时，飞行航迹显示的横向方位表示飞机侧滑，而相对基准符号的垂直位置则表示飞机的迎角。

1.F.5.4.6　姿态考虑

（1）总则。对于所有的异常姿态状况和指令导引显示形态，所显示的姿态信息应当使驾驶员能够通过随意快速的一瞥，就精准理解姿态状况。

（2）俯仰。俯仰姿态显示应当在所有机动期间保持横向基准可见，并且其余量足以使驾驶员能够辨别俯仰和横滚的方向。对于能够保形显示横向的 HUD，其不保形横向基准显示的外观应当明显有别于保形横向基准的显示。

（3）异常姿态情况显示。极端姿态下的极端姿态符号和自动整理 HUD 的杂乱无序被确认是可接受的（即在正常机动下不应当看到极端姿态符号）。

（4）异常姿态改出。当 HUD 的设计不是用于改出异常姿态时，申请人应当满意地演示验证下列方面：

- 补偿特征（如飞机和 HUD 系统的特性）。
- 立即在 HUD 上通告，以指导驾驶员使用下视主飞行显示器改出。
- 满意地演示验证及时识别和正确的改出机动。

（5）飞行机组对 HUD 模式的知晓。为正在使用 HUD 驾驶员显示的关于 HUD 系统当前模式、基准数据、状态转换以及告警的信息，应当同样在下视显示器上为其他驾驶员显示。为其他驾驶员显示的此类信息应当使用一致的名称，以确保不会误会 HUD 的运行情况。

1.F.6　双套 HUD

1.F.6.1　双套 HUD 的使用概念

申请人应当规定双套 HUD 的使用概念。使用概念应当详细列出飞行驾驶员（pilot flying，PF）和不驾机驾驶员（pilot not flying，PNF）两者，在所有飞行阶段使用和监督 HDD 和 HUD 的工作任务和相关责任。不仅要规定整个驾驶舱内的操控器件转换，还应当具体规定在每一飞行阶段两位驾驶员同时使用 HUD 的情况。

1.F.6.2　飞行机组对其他仪表和指示的知晓度

对于单台 HUD 安装，一般就是 PF 用 HUD 作为主飞行基准而 PNF 对下视仪表和告警系统监督其不在主飞行显示器或 HUD 上显示的系统失效、模式和功能。但是对于两位飞行机组成员同时使用 HUD 的情况，他们对于没有显示在 HUD 上的关键信息（如动力装置指示、告警消息和飞机形态指示）的知晓度，也应当能够保持同等水平。

1.F.6.3　地位和职责

规定使用概念时申请人应当考虑到 PF 和 PNF 的预期地位和职责，这一概念还应当计入下列考虑：

1.F.6.3.1　对下视警觉性的影响　当飞行机组的两位驾驶员都把 HUD 作为主飞行显示器使用时，对于下视指示的目视（与用下视主飞行显示器的驾驶员相比）可能就不会有同等水平的警觉性。

1.F.6.3.2　下视显示的扫视保证　申请人应当说明如何在所有飞行阶段保证对下视仪表的扫视，若做不到时，有哪些设计补偿特征可帮助飞行机组保持了解仅显示在 HDD 上的关键信息（如动力装置指示、告警消息以及飞机形态指示）。申请人应当规定由哪位驾驶员扫视下视仪表的指示以及扫视的频度。对于至少有一名驾驶员不是全时段扫视下视仪表的任何情况，设计上都应当有补偿特征，能够保证以等效水平及时了解下视目视指示所提供的信息。

　　1.F.6.3.3　告警　对等同于下视主飞行显示器的 HUD 上无目视指示的任何戒备和警告,设计上应当采取有效的补偿。补偿设计特征的目的,是要让使用 HUD 的驾驶员了解告警信息,及时知道告警并做出响应,无更多的延迟。飞行机组应当能够对告警做出响应而无任何任务性能或安全性等级的降低。

　　1.F.6.3.4　复评　申请人应当对告警功能进行全面复评,以确保飞行机组及时了解告警并做出响应。复评时,应当对设计和技术、告警吸引注意的特性(如目视主警告、主戒备和音响告警),以及驾驶舱内的其他告警进行评审。在单台和双套 HUD 安装之间,飞行机组对于告警的知晓程度可能有所不同。对于双套 HUD 安装,可能会有一段时间内没有驾驶员扫视仪表板。而对于单台 HUD 构型,PNF 只看下视仪表板,并可能就负责监督该仪表板上的指示。对于双套 HUD 构型,两位驾驶员的注意力可能都会转向他们自己的 HUD,而忽略了对于不使用 HUD 的驾驶员本来可以一眼看到的告警。

1.F.7　飞行数据记录

　　飞行数据记录器必须记录 §25.1459(e) 和 §121.344 所规定的最低限度数据参数。作为选项,飞行数据记录器还可记录关于 HUD 专用特性的其他信息。例如记录的信息可包括 HUD 的运行模式、状态(如在使用中或不工作),以及是否运行过显示器的清除杂乱无序模式。

1.F.8　持续适航

　　§25.1309,§25.1529 和 25 部附录 H 对显示系统及其组部件规定了持续适航文件的要求,文件的具体内容取决于 HUD 的使用类型和预定功能。

附录 1.G　气象显示器

1.G.1　引言

1.G.1.1　目的

本附录为在驾驶舱内显示气象信息提供了补充指导,气象显示器为飞行机组提供了依据气象资料帮助决策的附加工具。

1.G.1.2　举例

气象信息的来源可包括但不限于,机载气象传感器、数据链接气象资料和驾驶员/空中交通报告。这类来源的资料可以显示为各种不同的曲线图表或文字格式。鉴于气象资料有众多来源,所以重要的是申请人要判定信息的来源,评估其预定功能,再应用本 AC 所包含的指导材料。

1.G.2　关键特性

除本 AC 主体正文所提供的通用指导外，在制订气象显示器的预定功能时还应当考虑下列指导。

1.G.2.1　明确含义

显示的含义（如显示器格式、颜色、标志、数据格式以及与其他显示参数之间的相互作用）应当清晰明了。飞行机组不应当对气象信息发生误解或误判。

1.G.2.2　颜色

1.G.2.2.1　使用颜色应当适合其任务和用途。

1.G.2.2.2　使用颜色不得对联邦法典第 14 集（14 CFR）25.1322（f）规定的信息吸引注意特性产生不利影响或使其有所降低。

1.G.2.2.3　应当遵循颜色的公约惯例（如下列文件所制订的公约惯例：ARINC 708A－3"具有前向风挡检测能力的机载气象雷达"和 AC 20－149A"国内飞行信息服务-广播安装指南"）。

1.G.2.2.4　红色和黄色的使用必须符合 §25.1322（e）。可以使用 AC 25.1322－1"飞行机组告警"和本 AC 的指导材料来表明符合性。

注 1　AC 20－149A 表示不接受 RTCA DO－267A"作为飞行信息服务-广播（FIS－B）数据链接的航空系统最低性能标准（MASPS）"的第 2.0 和 3.0 节用于 25 部飞机。

注 2　有关颜色演变过程的指导材料，见本 AC 的 1.5.8 节。

1.G.2.3　多源气象信息

1.G.2.3.1　气象显示应当使飞行机组能够在所显示的气象信息中快速、精准、一致地区分其来源。时间临界信息应当看一眼就能与标注日期的非时间临界信息相区别。

1.G.2.3.2　若有一种以上气象信息源时，在选择器及相应的显示上应当指示出气象信息的来源。

1.G.2.3.3　同时显示多源气象信息时（如气象雷达和数据链接气象），显示器应当清晰明了地指示出信息的来源。换言之，飞行机组应当知道符号的来源和其到底是来自数据链接气象还是实时气象源的气象信息。上述指导也适用于那些具有相同含义但出自不同气象信息源的符号（如高空风和闪电）。

1.G.2.3.4　覆盖在现有显示上的气象信息，应当很容易与现有显示相区分，而且应当在位置、方位、范围和高度方面与被其覆盖的信息保持一致。

1.G.2.3.5　融合或覆盖多个气象源时，最终组合的图像应当传递其预定的含义并满足其预定功能，而不论各气象源在例如图像质量、投影、数据更新率、数据延时或传感器对准算法等方面的任何差异。

1.G.2.3.6　在平视显示器上显示气象信息时，应当遵循包括其附录 F 在内的本 AC 的指导。

1.G.2.3.7   并非源自机载传感器的气象信息源,应当提供判定其关联性(如时间印章或产品时代)的一些手段。组合多种气象产品的信息时,注明产品时代特别重要。另外,还应当提供气象预报的有效时间。

1.G.2.3.8   提供了气象循环(动画)显示特征时,相关系统就应当提供快速判定图像编辑总流逝时间的手段,使飞行机组不会曲解气象帧幅的移动。

1.G.2.3.9   对于能够为不同高度提供气象的产品(如潜在的或据报的结冰、雷达和雷击),其所提供的信息应当使得飞行机组能够区分或判定每一特征所适用的高度范围。

1.G.2.3.10   气象信息可包括许多曲线图表和文字信息特征或信息组(如航空日常气象报告和高空风的正文和曲线图表),显示器应当提供判定每一特征含义的手段,以确保信息得到正确使用。

1.G.2.3.11   气象信息源能够被飞行机组或系统接通或关断时,飞行机组应当很容易就能够判定某个源所处的接通或关断状态。

1.G.2.3.12   在垂直状态显示器上提供气信息时,应仔细考虑气象图块(类似于地形图块)的横向宽度,以确保与当前飞行阶段或飞行航迹有关的气象信息得到显示。不适当的横向图块宽度可能误导飞行机组因为并无危害性的气象情况而中止运行,或者在确实有危害性的气象条件下没有中止运行。对于自动控制的图块尺寸,则应当仔细考虑使其只包括与运行相关的区域。可以为飞行机组提供手段,来选择其认为适合于相关飞行阶段和主导气象条件的图块宽度。应当使气象图块(类似于地形图块)的横向宽度随时可以为飞行机组显示(如使用与地形图块相同的图块,或在气象显示的平面视图上显示其边界)。通常,对于同时显示地形和气象的垂直状态,其以飞行航迹为中心的图块选择与以航迹/航向为中心的图块选择应当一致。用气象覆盖设计来表示一种比用高度标尺表示的更小的垂直图块时,应当在显示器上清晰描绘出该图块的边界。

(1)在垂直状态显示器上显示的气象信息应当精确地描绘出相关显示的缩比系数(即垂直和横向的)。

(2)应当考虑使气象显示器上的信息宽度与其他系统所用的宽度保持一致,包括地形提示和警告系统(若显示时)。对此不应当理解为是对于经演示验证的更好的其他显示手段的限制。

1.G.3 机载气象雷达信息

1.G.3.1   背景

机载气象雷达提供前向气象检测,包括某些风切变和湍流的检测。

1.G.3.2   最低性能标准

机载气象雷达信息显示应当符合 RTCA DO-220"带前向风切变检测能力的机载气象雷达最低使用性能标准(MOPS)"的适用部分。TSO-C63d"机载气象雷达设备"

容许 A 级和 B 级雷达设备,相对 RTCA DO‑220 的最低性能标准有若干例外。

1.G.3.3　危害性检测

从降水和地面返回的气象显示回波应当清晰、自动、及时、精炼和显著,以易于飞行机组理解、分析并避免危害性。雷达的范围、标高和方位的指示应当提供足够信息,保证飞行机组安全规避危害性。

1.G.4　预计风切变信息

1.G.4.1　总则

提供风切变信息时应当清晰、自动、及时、精炼和显著,以易于飞行机组理解、检测并最大限度减轻风切变活动的威胁。

1.G.4.2　显示方法

检测到风切变威胁时,可以自动提供显示,也可以由飞行机组在相应范围选择显示,以判定风切变的活动并最大限度减轻风切变对于飞机的威胁。

1.G.4.3　驾驶员工作负荷

应当尽量减轻提供风切变信息所需的驾驶员工作负荷。当驾驶舱按正常运行程序配置时,显示风切变信息所需的动作不应当超过一个。

1.G.4.4　风切变威胁符号

风切变威胁符号的大小和定位应当使飞行机组能够辨别风切变的范围和位置,呈现的符号应当符合 RTCA DO‑220。

1.G.4.5　相对飞机的位置

应当以明白无误的方式显示风切变威胁相对飞机机头的位置和方位角。

1.G.4.6　范围

飞行机组选择的风切变显示的范围应当使飞行机组能够将风切变事件信息与其他信息相区分。可以使用琥珀色径向线条从图像左右径向边界延伸出来,直达显示器的上边。

1.G.5　安全性方面

1.G.5.1　功能危害性评估

应当对丧失气象信息和显示误导气象信息两者进行功能危害性评估(FHA),特别是应当对可能引起丧失气象信息显示和可能导致出现误导气象信息的显示系统失效进行 FHA。

1.G.5.2　误导信息

功能危害性评估应当评估显示误导信息的影响。依据本 AC 第 14 节,误导气象雷达显示包括会导致飞行机组做出错误决策或引入潜在危害性的信息,实际例子包括——但不限于——在以错误的强度显示暴风帧幅或画面组合(如融合)时位置没有对准。

咨询通告反馈表

（略）

＊本文译自 FAA 咨询通告（AC）25 - 11B。

第 2 章　AC 20 - 175 驾驶舱系统操控器件

本咨询通告(AC)主要从人为因素的角度为驾驶舱系统操控装置的安装与适航批准提供了指导。本 AC 不涉及主飞行操控器件、辅助飞行操控器件以及驾驶舱外面的操控器件,其所针对的是诸如实物开关和旋钮一类的传统专用操控器件,以及触摸屏和光标操控装置一类的多功能操控器件。

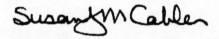

代表
航空器合格审定服务部
航空器工程处经理
David W. Hempe

2.1　概述

2.1.1　目的

a. 本 AC 由联邦航空局(FAA)编写,适用对象为航空器和航电设备的制造厂商以及安装于依据联邦法典第 14 集(14CFR)第 23、25、27 或 29 各部通过型号合格审定的任何航空器驾驶舱的系统设计方。本 AC 为驾驶舱系统操控器件的设计、安装、集成和批准,提供了通用指导。

b. 本 AC 无强制性,也不构成条例。它阐明了一种演示验证符合操控器件相关要求的可接受方法,当然不是唯一的方法。读者若采用了本 AC 所述的方法,就必须全面遵循其指导,文中的"必须"一词就使要求具有了条例性(强制性)。

c. 对条例内容,本文不作更改、不提出任何补充、不授权更改或允许相对其有所偏离。

2.1.2 受众

本 AC 适用于为驾驶舱系统操控器件安装而提出型号合格证（Type Certificate，TC）、补充型号合格证（Supplemental Type Certificate，STC）、型号合格证更改（Type Certificate Amendment，ATC）以及补充型号合格证更改（Supplemental Type Certificate Amendment，ASTC)的申请人。

2.1.3 范围

a. 操控器件属于驾驶舱接口组部件，驾驶员可以用它为航空器系统提供信息数据。操控器件功能的例子有操作、配置和管理系统。本文主要从人因角度讨论民用航空器驾驶舱内的操控器件。

b. 在本 AC 中，"操控器件"不仅涵盖了输入装置（如按钮）及其识别符（如标签）两者的组部件软硬件，还要包括与其预定功能相关的其他组部件。影响操控器件及其操控相关信息数据的其他系统组部件，也属本 AC 范畴。

c. 本指导适用于下列组部件批准：

● 驾驶舱内航电系统操控器件；

● 专用操控器件（如实物开关、旋钮）；和

● 多功能操控器件（如光标操控装置、触摸屏）。

d. 本指导不适用于下列方面：

（1）主飞行操控和辅助飞行操控器件，计有：

● 操纵杆，

● 侧杆，

● 方向舵脚蹬，

● 油门杆及相关的动力装置操控器件，和

● 襟翼。

（2）位于驾驶舱之外的操控器件；

（3）安装在驾驶舱内但预定不属于飞行机组使用的操控器件（如支持飞机维修活动的操控器件）；

（4）航空器性能对于"范围内"操控器件操控的响应；

（5）在有其他系统失效（系统安全性分析）情况下的操控失效分析或操控状况；

（6）详细设计指南（如旋钮电阻）；和

（7）与可用性或人工效率无关的操控器件指导。

e. 若其他 AC 有关于具体航空器类别（23、25 部等）的设备和系统的指导，而其内容与本 AC 提供的相悖时，以那个具体指导内容为准。

2.1.4 条例要求

注 下列章节会在适当时采用"2x"标记作为 14CFR 23，25，27 和 29 部的多

部条例简化表示。

a. 系统必须符合 14CFR 所有适用条例的全文规定,当系统包括了驾驶舱操控器件时,还要纳入对于下列条例的专项考虑:14CFR §2x. 671,§2x. 771,§2x. 777,§2x. 1301,§2x. 1322,§2x. 1381,§2x. 1523,§2x. 1555。这些条例都关乎人因,虽然所涉对象互不相干,但是主题内容却相互联系。具体包括的关于操控器件人因主题如下:

- 最小机组;
- 可达性;
- 注意力与疲劳;
- 方便与易操作性;
- 标识和标记;
- 混淆与误操作;
- 无约束位移;和
- 预定功能。

b. 本 AC 为涉及驾驶舱内操控器件的人因符合性提供了指导,其中的附录 2. B 为申请人提供了可用于组织其设计和符合性工作的一种工具,附录 2. C 的表 2. C - 1 则为上述工作提供了一种与相关条例的快速对照。

2.1.5　背景

驾驶舱操控器件对于设计和合格审定的过程可谓是一个机遇,也是一种挑战,特别是在表明对于最新驾驶舱操控器件条例要求的符合性方面,申请人和 FAA 一直都有着不同程度的解释。因为传统操控器件通常都是一些专用硬件组部件,如功能单一的旋钮,而现代的操控器件往往都高度依赖软件、功能多重,并与显示器和其他系统相组合。关键的挑战是,在整个驾驶舱操控器件的设计系列范围内,要对条例以及对于条例的符合性保持一个统一的正确解释。

2.2　操控器件通用指导

2.2.1　操控器件通用设计理念

a. 作为申请人,就要为支持预定功能(14CFR §2x. 1301)的操控器件制订一套设计理念并严格遵循之。成文的设计理念可以放入系统说明、合格审定计划或在合格审定项目实施期间提交给 FAA 的其他文件中,作为其构成部分。该设计理念应当包括关于操控器件特征的高层次说明,如标签、反馈、自动特性以及差错改出等。还应当包括关于人类能力考虑的高层次描述,如飞行机组工作负荷、潜在差错及预期培训要求等。

b. 要尽最大可能在整个驾驶舱内统一应用具体的设计理念。

2.2.2　环境和使用条件

a. 要考虑在服役中可合理预期的航空器运行期间的各种可能影响飞行机组与操控器件相互作用的不同环境、使用条件和其他因素,包括:

- 驾驶员样本的适当代表性;
- 明亮和黑暗的照明条件;
- 使用手套;
- 湍流和其他振动;
- 任务中断和延误;
- 可实质性干扰操控器件移动的物体;
- 一名驾驶员失能(多人制机组航空器);
- 使用非惯常手;和
- 过大环境噪声。

b. 鉴于不能具体一一描述所有可能的环境和使用条件,所以要提出一套包括名义上的和最不利的代表性情况。这类情况应当全面涵盖系统在给定预定功能下的使用环境,包括在正常、非正常和应急情况下的使用。下列各小节对上述所列的环境和使用条件略加展开说明。

c. **驾驶员样本的适当代表**　操控器件的设计要针对一个假想的驾驶员群体范围,有关假设可以包括实际体格的特点,如身高和比例,以及非体格的特点,如对给定操控器件类型的操作手法。

(1) 设计操控器件时,要为一个宽泛的驾驶员体格范围提供可接受的性能。验证对于该使用要求的符合性时,关键是要有合适的驾驶员代表。举例说,相对给定手指大小的过小按钮,就易于产生使用问题,如手指定位差错、手指滑动、不准确的反馈、不够大的标签尺寸以及误操作。

(2) 在某些情况下,驾驶员样本的一些特征会在与操控器件相关的条例中提到。例如 14CFR §2x.777 要求操控器件的位置和布局方式能够为操控器件提供全行程的无阻挡运动,14CFR §25.777 规定的驾驶员高度样本范围是 5 ft 2 in～6 ft 3 in,而 14CFR §27.777 规定的驾驶员高度样本范围则是 5 ft 2 in～6 ft 0 in (23 部没有规定驾驶员样本)。在表明对于条例的这方面的符合性时,要表明操控器件的所有位置都在预定驾驶员样本的可达包线之内。

(3) 鉴于人体尺寸变化范围很大,所以环境和使用条件应当考虑到此类变量,考虑人体尺寸变化的一些可接受方法包括:

- 参考人体测量数据库选择试验个体,人体测量数据库里有收集自人体测量和特性比较研究的信息数据;
- 基于人体测量的计算机模型补充实体模型;或

● 比较操控器件定位的实际测量与人体测量数据库中的实际测量。

（4）除了考虑操控器件的移动不受阻挡外，人体测量对于很多其他性能考虑也很重要，包括防止误作动和实际工作负荷。操控器件相关的人体测量数据也包括手和手指的尺寸。

（5）考虑驾驶员与操控器件相关的其他特性超出了人体测量范围。驾驶员的其他重要生理特性可以包括体力、视力和颜色辨别。驾驶员的文化特性也关乎图表元素选择、词汇选用以及某些操控器件特征（如菜单结构），对于某种给定操控器件，通常假定驾驶员几乎没有先前经验是比较适当的。

（6）环境和使用条件应当涵盖驾驶员与操控器件相关的特性范围，这样才能代表预期的驾驶员样本，不仅要表明操控器件在该范围内的可接受性，还要提供描述驾驶员特性范围的数据，以及该范围如何能代表驾驶员的样本。

d. 明亮和黑暗的照明条件

（1）操控器件在可预期照明条件下应当是可操作的，标签和其他关于操控器件功能和操作方法的信息应当在较宽的环境照明范围下都可辨读，包括但不限于：

● 阳光直射在操控器件上；

● 阳光透过前窗照到白色衣物（反射）；

● 前方地平线上方以及在飞行机组成员眼中的云盖上方的阳光；以及

● 夜晚和/或暗黑的环境。

（2）评定操控器件时要考虑上述条件，并表明操控器件是可接受的。比较诸如触觉一类因素也可以作为环境和使用条件的一部分，对于其功能受到照明信息（见本章2.9节）影响的操控器件，如发光开关和显示器上的软键，会需要有特殊的考虑。

e. 使用手套　在运行期间，如冷天驾驶员可能会戴手套。单是关于皮肤触觉（如触觉反馈、系统电容感应），手指尺寸（如确定按钮间距）和其他手指特性的设计假定恐怕不能充分涵盖驾驶员戴手套的各种状况。因此要把驾驶员戴手套操作情况包括在环境和使用条件之内。对于那些戴手套就不能操作操控器件的情况，应当视适用情况在航空器飞行手册或飞行手册的增页清楚说明任何相关限制或确定限制的方法。

f. 湍流和其他振动

（1）要确保振动期间操控器件的可操作性。振动不仅会影响驾驶员有目的地作动某个操控器件的能力，还可能影响到误作动和对于作动情况的感知。湍流、推进系统或其他原因都可能引起振动。

（2）14CFR §25.771(e)，§27.771(c)，§29.771(c)要求驾驶舱设备的振动和噪声特性不得妨碍航空器的安全运行，只用理论分析不足以演示验证符合性，但可具互补性。所以还要通过诸如试验演示验证一类的其他方法来表明，对于预期的航空器及其运行的整个振动环境范围，操控器件都是可接受的。多功能操控器件一般会对振动特别敏感(见第 3 章)。所以对有多种手段可达的功能,要确保其至少有一个操控器件在振动期间是可操作的。

g. **任务中断和延迟**　某些操控器件的操作会涉及多个步骤,以至于产生中断和延迟而可能影响其任务的最终完成。例如驾驶员可能会忘记已经开始的某项任务(如空中交通管制呼叫),或者他们可能不理解系统会以什么方式来容纳没有结束的任务(如数据输入超时)。所以要在环境和使用条件中,包含一些在驾驶员-系统相互作用的任务期间的中断和延迟,搞明白操控器件的反应是否会导致任何临界安全性后果。

h. **会实际干扰操控器件移动的物体**　要确保操控器件的移动不会受到驾驶舱内其他物体的阻挡。14CFR 25x771(e)要求每一操控器件能够不受干扰地做无阻挡移动。有可能产生干扰的不仅是驾驶舱内的其他组部件和驾驶员的衣着,还可能会有一些被带上飞机的物体。此类物件包括电子飞行包(electronic flight bag,EFBs)、耳机、膝板、手电以及便携式电子设备(portable electronic derices,PED)等。要考虑那些有合理可能会出现在驾驶舱而引起实际干扰的物件,列明要考虑的物件清单,表明操控器件在存在这些物件时的可接受性。

i. **一名驾驶员失能(多人制机组航空器)**　按多人制机组操作设计的航空器在依据§2x.1523 确定最小机组时,必须考虑一名机组成员失能情况。在发生其他飞行机组成员失能情况,由剩余飞行机组成员飞行时所必需的任何操控器件,无论在正常或非正常情况下,都必须是飞行机组成员在就座位置可以看到、达到和可操作的(§23.777(b),§25.777(c),§27.777(b)和§29.777(b))。

j. **使用非惯常手**　操控器件应当是驾驶员左右手都可操作的。对于速度和位移要求精准(如光标控制设备)的以及规定要用某只手单手操作(如只能用右手达到的操控器件)的操控器件,要给予特别考虑。

k. **过大环境噪声**　在过大环境噪声条件下(如发动机噪声、气流噪声)操控器件应当是可操作的。要制订能代表预期航空器及其运行情况的可合理预期的噪声条件。过大的环境噪声会干扰驾驶员听到音响反馈和对于操控器件功能甚为重要的其他声音,有时甚至还会干扰非音响的感觉模式。当音响反馈属于一种操控特征时,就可能有必要再纳入一种其它的感觉反馈(如目视、触觉)。

2.2.3　操控器件的排列和组合

在制订排列组合图时尽量(考虑系统的权衡)应用下列指导,以支持驾驶员实施系统功能:

a. 按逻辑关系将操控器件分组排列,例如按功能或使用顺序。

b. 对于飞行机组经常使用的功能,操控器件应当便于触及。

c. 操控器件的位置应当使得在操作时能清楚看到其相关要素(如显示器、指示、标签),通常,操控器件放置在其显示器下方或上述要素的一侧,在操控器件操作期间的视线阻挡会最小。

　　d. 操控器件的布置应当易于与其有关要素(如显示器、指示、标签)相关联,应当使得其关联性一目了然、易于理解和有逻辑性(如行选择功能键要对准其旁边的显示器文字)。对于操控器件与其指示或显示器隔开间距很大的情况,要给予专门的考虑。

　　e. 多项任务(如数字输入操控器件、"回车"或"执行"键)公用的操控器件位置,应当使驾驶员易于到达并易于与其他功能相关联。操控器件的位置应当能防止替代差错,那是在操控器件位置不统一时会发生的情况。

　　f. 要保证手操作的操控器件可以用单手操作,以便腾出另一只手操作主飞行操控器件。

　　g. 要保证维修功能或驾驶员预期不用的其他功能,在飞机运行期间是驾驶员不易触发的。

2.2.4　操控器件的位移

　　操控器件装置通常都用传输其位移和/或力来达到功能操控。要确保操控器件及其相关要素(如航空器系统、显示器、指示器、标签)之间的相互作用一目了然、易于理解和具逻辑性,并且符合相应文化习惯和在同一驾驶舱内的类似操控器件。表1提供了操控器件的位移与其功能之间的传统相对关系的例子。

　　a. 表1所用的术语解释取决于具体功能或操控器件的安装位置,例如对"增大"的解释要看操控器件所改变的参数(如放大率和范围尺度成反比关系,所以当一个增大时另一个就减小)。或者是,一个做线性位移的设备,它可以垂直放置,水平放置,或者放置在两者之间,从而使得其"拉出",会根据其在驾驶舱内的安装位置而产生一个向上或向下的分量。

表 2-2-1　操控器件的功能与位移之间的传统关系

功　　能	位　移　方　向
增大	向上、向右、顺时针、向前、按入、按压
减小	向下、向左、逆时针、向后、拉出、松开
接通	向上、向右、按压、顺时针、向前
关断	向下、向左、松开、逆时针、向后
升高	向上、向后、拉出
降低	向下、向前、按入
右	向右、顺时针
左	向左、逆时针

　　b. 表2-2-1的习惯用法只是一些例子,有可能因为其安装位置、文化习惯、驾驶舱的统一性或其他原因,而变得相互矛盾或含义不明。

2.2.5　操控器件的灵敏度和速度

鉴于很多操控器件都用传输其位移和/或力来达到功能,所以其灵敏度和速度就成了关键设计参数。特别是,它会显著影响任务速度和差错之间的权衡。高速度值一般都有益于驾驶员的舒适和快速输入,但是也易于导致差错(如超调、误作动)。低速度值有益于要求精准的任务,但是也可能使任务完成过慢。操控器件的速度和灵敏度之间往往需要进行权衡,才能支持其预定功能。对于速度可变的操控器件要给予专门考虑,要精准地复现其在真实航空器上会呈现的响应滞后和操控速度的特性,并表明对于预定功能,该操控器件的速度和灵敏度是可接受的。

2.2.6　操控器件的反馈

a. 设计操控器件时,要在其工作期间为驾驶员提供反馈。操控器件的反馈要让驾驶员知道其输入的效果。视适用情况具体包括下列效果:
- 操控器件设备的实际状态(如位置、力);
- 数据构成状态(如字符串);
- 作动或数据输入的状态(如"输入");
- 系统处理状态;
- 系统接受状态(如差错检测);和
- 系统响应状态(如光标位置、显示缩放、自动驾驶脱开)

b. 反馈可以有视觉、听觉和触觉的。若反馈是安全运行所必需的,就应当向飞行机组通知下列情况:
- 作动或数据输入的状态;
- 系统处理的状态(对于延时处理时间);和
- 系统响应的状态,若不同于指令状态时。

c. 要提供明白无误的可靠反馈,来指示一次成功或不成功的操控动作的作动,没有任何其他系统作用的操控器件装置内部反馈(如开关有触感的咬紧),不应当是检测操控器件是否作动的唯一手段。

d. 反馈的类型、响应时间、持续时间以及适当性,要取决于驾驶员的任务,以及成功操作所必需的具体信息数据。

e. 对于操控器件输入的最终显示器响应速度应当足够快,从而不会要求飞行机组投入过多的注意力进行数值设定或参数显示(§2x.771(a)),具体的可接受响应时间取决于预定功能。

f. 某个操控器件装置在作动后的处理时间较长时,让显示过程为驾驶员提供完成工作的剩余时间可能比较适当。

g. 若操控器件装置的位置是指示功能状态的主要手段(如开关在上(Up)位表示功能接通(On)),则该操控器件的位置应当从任一驾驶员座位都能看清。

h. 当某个操控器件的用途是通过其行程来推动作动器时,该设备应当提供在其行程内的作动器工作位置的有效反馈。

i. 要表明该反馈对于实施与设备预定功能相关的任务是适当的。

2.2.7　可判定和预测的操控器件

a. 依据§2x.777(a),驾驶员必须能够以相应于其任务的速度和精确度,来判定和选择操控器件的当前功能。所以要使得操控器件的功能和操作方法显而易见(即可预见且明白无误)只需极少甚或无需熟悉过程。要表明预期的驾驶员样本能够快而准,并且始终如一地判定和实施所有的操控器件功能,假定驾驶员经培训考核合格。

b. 可以通过采用不同的操控器件属性,诸如式样、颜色、和标签,使得各种操控器件相互有区别。例如往下按的按钮应当一眼就能与旋转的旋钮相辨别。易于用触觉确定的操控器件形状,可以改善易操作性,特别在实施要求视力高度集中的驾驶员任务期间。

c. 若采用颜色来标记任务重要信息时,至少要另加一种区分编码参数(如尺寸、形状、标签),要在所有操控器件和显示器之间尽量统一色码编制。要考虑驾驶舱照明对标签外观以及整个驾驶舱的颜色使用影响(即用色理念)。

2.2.8　操控器件标签

a. 标签是用来标识和描述驾驶舱内操控器件和其他设备的最常用手段,标签可以是整字(如"备用(standby)")、缩写词(如"备用(STBY)")、缩略语(如:"AGL"表示"离地高度(above ground level)"),还有图标(如:用⏻表示"通(On)"/"断(Off)")。

注　鉴于驾驶员想要知道的与操控器件功能相关的图标为数不多,所以大多数功能都没有被普遍接受的图标。

b. 依据§2x.1555(a),操控器件的标签对于要使用此类操控器件的驾驶员样本必须是可见的、清晰的以及可理解的。

c. 除非操控器件的功能和操作方法显而易见或有其他手段(如形状和位置)的指示,否则操控器件的标签示意图形应当明白无误地传递下列信息:

● 每一操控器件正在实施的当前功能;

● 实施当前功能时,作动该操控器件的方法。

d. 确定操控器件标签的尺寸时,要使得正常就座位置的驾驶员很容易看清。SAE 国际,SAE 航宇标准(ARP)4102/7(2007 年 7 月)"电子显示器",提供了普遍接受的外观尺寸指导。

e. 标签要使用(可用时)FAA 相关政策和其他标准(如国际民航组织(ICAO)8400 号文件,ICAO 略语和编码(2004 年第 6 版),或 SAE ARP 4105B,驾驶舱用略语和缩写词(2004年6月重编))推荐的术语、图标或缩略语,或者就使用航空通用标签。

f. 对用图标替代文字标签的操控器件,要验证对于受过最低限度大纲培训的驾驶员,能够以可接受的工作负荷,根据正常、非正常和应急的情况,游刃有余地完成其职责。适当时,可以考虑在操控器件上纳入一些图标补充文字标签,而不要取代文字标签(如连续的文字显示、临时性的"鼠标悬停(mouseover)"显示)。

g. 当同一功能对应多个操控器件时,要为所有此类操控器件做清晰标签。相关的例外,可以包括一些用以灵活适应广大范围驾驶员的备用操控器件,例如有经验的用户可能会为了获取性能上的(如速度)优势而选择一些不太直观的方法。例如:"双击"或"按下并保持"通常不推荐作为唯一操作方法,但可接受作为备用方法(如对于高级用户)。所以要表明,用于同一功能的多个操控器件是可接受的,而且也不会导致混淆或误操作。

h. 若多个操控器件用于同一功能时(多机组航空器),要表明有足够的信息或其他手段,使得每一名机组成员都知道当前是哪个操控器件在操控。

i. 将一项功能列入标签时只能使用一个缩略语和/或一个图标,以防止在若干地方出现同一标签时发生混淆。

j. 保证标签能够防止因正常使用而导致刮划、损坏、擦除、缺陷和其他的清晰度退化。

2.2.9　操控器件照明

a. 为符合§2x.1555(a)和§2x.1381(a),对于带预期用于低照明条件视觉标记的操控器件,必须为标记提供某种方法的照明使其易于辨读。该照明可以采用外部(如驾驶舱)光源或是内部光源(如背光或发光操控器件)。操控器件应当在很大范围的环境照明条件下都可以看清(见2.2d小节)。

b. 要确保操控器件的照明与诸如警告灯、戒备灯、提示灯的一类飞行机组告警不矛盾(§2x.1322)。

c. 在低照明条件下要让发光操控器件可以调光,使得其亮度与驾驶舱内的其它仪表照明相协调,以便让飞行机组适应黑暗环境,既能看清操控器件又能看清外部视景。

d. 要确保由内光源照明的操控器件亮度不会被调得过低,以至于显现不出操控器件。

e. 要确保由内光源照明的操控器件不会产生会影响驾驶员视觉或表现的漏光、亮点或风挡的反光。

f. 可以采用发光操控器件自动调光,但要考虑多名驾驶员操作时对亮度的偏好差异。

g. 要确保预期用于由夜视成像系统(night vision imaging system, NVIS)引起

照明条件改变的驾驶舱内发光操控器件满足以上(a)至(e)的要求,并与夜视镜(night vision goggles, NVG)相兼容。其他指导见:

- AC 27.1,正常类旋翼机合格审定,参考其他指导(MG)16;
- AC 29.2,运输类旋翼机合格审定,MG 16;或
- RTCA 公司,RTCA 文件(DO)RTCA/DO－275,组合式夜视成像系统设备的最低使用性能标准,2001 年 10 月 12 日。

注 NVIS 的照明必须能进行颜色传输以满足航空器合格审定条例要求(如§2x.1381、§2x.1555)。对于无需进行颜色区分的操控器件,可以使用 NVIS A 照明。对于需要进行颜色区分的操控器件,则 NVIS 的照明必须使得驾驶员很容易辨明所要求的颜色(通常使用 NVIS 白即可)。要使得红、黄(或琥珀)和绿色在整个驾驶舱内不存在色差。

2.2.10 防止操控器件误操作

a. 操控器件误操作防护。发生此类差错可能有多种原因,如驾驶员不慎碰到了某个操控器件,或者在想要作动某个操控器件时误作动了另一个。

b. 要尽量减少误操作,视适当情况在设计和安装操控器件时考虑下列问题:

- 若驾驶员没感觉误操作是否会有任何关乎安全的后果?
- 若要纠正该项误操作需要驾驶员做什么?
- 该操控器件的设计是否支持"盲操作"(即驾驶员不用看着操控器件)?
- 设计上是否着眼于减少误操作的可能性?
- 设计上是否着眼于提高驾驶员检测误操作的可能性?

c. 下面各小节提供了多种降低操控器件误操作可能性的方法。

(1) 位置和朝向。14CFR §2x.777 要求操控器件的放置能够防止其误操作。所以在确定操控器件的位置、间隔和朝向时,应当使得其使用者在操控器件的正常移动顺序中不大可能撞到或误动它。例如可以将靠近常用操纵杆的开关朝向,放置得使开关的旋转轴垂直于操纵杆的旋转轴。

(2) 物理保护。可以在操控器件设计中做物理护挡,防止操控器件的误作动。相关例子有嵌入式操控器件、屏蔽式操控器件、加盖板和防护装置。要使得物理防护不妨碍被保护装置或其附近操控器件的可见性或操作,并有适当的耐久性以确保持续适航。

(3) 防滑动。操控器件的实物设计和所用材料应当能够降低手指和手滑动(特别是有振动时)的可能性,例如可以在按钮上表面设计出凹坑、花纹或黏滞物,以防止手指滑动。

(4) 稳定手部。要提供扶手、靠手或其他物理结构,作为驾驶员在操作操控器件时手和手指的稳定支承点,这对处于湍流和其他振动情况使用操控器件更加有用,可帮助驾驶员做出更精准的输入。

（5）逻辑性保护。对于基于软件或软件相关的操控器件，只要依据软件内的逻辑认为作动该操控器件属不适当时，就会被停用。要使已被停用的操控器件可与有效的操控器件明显区分开来。

（6）复杂运动。在设计操控器件的操作方法时，可以使得必须通过复杂运动才能作动该操控器件。例如设计旋钮时，可以使得其必须同时处于拉出位置才能旋转。不推荐将"双击"或"按下并保持"的方法作为操作方法。

（7）触觉提示。不同操控器件的表面可以有不同的形状和纹理，帮助驾驶员在黑暗或其他"盲操作"的环境条件下运行时，区分不同的操控器件。例如大多数键盘的"J"和"F"键上都有一条小突埂，引导使用者正确放置其食指。类似地，14CFR §25.781 和 §23.781 对于驾驶舱的某些操控器件也有特定的形状要求。

（8）锁定/联锁的操控器件。锁定机构、联锁装置或相关操控器件的前期操作可以防止其误操作。例如一个独立的通/断(On/Off)操控器件，可以作动/消除作动某个重要的操控器件，或将之物理锁定在某个位置。

（9）按顺序运动。操控器件的设计可以带有锁、棘爪或其他机构，来防止其直接越过一连串动作顺序。对必须按严格顺序作动的情况，这种方法特别有用。

（10）运动阻力。操控器件可以设计成具有运动阻力（如摩擦力、弹簧力、惯性力），使得必须做专门的努力才能将其作动。采用此类方法时，阻力水平不能超过预期驾驶员样本的最小体力能力。

d. 保护操控器件不被误操作的任何方法，不应当妨碍驾驶员必要任务时间内的操作或干扰系统的正常操作。若某个操控器件被误操作时，多重感知信息可以帮助驾驶员发现有关差错。反馈可以包括一项或多项听觉导引信号、触觉导引信号或目视信号。作为一般规则，误操作的后果越严重，所需要的预防手段就应越高效，用于发现差错的提示也应越明显。

2.2.11　用于数据输入的操控器件

a. 大量驾驶舱任务都要求有某些格式的数据输入，例如输入机场代码或无线电频率。有些操控器件会引导驾驶员通过一些小型装置（如通过字母滚动的旋钮）输入数据，那样会增加工作负荷和低头的时间。依据 §2x.1301，驾驶员在输入支持预期功能的必要数据时，用于数据输入的操控器件必须为其提供支持。必须表明，这些操控器件对于所输入数据的精度、差错率和工作负荷都是可接受的。

b. 若数据输入涉及多个步骤，则要确保每一步骤都明确可辨。举例说，驾驶员应当知道第一步是构建一个多字符串，第二步是把该字符串输入系统。

c. 要保证在构建数据期间，自动构建数据与人工构建数据之间可明确区分。无论用什么方法构建数据，系统都要让驾驶员很容易确定输入该系统的数据。

d. 用于数据输入的操控器件应当让驾驶员很容易改正典型的输入差错，如简单的键盘打错或不正确的自动填写。

e. 之前获批准用于输入数据的操控器件,主要基于以下的物理构型和设计特征:

(1) 以 QWERTY 格式(优先)或字母表格式排列的字母键盘。

(2) 以 3×3 矩阵排列、0 在下的数字键盘。

(3) 同轴旋钮组件,每一组件不超过两个旋钮。

(4) 自动置于数据输入字段首位的光标。

(5) 大到无需滚动即可显示所有已输入数据的数据输入字段。

(6) 将长数据项分割为较短的数据输入和反馈区域。

f. 超时(如驾驶员数据输入任务时的中断)及相关的自动数据输入特征应当是可预测并易于为驾驶员所识别的。

2.2.12　持续适航

a. 14CFR §2x.1529 要求为设备提供持续适航文件,包括操控器件可以使用、更换或维修的任何条件限制或考虑。例如:

● 应当如何维修操控器件以确保继续符合 14CFR §2x.671 关于方便、平稳、可靠工作的要求?

● 操控器件是否需要进行对皮肤油腻和汗渍进行清洁以保持标签清晰可辨?

● 哪一类干扰会影响到安全运行?

● 操控器件暴露于液体(如溢出的咖啡或汽水)时是否易于失效?

● 在给定时间间隔内要完成哪些维修和检查?

b. 操控器件的设计应当尽量减缓其操作使用方面的退化(如刮划、损坏)。

c. 为每一操控器件规定合理的维修和检查的时间间隔,配以持续使用安全性文件所规定的每一时间间隔要完成的核查试验。

2.3　多功能操控器件补充指导

2.3.1　多功能操控器件——概述

本章专门为多功能操控器件提供了补充指导,2.2 节的通用指导也仍适用于多功能操控器件。

a. 与只实施单一功能的专用操控器件不同,多功能操控器件可以操控多项功能,这个能力主要通过使用电子显示器作为操控器件来达到。本 AC 涵盖了下列多功能操控器件:

● 光标操控装置;

● 触摸屏;

- 基于菜单的操控器件；和
- 语音识别和语音作动操控器件。

注　本章的重点在前三项，所以"多功能操控器件"不必要包括语音作动操控器件，除非有专门说明。但是有些多功能操控器件的指导材料可能仍然适用于语音作动操控器件，和/或作为语音识别操控系统组成部分的电子显示器。

b. 通过使用电子显示器作为一种操控器件的手段，使多功能操控器件可以由系统软件进行重新配置，从而为独特的人-机界面策略创造了机遇，这在目前用传统专用旋钮、开关、操控器件和物理硬件是不可能的。其结果是，它们的引入使得驾驶员/系统界面的设计特点和驾驶员用来完成不同任务的方法，发生了根本性的变化。

c. 所以，多功能操控器件为设计人员提供了独特的机遇和挑战。比如说，大量的传统操控器件会在驾驶舱内要求一块很大的专用区域，而有了触摸屏、光标和基于菜单的操控器件，此类专用区域往往可以缩到一个电子显示器那样大小。不过这样的节省空间优势通常都要以可达性和工作负荷为代价，因为驾驶员会不得不通过多个电子页面或菜单层次，才能达到相关功能。那个原来只要在容易记住的位置简单按下按钮的操作，现在可能需要按顺序操作好几个步骤，而且其中的很多步骤还离不开目视关注。

d. 若用多功能操控器件替代某个传统操纵件功能时，要将两者进行比较，确定这样的替代是否会导致相对原来熟悉的装置发生性能和安全性的改变。要表明，多功能操控器件不会导致不可接受的工作负荷水平、差错率、速度和精确度。

2.3.2　多功能操控器件——误操作

防止多功能操控器件的误操作是一项特别的挑战。例如使用电子显示器作为操控器件的手段，就不一定能提供运动阻力、接触反馈或防止误操作的物理防护。本 AC 2.2.10c 小节提供了经表明能降低操控器件误操作可能性的多种方法，下列各小节则提供了一些可适用于多功能操控器件的补充方法。

a. 操控器件应当清晰指示出对于操控功能有效的电子显示器区域，确保驾驶员很容易就可判定操控功能有效区。有效区的大小和布局应当允许进行精准的选择，把手指或光标移动到预期的有效区，不应当会误操作其他的有效区。

b. 对于可以从多个页面和菜单进行访问的操控器件功能，视适当情况应当将操控器件放置在不变的显示位置。放置位置不定会破坏驾驶员的使用习惯而导致差错。

c. 视适当情况，在作动某项功能前可提供一个确认步骤，如对于安全的重要功能。例如当飞行管理系统（FMS）作动了某种进近，而驾驶员更改了已选定的进近时，系统可以询问，"你确定要中断正在进行的进近吗？"要在需要确认步骤和增加驾驶员工作负荷之间考虑权衡。

d. 视适当情况,提供一种纠正不正确作动或输入的退回手段,相关手段的例子是在系统中给一个"撤销"或类似的简单倒回功能。

2.3.3　多功能操控器件——标签

多功能操控器件的标签引入了不同于传统操控器件的挑战。例如多功能操控器件不一定需要在固定位置,而可能需要通过各种页面或菜单的导航来定位。与传统的专用操控器件相比,正确判定某个多功能操控器件会要求更多的工作负荷、时间和目视关注。

a. 显示操控器件功能的方式应当使其很容易与当前状态相区分。例如当选定标签有"航迹向上(Track Up)"的按钮时,不应当是表示当前的"航向朝上(Heading Up)"显示方位,而是应当将显示方位改变到"航迹向上(Track Up)"。

b. 要确保描述某项操控功能的弹出文本不会导致不可接受的分散注意力、干扰或屏幕杂乱无序。

c. 若某一操控器件按指令或选择顺序作动了若干项不同的功能时,要为每一项功能清晰标签。

2.3.4　多功能操控器件——光标控制装置(CCD)

CCD为驾驶员提供了一种间接访问电子显示器上操控器件的手段,这种操作与触摸屏相反,后者容许驾驶员直接访问操控器件。驾驶舱内的典型CCD有轨迹球、触摸板和操纵杆。

a. CCD最关键的好处是方便,它们通常都放置在或接近驾驶员的自然手位,而且经常都配有靠手或扶手。这样很方便驾驶员输入,特别是由于设备响应灵敏,使手和臂的移动量极小。但是CCD也会导致操控差错,尤其是在震动环境。而因为驾驶员的输入通常都只需用手指在CCD上稍作移动即可完成,所以更不容易引起其他机组成员的注意。要考虑在CCD环境或使用条件下其对于飞行机组协调的影响。

b. 要确保光标符号易于与其他信息的区分,并易于在电子显示器上定位。对于光标符号可以淡出显示器的情况,这一点尤为重要。强化光标快速定位的一些方法是让它"持续闪亮"或"不断增大"以吸引驾驶员的注意。

c. 若在一个显示系统使用了多个光标时,要提供区分这些光标的手段。

d. 不得容许光标符号在没有驾驶员输入下爬行或移动。其例外情况包括光标自动定位,但前提是要能够表明这种情况不会引起驾驶员混淆,或不可接受的完成任务时间。

e. 要限制光标符号不能进入重要飞行信息区,以防止其干扰清晰度。若有光标符号被容许进入重要信息显示字段时,要表明出现光标是可接受的。

f. 在多机组航空器中,大多数应用软件都容许多名飞行机组成员使用同一个光标。所以要建立一种与整个驾驶舱理念相兼容的可接受方法,来处理同时发生的"光标争夺"的问题。还要为其他可能的场景制订可接受的方法,包括由两名驾驶员使用两个光标的情况。

2.3.5　多功能操控器件——触摸屏

与CCD不同,触摸屏操控系统提供了对于显示器上的操控器件的直接访问。鉴于此,输入装置实际上就是显示区域的一部分。触摸屏使用了各种不同技术,诸如电阻、电容、红外和应变片(力传感器)等类型。这些具体技术对于性能和失效都有影响,所以进行考虑是很重要的。举例说,这些技术并不都适应使用手套。

a. 触摸屏可能有些易于发生操控差错,因为显示器表面(驾驶员用其进行输入)通常都光滑平整,这类表面对于确定手指的定位和移动几乎不能提供触觉反馈,因而会更加需要目视关注。所以在适当时要考虑组合一种相关支撑,稳定驾驶员的手也为手指定位提供一个基准点。要确保触摸屏不会导致不可接受的工作负荷水平、差错率、速度和精确度。

b. 要保证触摸屏能够耐刮划、损坏或在正常使用中可能发生的其他损伤。要演示验证在长期使用和暴露于皮肤油脂、汗液、气候环境(如日光)、撞击(如笔记板)、驾驶舱内可能使用的化学剂,以及飞行机组成员可能带上飞机的任何液体(如咖啡)的条件下,系统仍然能够提供可接受的性能。

c. 若触摸屏的校准可能发生偏移或降级时,要提供保证触摸屏正确校准和使用的校准程序和其他相关维修项目,包括依据§2x.1529制订的持续适航文件中的相关程序。

d. 触摸屏感觉到的驾驶员手指触摸位置,应当是可预测和可看到的。

2.3.6　多功能操控器件——菜单和导航

菜单中的信息层次不应当遮蔽驾驶员对于想要操控器件的位置判定,位置和可达性不仅与操控功能的实际位置相关,它们还要包括考虑操控功能在不同菜单层次内的位置,以及驾驶员如何通过这些层次导航访问这些功能。

a. 对于基于菜单的操控器件,要确保访问和使用某个操控器件所必要的步骤的数目和复杂性,适合于该操控器件的预期用途(如常用和应急的操控器件应当在菜单顶层可以找到)。子菜单的数目设计应当确保能够及时访问到预期选项,而不必过度依靠对于菜单结构的记忆。

b. 依据§25.777(a),驾驶舱操控器件的位置和标识必须能够提供方便操作并防止发生混淆。要把信息分层次放入菜单或隐藏页面,使其不会妨碍飞行机组判定其想要的操控器件位置。

c. 在显示器上完整显示(即无需滚动)顶层菜单页面(如主页面或首页面)。

d. 要使得顶层操控菜单易于访问,通常通过在固定位置(如"本机"页面)连续显示菜单或菜单访问操控器件来达到。

e. 为当前位置指示不明确的页面导航提供反馈。

2.3.7　多功能操控器件——语音识别和语音作动

将语音识别和语音作动操控系统用于航空器特别具有挑战性,因为语音指令的识别精度尚不尽人意,其性能不仅受驾驶员自身特点的影响,还要受到周围噪声环境的影响。本节仅为语音识别和语音作动操控器件提供一些基本指导和人因考虑,但是对于两者都不算是一种全面的指导。

a. 要确保在预期的飞行和周围噪声条件下,语音识别和语音作动操控系统能够始终如一地准确识别和正确输入驾驶员发出的口头指令(见 2.2.2k 小节)。典型的航空器背景噪声、机组与旅客对话、交通无线电通信以及其他来源声音,均不得妨碍系统工作。

b. 要提供一目了然的简单易用手段,用于使语音识别和语音作动操控系统失效。

c. 要确保语音识别和语音作动操控系统不会干扰正常的驾驶员通信功能(如与空管和其他航空器通信)。

附录 2. A　相关文件和缩略语

2. A.1　参考文件

a. AC 25 - 11A,驾驶舱电子显示器。

b. AC 23 - 23,23 部飞机的综合驾驶舱标准化指南。

c. AC 23.1311 - 1B,23 部飞机的电子显示器安装。

d. AC 27 - 1,正常类旋翼机合格审定。

e. AC 29 - 1,运输类旋翼机合格审定。

f. RTCA/DO - 275,综合夜视成像系统设备最低使用性能标准,2001 年 10 月。

g. SAE ARP4102,驾驶舱控制板、操控器件和显示器,2007 年 7 月。

h. SAE ARP4102/7,电子显示器,2007 年 7 月。

i. SAE ARP4105B,重新确认的驾驶舱缩略语和术语,2004 年 6 月。

j. FAA 政策 ANM - 01 - 03A,评审申请人用于 25 部飞机驾驶舱合格审定的人因符合方法草案时的考虑因素。

k. 采购商品成件分系统、非开发项目以及开发系统的人因设计标准。

(作者:V. Ahlstrom 和 K. Longo。2003 年 5 月。FAA Technical Center:Atlantic City, NJ. DOT/FAA/CT - 03/05 HF - STD - 001. http://www.hf.faa.

gov/hfds. htm)

l. 国际民航组织 Doc 8400，ICAO 缩略语和编码，第 6 版，2004 年。

m. MIL‑STD‑1472F，国防部设计准则标准：人因工程，1999 年 8 月 23 日。

2.A.2　参考文件获取方法

可根据下列 FAA 网站从条例方和指导材料图书馆（RGL）获取 FAA 的咨询通告：www. airweb. faa. gov/rgl. 在 RGL 网页选择"咨询通告（Advisory Circulars）"然后选择"按编号（By Number. ）"。你可以通过下列网站获取一份更改和更换零部件协会（MARPA）关于持续安全运行（COS）的指导材料副本：www. pmaparts. org/gvt/COSGuidance. pdf.

2.A.3　缩略语

AC	咨询通告
AGL	离地高度
ARP	航宇推荐工作法
ASTC	补充型号合格证更改
ATC	型号合格证更改
CCD	光标控制装置
CFR	联邦法典
COS	持续安全运行
DO	文件
DOT	运输部
EFB	电子飞行包
FAA	联邦航空局
FMS	飞行管理系统
ICAO	国际民航组织
MARPA	更改和更换零部件协会
MG	最低导引
NVG	夜视镜
NVIS	夜视成像系统
PED	便携式电子设备
RGL	条例方指导材料图书馆
RTCA	RTCA 公司
RTCA/DO	RTCA 公司文件
SAE	SAE 国际公司
STBY	备用

| STC | 补充型号合格证 |
| TC | 型号合格证 |

附录 2.B 操控器件功能矩阵表

2.B.1 引言

a. 本附录为"操控器件——功能矩阵"提供了简单说明,该矩阵对于符合性并非必要,但是作为一种制订数据资料以及与 FAA 分享的方法,它会很有帮助。

b. 操控器件——功能矩阵主要提供了操控装置(如:旋钮)与操控功能(如:改变无线电频率)之间的映射关系。该矩阵还可以把一些有关操控器件的属性组织起来,诸如本 AC 介绍的一些属性,有时候它也可作为申请人用以组织其设计和符合性工作的一种工具。

2.B.2 表 2-B-1

表 2-B-1 为操控器件—功能矩阵的一个样例,现对其中的各列说明如下:

a. **操控器件**:表中分别列出了每一种操控器件,包括清单中的传统专用操控器件(如旋钮)和多功能操控器件(如软件菜单、触摸屏、按钮)。

b. **功能说明部分**:把矩阵中操控器件实施的功能说明信息进行分类,在表 2-B-1 的例子中,涉及了功能、重要性等级、使用频度和使用条件。

(1)功能:在操控器件名称旁边,列出了该操控器件所提供的每一项功能。若某一操控器件能提供多项功能时,要将每一项功能分行单独列出,因为对于每一项功能可能会有完全不同的补充信息。

(2)安全重要性等级:该列提供了通过系统安全性分析得出的相关功能重要性等级信息,重要性等级在考虑与操控器件可能的误操作的相关影响时可能会有用(如对重要操控器件可能需要更高级的误操作防护)。

(3)预期使用频度:该列描述了某项功能可能开启、关闭、取消作动或操纵的频繁程度,所涉及的是由操控器件提供的功能。在考虑驾驶员对某个操控器件的可预期熟悉水平时,频度信息会很有用,其所涉及的是操作的可达性和复杂性(如常用操控器件置于驾驶员可达包线边缘,就不一定符合 14CFR §2x.777)。

(4)操作和使用条件:该列描述了可能影响实施该具体功能的操控器件应用情况的任何操作使用条件,操作和使用条件不仅包括本 AC 第 2.2.2 节所述情况,而且还包括飞行阶段。所以该信息制订了操控器件要在其中被操作的环境(如对最终进近和着陆期间常规要实施的那些功能就可能要采用一些极其简单的操作方法,才能符合 14CFR §2x.777)和该操控器件的其他设计特征的可达性。

表 2-B-1　操控器件——功能矩阵表

操控器件名称或参图中看的#	功能说明					设计说明				其他信息	
	功能	安全重要性等级	预期使用频度	操作和使用条件	操作方法	标签	防止误操作	反馈	位置/相关性	相关操控器件	操控器件图片
器件名称或参图中看的#	[功能#1名称和简单描述]	[如失效影响等级属灾难性、重大或轻微的功能]	[如每次航班多次使用、每次航班使用一次、少用]	[如操控器件可能会在高工作负荷阶段、在冷天、在高度振动条件下敲动使用]	[驾驶员实施功能#1所必要的动作描述]	[标签正文、或"无"]	[描述防止误操作的设计特征、或"无"]	[描述表示操控器件后成功或不成功操作的视觉、听觉、触觉或其他提示]	[操控器件在安装后相对驾驶员的位置(如使用驾驶舱区域基准)]	[列出与功能#1相关其他操控器件的名称单号或#]	
	[功能#2名称和简单描述]	[如失效影响等级属灾难性、重大或轻微的功能]	[如每次航班多次使用、每次航班使用一次、偶尔使用、少用]	[如操控器件可能会在高工作负荷阶段、在冷天、在高度振动条件下敲动使用]	[驾驶员实施功能#2所必要的动作描述]	[标签正文、或"无"]	[描述防止误操作的设计特征、或"无"]	[描述表示操控器件后成功或不成功操作的视觉、听觉、触觉或其他提示]	[操控器件在安装后相对驾驶员的位置(如使用驾驶舱区域基准)]	[列出与功能#2相关其他操控器件的名称单号或#]	

c. 设计说明部分

（1）操作方法：描述了某种功能的操作方法。提供多功能操控器件对于不同功能可能会使用相同的操作方法，也可能是不同的操作方法。若某种操作方法较难在该矩阵中说明时，驾驶员实施起来也可能会很难。

（2）标签：说明与功能相关的标签和操作方法。该信息对于保证所有功能都有标签，以及对于用于不同功能的同一标签或用于同一功能的不同标签不会使用不当是很有用的。要评估没提供标签的功能，确保该操控器件是"清楚明白"的。

（3）防止误操作：本列限于描述将能防止或降低功能被误操作可能性的任何设计特征，该项信息也许可以支持对于 14CFR§2x.777 关于防止操控器件误操作要求的符合性。

（4）反馈：本列含有在操控器件操作期间或之后向驾驶员提供反馈的信息。

（5）位置/相关性：本列限于对操控器件安装后位置的描述，对于了解例如信息分组和操控器件——显示器相关性，该信息会十分有用。

（6）其他信息部分：可能还有一些关于某项功能、某操控器件的设计、影响该操控器件设计决策过程或表明符合性过程影响因素的其他信息。表 2-B-1 的样例为每一项功能使用了一份相关操控器件的清单和操控器件的图片。

附录 2.C　条例

表 2-C-1 列出了一些涉及操控器件的条例供快速对照。虽然有一些根据申请人审定基础确定的其他条例也同样适用于驾驶舱操控器件，本 AC 的重点仍放在表 2-C-1 的条例方面，因为这些条例与人因密切相关，在航空器合格审定项目中经常会需要进行解释。表 2-C-2 补充列出了本 AC 所引用的条例。

表 2-C-1　涉及操控器件人因规定的条例快速对照

从人因角度出发的条例关键点 （在某些情况下语言会顺序颠倒， 相关条例的准确阐述见条例文件）	14 CFR 条例
每一操控器件操作的简易性、平稳度和可靠度必须与其功能相称	§23.671(a)、§25.671(a)、§27.671(a)、§29.671(a)
操控器件的位置（布局和标识——仅用于 23 部）必须能方便操作	§23.671(b)、§23.777(a)、§25.777(a)、§27.777(a)、§29.777(a)
操控器件的位置（布局和标识——仅用于 23 部）必须能防止混淆以致引起（任一座椅驾驶员——仅用于 29 部）误操作的可能性	§23.671(b)、§29.771(b)、§23.777(a)、§25.777(a)、§27.777(a)、§29.777(a)
驾驶舱必须使驾驶员能够实施其职责而不会有不合理的注意力集中要求或疲劳程度	§23.771(a)、§25.771(a)、§27.771(a)、§29.771(a)

（续表）

从人因角度出发的条例关键点 （在某些情况下语言会顺序颠倒， 相关条例的准确阐述见条例文件）	14 CFR 条例
必须能够从任一驾驶员座椅以同等安全性操纵航空器	§ 25.771(c)、§ 27.771(b)、§ 29.771(b)
驾驶舱设备的振动和噪声特性不得妨碍航空器的安全运行	§ 25.771(e)、§ 27.771(c)、§ 29.771(c)
操控器件必须有标识（除非其功能一目了然）	§ 23.777(a)
操控器件相对驾驶员座椅的位置和布局必须使得每一操控器件能够进行无干扰的全行程无阻挡移动	§ 23.777(b)、§ 25.777(c)、§ 27.777(b)、§ 29.777(b)
操控器件的类型和设计必须适合其预定功能	§ 23.1301（a）、§ 25.1301（a）（1）、§ 27.1301(a)、§ 29.1301(a)
操控器件安装后必须功能正常	§ 23.1301（d）、§ 25.1301（a）（4）、§ 27.1301(d)、§ 29.1301(d)
对于安装在驾驶舱内的告警灯,警告灯必须用红色、戒备灯必须用琥珀色	§ 23.1322、§ 27.1322、§ 29.1322
要限制将红色和黄色用于驾驶舱内飞行机组告警以外的功能,并不得对飞行机组告警产生不利影响	§ 25.1322(e)(1)、(f)
仪表灯必须使得每一仪表和操控器件易于辨读和辨别	§ 23.1381(a)
仪表灯必须使得每一仪表、开关和其他装置易于辨读	§ 25.1381（a）（1）、§ 27.1381（a）、§ 29.1381(a)
仪表灯的安装方式不得会产生令驾驶员反感的可见反光	§ 25.1381(a)(2)(ii)、§ 27.1381(b)2、§ 29.1381(b)2
最小飞行机组必须能够达到和方便操作安全运行所必需的操控器件	§ 23.1523、§ 25.1523、§ 27.1523、§ 29.1523
驾驶舱内操控器件必须清楚标记其功能和操作方法	§ 23.1555(a)、§ 25.1555(a)、§ 27.1555(a)、§ 29.1555(a)

表 2 - C - 2　其他引用条例

总则性要求	14CFR 条例
驾驶舱操控器件旋钮形状	§ 25.781、§ 23.781
持续适航文件	§ 23.1529、§ 25.1529、§ 27.1529、§ 29.1529

　　*本文译自 FAA 咨询通告（AC）20 - 175。

第3章 AC 25.1322-1 飞行机组告警

本咨询通告（AC）为表明对于联邦法典第 14 集（14CFR）第 25 部某些要求的符合性以获取飞行机组告警功能的设计批准提供指导。

Ali Bahrami
航空器合格审定服务部
运输机中心经理

3.1 目的

本咨询通告（AC）提供的指导材料，用于在飞行机组告警功能设计批准时表明对于联邦法典第 14 集（14CFR）第 25 部相关要求的符合性。本 AC 内容涉及应当考虑的告警功能要素（包括目视、音响、触知或触觉要素）类型、告警管理、告警与其他系统的界面或综合以及颜色标准化。本 AC 的附录还提供了把视觉和音响系统要素纳入告警系统的举例。

3.2 适用性

a. 本文提供的指导适用于飞机制造厂商、改型人、航空电子设备制造商、联邦航空局（FAA）运输机型号合格审定工程师、人为因素专家、试飞驾驶员以及上述的委派代表。

b. 本指导适用于新飞机，但也可适用于改型飞机和将飞行机组告警系统要素纳入现有的飞机。它不仅适用于主要起告警功能的系统，比如中央告警系统，而且也适用于提供飞行机组告警功能但不一定纳入中央告警系统的各别飞机系统。

c. 类似所有 AC 材料,此 AC 本身不具强制性也不构成条例,它只是阐述了一种表明对于运输类飞机要求符合性的可接受方法,但也不是唯一的方法,FAA 会考虑申请人可能选择的其他表明符合性方法。尽管此处指导不具强制性,但我们确实是根据 FAA 和工业界在表明符合相关条例方面的丰富经验将之总结出来的。另一方面,若根据我们了解到的情况使我们相信,遵循本 AC 不见得就能符合适用条例时,我们也不会拘泥于本 AC 的教条,不过作为确认符合性的依据,我们可能会要求补充一些验证资料或进行设计更改。

d. 本咨询材料并不对条例要求形成更改、提出任何补充、授权进行更改或允许偏离。

e. 本 AC 中使用的"必须"一词,仅着眼于采用本文所述的可接受符合方法时,确保这种特定符合方法的适用性。尽管此处指导不具强制性,但是它们确实反映了 FAA 和工业界在确认对于相关条例符合性方面的丰富经验。

3.3　相关例子、条例、文件和定义

本 AC 的附录 3.A 提供了把目视系统要素纳入告警系统的例子,附录 3.B 提供了把音响系统要素纳入告警系统的例子,附录 3.C 列出了与本 AC 相关的适航和营运条例,附录 3.D 列出了不必在本 AC 直接引用的(仅)作为信息资料提供的相关 AC 和其它文件,附录 3.E 则提供了用以支持本 AC 内容及其相关规章的定义。

3.4　背景

a. 虽然飞行机组对飞机的运行负有最终责任,但是帮助飞行机组判定非正常运行或飞机系统的状况并以适当方式及时做出响应的告警系统设施,则是每一驾驶舱设计的重要特征。以往的飞机设计采用单个指示灯实施告警功能,而现在告警功能已经可以与其他系统相组合,包括电子显示系统、触觉警告系统,以及音响告警或音调发生系统。

b. 14CFR 25 部的条例和咨询材料经常会通过引用某项告警,如警告让你知道某种非正常状况。但是在制订此类规章时,许多都没有关于驾驶舱告警准则统一性的认识,所以会把术语"警告"和"告警"作为通用含义来使用。本 AC 无意有悖于或取代此类规章的原意,所以若其所提供的指导材料有违规章时,应当以规章为准。本文目的是想把有关规章和指导材料所用的飞行机组告警术语标准化,并为申请人提供表明符合此类规章的方法。

3.5　飞行机组告警系统设计

a. **概述**　飞机向飞行机组告警的目的是吸引其注意、告知他们必须知道的特

定的非正常飞机系统状况或某些非正常运行事件,以及对于现代告警系统,还向他们提出处理这类状况的可能行动建议。告警能否达到其目的,取决于整个告警功能的设计,包括作动该项告警所需要的传感器和感觉到的状况,随后对于这类信息的处理,包括信息的紧迫性和先后排序,以及显示规定紧迫性所选择的告警展示要素。飞行机组不必知道的情况不应当产生告警。

b. 飞行机组告警准则 设计研制飞行机组告警系统时,对于告警状态、紧迫性和优先顺序以及展示方式要用统一的准则。

c. 设计考虑 设计告警系统时要考虑下列概念和要素:

(1) 只有那些必须让飞行机组知道才能支持其决策促使其恰当响应的非正常飞机系统状况和运行事件才应当导致告警,但是须要告警的条件还要取决于具体系统和飞机的设计,以及整个驾驶舱的准则。例如一个多传感器系统中的单个传感器失效,就不一定导致必须要让驾驶员知道的告警状态。而对于向飞行机组提供确保继续安全飞行和着陆所需要信息资料的单传感器系统,这样的失效就应当导致一种告警状态。

(2) 所有向飞行机组展示的告警(如灯、音响通告、发动机指示与机组告警系统(EICAS)消息、主戒备),必须提供飞行机组判定非正常的运行或飞机系统状况并确定纠正措施(如有时)所需要的信息(§1322(a)(1))。相应的飞行机组纠正措施通常都由飞机程序规定(如以检查单的形式),并且是飞行机组培训课程的一部分或被视为基本飞行技术。

(3) 按本 AC 第 3.5b 小节所述,履行一个统一的告警准则。

(4) 包括各类告警系统展示要素的适当组合,通常有:

(a) 主目视告警;

(b) 目视告警信息(包括失效旗标指示);

(c) 主音响告警;

(d) 语音信息;

(e) 特定音调(独特音响);

(f) 触知或触觉信息。

(5) 使用逻辑依据的综合告警系统,以确保每一紧急等级的各项告警系统要素的同步性并提供适当的告警展示格式。例如发出主目视告警的同时通常也应当发出主音响告警。

(6) 依据本 AC 3.5b 小节的概述和 3.8a 小节的较详细说明,按紧迫性和排序准则来展示各项告警。

(7) 目视告警必须符合§25.1322(e)的颜色惯例,本 AC 第 3.11 节有关于颜色惯例的指导。

(8) 如使用有多重含义的音响告警时,应当提供相应的目视、触知或触觉的告警,以消除音响告警的任何潜在不确定性,并明确识别具体的告警状态。

（9）告警状态 确立如何确定必须告警的飞机系统状况或运行事件（如发动机过热、风切变等）的方法。

（10）紧迫性和优先顺序 制订如何对每一告警状态相关的紧迫性等级（警告、戒备和提示）进行排序和分类的方法程序，以满足§25.1322(b)和§25.1322(c)(1)所列的各项要求。若某项告警的紧迫性和优先顺序对于事件发生的环境极为敏感时，则需说明应当考虑的信息资料（例如对于不同告警状态的排序，可能随飞机的状况、飞行阶段、系统构型等而有所不同）。

（11）展示 制订一种统一的告警展示方案（例如告警在驾驶舱中的位置、告警的组合［音响、目视、触觉］、告警消息中提供的信息以及颜色和图像的编码标准化），还要确定告警展示格式（如告警消息的构成和时间分配）以支持告警功能的目的。

3.6 告警功能要素

对于警告和戒备告警，其所使用的告警和信息功能的功能要素，必须至少用两种不同的感知（§25.1322(c)(2)）及时提供使飞行机组立即知道的吸引注意的信号。用于提示告警的功能要素是飞行机组不必立即知道的，通常就用一种感知。

a. 警告告警。

要用几种告警功能要素组合才能符合§25.1322(c)(2)（两种感知要求）。对于警告告警（不包括时间紧迫警告告警）的典型告警要素组合如下所述。

（1）主目视告警、目视告警信息和主音响告警。

（2）主目视告警、目视告警信息和语音信息或特定音调。

注1 在语音信息之前可能要先有一个主音响告警。

注2 可以将触觉告警与目视或音响告警相组合来满足§25.1322关于两种感知组合的要求。

b. 时间紧迫警告告警。

有些警告对飞机安全运行具有极高的时间紧迫性，使得用诸如主目视告警和主音响告警一类常用告警来通知此类特定告警状态，飞行机组已经来不及做出与该状态相称的必要紧急等级的响应。对此类情况，应当提供专门针对特定告警状态的警告要素，让飞行机组立即知道情况而不必再看驾驶舱的其他指示。此类时间紧迫警告的例子包括反应性风切变和近地。用于时间紧迫警告的告警要素应当包括：

● 相应于每一告警状态的特定语音信息或特定音调或两者兼有，和

● 相应于每一告警状态在每一驾驶员主视野内的特定目视告警信息。

注 使每一驾驶员感知的特定触觉告警也可满足§25.1322(c)(2)关于两种感知中的一种感知要求。

c. 主目视告警和主音响告警。

若有其他目视和音响手段能提供更及时的吸引注意特性时，就不一定再要主目

视告警和主音响告警。若使用了主目视告警和/或主音响告警时,它们应当有助于提高总体吸引注意特性和预期的飞行机组响应,而不会分散飞行机组对于时间紧迫状态的注意力。例如展示于每一驾驶员主视野内的特定目视告警信息,若能提供立即知道和足够吸引注意的特性时,则可接受以其替代主目视告警。但要满足§25.1322(c)(2),仍然还需要诸如"拉起"一类语音指令的听觉告警或其他感知提示。

d. 戒备告警。

(1)用于戒备的告警要素一般与警告所用的相同,因为两者都要求飞行机组立即知道。

(2)有些戒备告警与潜在的时间紧迫警告状态的一些先兆状态相关。对于此类情况,与戒备相关的告警系统要素应当与关于时间紧迫警告的要素相一致(见本AC 6b小节所述)。例如反应性风切变警告、近地警告和戒备告警均可演变为时间紧迫警告的告警。

e. 提示告警。

(1)作为提示的告警和信息功能要素必须满足§25.1322的适用要求,并应当包括目视告警信息。提示信息应当位于预期飞行机组会定期扫视的信息区域。

(2)提示信息不要求飞行机组立即知道,因此也不要求用两种感知组合的告警,而且因其无需飞行机组立即知道,一般也不使用主目视告警或主音响告警。

(3)可以用音响或目视信息向飞行机组展示诸如维修消息、信息消息和其他不要求告警的状态消息,但是这类信息的展示不应当干扰告警功能或其使用。

3.7 告警系统的可靠性和完整性

a. 告警系统在单独考虑以及结合其他系统一起考虑时,应当满足有关系统安全性标准(如§25.901(b)(2)、§25.901(c)和§25.1309(b))的安全性目标。告警系统的可靠性和完整性应当与其为之提供告警的系统功能或飞机功能相关的安全性目标相称。

b. 对某个与飞行机组告警相关的特定系统或功能依据§25.1309(b)实施系统安全性分析程序时,要同时评估该系统或功能的失效以及其相关告警的失效(§25.1309(d)(4))。具体应当包括评估可能导致系统功能失效和任何相关告警功能失效的单项(共模或级联模式)失效的影响。失效定义为:"影响元组件、零部件或组部件的工作使其不能再发挥预定功能的某种情况,包括丧失功能和故障这两者。"因此,在进行安全性分析时丧失功能和故障两种情况都应当考虑。

c. 鉴于飞行机组告警功能通常都与其他系统相组合或为其他系统所共有,所以必须对告警系统内的失效或差错影响,依据§25.1309(b)规定进行单独的和结合其他系统一起的评估。应当分析告警功能内和接口系统内的失效或差错的级联影响,特别要注意避免由于误判而可能对飞机增加危害性的告警(§25.1309(c))。例如不应当可预期有这样的途径,把某台发动机的火警误判为是另一台发动机的起火。

d. 通过评定因告警系统失效而减小的安全裕度,来评估告警系统的可靠性。该项评定应当包括:

(1) 丧失全部告警功能。

(2) 某项故障。

(3) 一项告警丧失或故障,结合需要其告警的系统状况。

e. 应当检查告警系统的完整性,因为这会影响到飞行机组在评估某项告警时的信任度和响应。鉴于单个评估某给定系统的虚警和有碍性告警有可能导致某特定后果,所以频繁的虚警或有碍性告警会增加飞行机组的工作负荷,降低飞行机组对告警系统的信任,从而影响其对真实告警的响应。例如在有虚警或有碍性告警展示下,再展示真实告警时,飞行机组就可能会加以忽略。

3.8　告警管理

对告警进行排序,做到首先向飞行机组展示最紧迫的告警。

a. 规则和通用指南。

(1) 必须对所有的驾驶舱告警按警告、戒备和提示类别进行排序(§25.1322(b))。

(2) 为满足告警的预定功能,必须根据飞行机组知道和响应的紧迫性对其进行排序(§25.1301(a))。通常这就意味着要把时间紧迫的警告放在第一,其他警告次之,戒备第三,提示放在最后(§25.1322(b))。

(3) 根据飞行的阶段,有可能需要把某些告警的原来较低的紧迫性等级重新归入较高一级的紧迫性等级。而且,还可能需要在同一告警类别内做进一步排序。例如在接近危险地形时,必须在警告-告警类别内把时间紧迫音响警告放在其他警告之前(§25.1322(c)(1))。AC 25-23,用于25部飞机的地形提示和警告系统(TAWS)的安装批准适航准则,也列出了一些需要在告警类别内进行排序的状况。

(4) 每一告警类别内排序的方案及其理由应当形成文件,并按本AC第3.13节"为获取飞行机组-告警系统批准表明符合性"的指导进行评定。

(5) 文件内容应当包括相关的分析和试验结果,以表明告警的任何延迟或被抑制对安全性没有不利影响。

b. 多重音响告警。

(1) 应当对音响告警进行排序,使得每次只展示一项音响告警。如果一次需要展示一项以上的音响告警时,必须使飞行机组能够明确区分和理解每一项告警(§25.1322(a)(2))。

(2) 提供音响告警时,开始下一项音响告警之前应当先结束当前有效的音响告警。但若延迟通告紧迫性较高级的告警会影响飞行机组及时响应时,则必须由排序较高的告警中断当前有效的音响告警(§25.1301(a))。若触发被中断告警的状态仍然存在时,则在结束紧迫性更高级别告警后,可以重新展示那项告警。若有不止一项音响告警均必须立即知道而被中断告警又影响到飞机的安全运行时,则必须提供一种有效的替代手段向飞行机组展示告警以满足§25.1322(a)(1)和(a)(2)的要求。

c. 多重目视告警。

(1) 鉴于同时可发生两个或更多的目视告警,申请人必须表明每一项告警及其相对的紧迫性对于飞行机组都很容易察觉并理解(§25.1322(a)(2))。

(2) 出现某特定类别的多重告警时(如多重警告告警或多重戒备告警),必须为飞行机组提供一种手段来确定最新或最紧迫的告警(§25.1322(c)(1))。例如可以把最新或最高优先等级的告警列在其所属类别的最上面。若该项告警属于时间紧迫又分享一个专属显示区时,它必须具有最高等级的告警排序以满足其预定功能(§25.1301(a))。

(3) 显示器必须符合告警颜色的惯例,或对于某些不能符合颜色惯例的单色显示器,则按§25.1322(e)的规定使用其他视觉编码技术。这是使飞行机组能够在所有可预期运行情况(包括提供多重告警的情况)下易于区分告警紧迫性的需要(§25.1322(a)(2))。

d. 告警抑制。

(1) 告警抑制功能的设计必须能够防止展示一种对于特定运行阶段不适当或不需要的告警(§25.1322(d)(1)),告警抑制还可用于管理多重告警状态的排序。抑制告警不等同于清除或禁止一项已经显示的告警。

(2) 对于下列状态应当使用告警抑制:

(a) 飞行机组被一项告警分散注意力或对其做出响应会造成危险。

(b) 告警提供了不需要的信息或不需要告知的飞机状态。

(c) 一系列告警可以被组合成一项较高级的告警。

(3) 告警能够被告警的系统自动抑制或由飞行机组手动抑制。

(4) 对于告警系统不能辨认的运行状态,要为飞行机组提供一种手段来抑制作为具体运行结果而预期会发生的潜在告警(如阻止一项针对不同着陆襟翼设定的着陆形态告警)。只要该抑制还存在,就应当有飞行机组手动抑制了那项告警的明白无误的指示。

3.9　清除和重现目视告警消息

清除当前的警告、戒备和提示显示中的目视告警消息,使得飞行机组能够消除潜在的分散注意力源,易于飞行机组察觉后面的告警。

a. 下列指南应可适用于清除和重现或存放目视告警消息:

（1）若某项消息可被清除而状态仍然存在时，该系统应当提供重现任何已被确认而清除掉的告警消息的能力。

（2）应当或是用显示器的可靠指示或是用正常飞行机组程序，作为判定告警消息是否储存（或跑出视界）的手段。

b. 当状态不再存在时，该目视告警消息必须从显示器清除（§25.1322(a)(3)）。

3.10　与其他系统(检查单、概要图、开关、单个指示灯)的界面或综合

a. 所有目视告警通告和指示的颜色必须符合§25.1322(e)中的颜色惯例。要为所有的告警通告器和指示器使用统一的措辞、位置、颜色和其他共用属性(如图形编码)。

b. 驾驶舱内显示的关于告警状态的信息必须能提高飞行机组判定告警（§25.1322(a)(1)(i)）和确定适当行动(如有时)的能力（§25.1322(a)(1)(ii)）。

c. 告警系统传递的信息应当把飞行机组引向正确的检查单程序，便于其采取适当行动。有些驾驶舱告警系统在展示一项告警时，能自动显示正确的检查单程序或概要图。有些告警不显示相关的检查单程序，因为正确的飞行机组行动已经纳入培训或基本飞行技术(如断开自动驾驶和时间紧迫警告)。飞机或系统的合格审定试验大纲应当核查所有情况，确认告警是否为飞行机组提供了或将其引向了正确的程序。

d. 若可以显示多份检查单时(如与多项告警相关的多份检查单)，飞行机组应当能够很容易就为每一项告警迅速选定适当的检查单和行动。例如飞行机组必须能根据其首先需要做的就很容易找出最优先的检查单，而确定适当行动(如有时)（§25.1322(a)(1)(ii)）。

3.11　颜色标准化

颜色标准化的目标是，通过使飞行机组能够迅速区分各种告警类别，保持目视告警的有效性。

a. 目视告警指示必须符合下列颜色惯例（§25.1322(e)）：

（1）警告告警指示用红色。

（2）戒备告警指示用琥珀色或黄色。

（3）提示告警指示用红色或绿色以外的任何颜色。

注　绿色通常用于指示"正常"状态，所以对于提示告警这不是一种适当的颜色。提示告警是用于指示"非正常"状态的。

b. 应当采用独立的醒目颜色来区分戒备和提示告警，不用醒目颜色来区分戒

备和提示告警时,就必须使用其他专用编码技术来满足§25.1322(a)(2)的通用要求,使飞行机组能够很容易迅速察觉戒备与提示告警之间的差异。

　　c. 显示主警告目视告警的颜色必须与相关警告告警所用的颜色相同,而显示主戒备目视告警的颜色必须与相关戒备告警所用的颜色相同(§25.1322(e)(1))。

　　d. 红色、琥珀色和黄色的使用必须统一(§25.1322(e)(1)),包括用于驾驶舱的推进、飞行、导航和其他显示与指示之间的告警颜色的统一性。

　　e. 对于不能符合§25.1322(e)(2)规定颜色惯例的单色显示器,应当使用显示编码技术(如形状、尺寸和位置)使飞行机组能够在警告、戒备和提示告警之间做清楚区分。该项要求类似于彩色显示器使用选定的颜色编码,使飞行机组能够在警告、戒备和提示告警之间很容易进行区分(§25.1322(e))。这类编码技术还必须满足§25.1322(a)(2)的通用告警要求,使飞行机组能够在所有可预期运行条件下都很容易迅速察觉并理解各项告警,包括提供多重告警的情况。一般不提倡在驾驶舱内广泛使用单色显示器为飞行机组告警,除非演示验证了其有提高安全性的好处,例如用作为一种主飞行显示器的平视显示器(HUD)。

　　f. §25.1322(f)规定,必须限制在驾驶舱内将红色、琥珀色和黄色用于非飞行机组告警的其他功能,即使使用了也不得对飞行机组告警产生不利影响。为保持飞行机组告警的有效性,必须统一对红色、琥珀色和黄色的使用以及标准化。不要使飞行机组对告警的色码含义和重要性变得迟钝是十分重要的,否则会延长飞行机组的处理时间,增加其工作负荷,从而也增加了飞行机组分辨不清和差错的潜在可能性。

　　g. 对于将红色、琥珀色和黄色用于非飞行机组告警功能的方案,要验证是因为运行需要使用这些颜色来提供安全相关的须知信息。可接受将红色、琥珀色或黄色用于非告警功能的例子有:

- 气象雷达显示(用于应当避开的恶劣/危害性天气条件区域);
- TAWS地形显示(用于与当前高度相关的局部地形)。

3.12　尽量降低虚警和有碍性告警的影响

　　设计告警功能或系统时,应当尽最大努力避免虚警和有碍性告警,同时在需要时向飞行机组提供可靠的告警。有碍性告警和虚警的作用会分散飞行机组的注意力,增加其潜在差错,并加重其工作负荷。§25.1322(d)规定,告警功能的设计要把虚警和有碍性告警的影响降至最低程度。特别是,飞行机组告警系统的设计必须能:

　　a. 防止在不适当或不需要时出现告警。

　　b. 提供装置来抑制因告警系统失效导致的影响飞行机组安全操纵飞机能力的告警中吸引注意部分。该装置不得易于为飞行机组可用以防无意间或习惯性反射动作使其工作。

c. 不要求持续指示某项告警时,许可对其每次发出的警告和戒备告警的吸引注意信号进行确认并随后抑制(§25.1322(c))。向前伸手按压开关灯,通常是一种抑制音响告警、频闪主警告或戒备灯中吸引注意部分的可接受方法。

d. 在条件不再存在时即退出告警展示(§25.1322(a)(3))。

e. 拉掉断路器并非是飞行机组抑制虚警的一种主要可接受方法。

3.13　为获飞行机组告警系统批准表明符合性

a. 鉴于所提出的告警功能或系统的复杂性、综合程度和具体特征的差异,各个项目之间的合格审定评定也会有所不同。我们建议制订一项计划来确认如何表明对于规章的符合性和用文件记录在合格审定大纲的整个生命周期中如何判定、跟踪和解决争议问题。我们还建议要在研制过程的早期让局方参与讨论任何驾驶舱设计和告警准则方案以及应当向飞行机组发出告警的状态的可接受性。为此,通常都要采用合格审定计划。关于人为因素和驾驶员界面问题,除本 AC 指导材料外,还需遵循 ANM-99-2 号备忘录的 FAA 政策(PS-ANM111-1999-99-2):针对运输类飞机驾驶舱合格审定中关于人因问题的合格审定计划评审指导,1999 年 9 月 29 日;以及 ANM-01-03A 号备忘录的 FAA 政策:对申请人提出的驾驶舱合格审定人因符合方法进行评审时的考虑因素。

b. 遵循本 AC 指导来符合规章时,用文件记录相对本 AC 的任何偏离,并为告警系统设计所使用的新颖或非常规特征的决策提供相关理由。这样做可以使 FAA 集中关注系统方案中偏离本 AC 和具有新颖或异常特征的领域,方便合格审定的评定工作。

c. 根据合格审定计划为告警系统提供一次评定。此时的评定是由申请人进行的告警系统评估,然后由其向 FAA 提交结果报告。这类评定不同于试验,因为此时的告警系统样件不必符合其最终文档,局方也不一定到场。由申请人实施的评定可以促使得到一项符合性的确认,但是就其本身并不构成一项完整的符合性表明。

(1) 这类评定应当包括预定功能的可接受性能评估,含有人-机界面以及告警系统失效过程推演的可接受性,这类过程推演应当反映系统在运行中的预期应用。评定时应当包括的具体方面有:

(a) 目视、音响和触知/触觉等方面告警。

(b) 从人/机组合,包括工作负荷、飞行机组的潜在差错和分辨不清等方面评定满足预定功能的有效性。

(c) 正常和应急的禁止与抑制逻辑,以及相关操纵器件的可达性。

(d) 与其他系统的适当组合,包括设置标签。为此可能要对每一具体告警进行试验,并核查已提供有适当程序。

（e）在§25.1309规定的各种失效模式下工作的可接受性。

（f）与其他显示器和操纵器件的兼容性，包括多重警告。

（g）确保该告警系统本身不发出有碍性告警或与其他系统相干扰。

（h）对特定飞行阶段（如起飞和着陆）和特定飞机形态（如非正常襟翼和起落架）的抑制告警。

（2）对于性能和完整性的各方面确认通常要通过下列方法的组合予以完成：

- 分析；
- 试验室试验；
- 模拟；
- 飞行试验。

（3）在相应的整个飞行和机动阶段，以及有代表性的环境和运行条件下对各项告警进行隔离的和组合的评定。告警功能作为一个整体，需要在代表性的驾驶舱环境下进行评定。可以用有代表性的模拟器进行一些人为因素和工作负荷的研究评定，模拟器的等级和保真度应当与所寻求的合格审定相称。该模拟器应当代表驾驶舱的构型并通过局方确认。可以在试验室、模拟器或真实飞机上进行各项告警的评估，但是某些告警系统要素可能必须在真实飞机上得到确认，其时相关的评定应当由具有不同背景和专长的代表性驾驶员样本来进行。

（4）评定时还要在预期的各种照明等级下核查所用颜色的色度（红色看起来就是红色，琥珀色看起来就是琥珀色）和可分辨性（颜色可以互相区分），这类评定也可用于核查单色显示器所用的图形编码的可分辨性。但是这样的评定会受到所用具体显示技术的影响，因此有时候还需要用代表性生产硬件作最终评定。

3.14　飞行机组告警系统要素纳入已有机队

a. 概述。

（1）本节材料就如何改装申请人的已有飞机，使之符合§25.1322而又不致对其当前的飞行机组告警系统做重大更改提供了一些建议。

（2）对已有飞机的系统更新应当与原来飞机的飞行机组告警准则相协调。但是因受到系统输入、飞机与要增加系统之间的技术兼容性或经济方面考虑的限制，现有告警系统不一定方便与增加的系统和相关告警相组合。

（a）不提倡在飞行机组告警系统里纳入一项新增加的主目视功能。若在现有主目视功能里增加一些系统和相关告警不可行时，可以另外安装一个主目视功能，前提是它不能因为需要辨别和响应某项告警而延长飞行机组的响应时间。

（b）有可能时，应当在现有飞行机组告警系统里再组合一些新的告警。若这类告警不能组合时，也可以增加一些单项通告器或一个补充告警显示系统。

（c）不需要把所有与失效旗标相关的告警都组合进中央告警系统，但是那些要

求飞行机组立即知道的告警需要满足 §25.1322(c)(2)的吸引注意要求和
§25.1322的其他要求。因此,可以不一定启动主目视告警或主音响告警,但是伴随
吸引注意的目视失效旗标仍必须有吸引注意的音响或触觉指示,以满足 §25.1322
(c)(2)的吸引注意要求,即对于警告和戒备告警至少要有通过两种不同感知的吸引
注意信号。

b. 目视告警。

按本 AC 第 3.5 节和第 3.6 节的指导,确定所增加的系统特征是否会要求作动
飞机的主目视告警。

c. 音响告警。

(1) 按本 AC 指导,确定增加的系统是否会要求作动某项音响告警。

(2) 新的音响告警应当与现有的音响告警系统和功能相组合,如不可能时,可
以另装一个音响告警系统,但是要为已有的音响告警和新装的音响告警之间制订优
先级方案,使得每一项告警都能辨别而且都能够在相应于其告警状态的时间框架内
起作用。为此,可能必须演示验证任何可能的同时告警组合。在新的和现有的告警
相互融入以后,再依据本 AC 的指导来确定对这些告警的排序。

d. 触觉告警。

(1) 按本 AC 指导,确定增加的系统是否会要求作动某项触觉告警。

(2) 可能时,把新的触觉告警与已有的音响告警系统相组合,如不可能时,可以
另装一个触觉告警系统,但是要包括下列要素:

(a) 应当为现有的触觉告警和新装的触觉告警之间制订优先级方案,使得每一
项告警都能辨别而且都能够在相应于其告警状态的时间框架内起作用。在新的和
现有的告警相互融入以后,再依据本 AC 指导来确定对这些告警的排序。

(b) 提供一种手段确保每一单项告警是可理解的并能起作用。为此,可能必须
演示验证任何可能的同时告警组合。

3.15 用于平视显示器(HUD)的告警

a. 就告警而言,HUD 具有一些值得进行特定考虑的目视特性。首先,大多数
HUD 都是单色(单色光)显示器,不能用诸如红色、琥珀色和黄色等不同的颜色来表
示其告警信息的重要性。其次,HUD 位于驾驶员的前方视界,与仪表板分开,聚焦
于光学无穷大点。其结果是,驾驶员在观察 HUD 时就看不到仪表板上的许多目视
指示,往往就不可能及时察觉显示在仪表板上的目视告警。因此。即使没想把
HUD 归入戒备和警告综合系统的类别,也需要它们来显示某些告警,比如时间紧迫
警告,而使它们起到了主飞行显示器(PFD)的作用。不要求单色的 HUD 用红色和
琥珀色来表示警告和戒备告警的重要性,但是确实需要提供与目前下视显示器
(HDD)PFD 相等效的告警功能性(如吸引注意、可清晰理解、无混淆)(§25.1322

(e))。

b. 由 HUD 展示的告警功能,不应当因遮蔽飞行机组通过 HUD 的外部视界而对飞行机组使用 HUD 造成不利影响。

c. 由 HDD PFD 显示的时间紧迫警告也需要在 HUD 上展示,以确保驾驶员能够等效及时地知道和做响应(如 ACAS Ⅱ、风切变和近地警告通告)(§25.1301(a))。否则由于 HUD 与下视界的物理分离和调节上的差异(就是焦距),会阻碍驾驶员及时知道在下视显示器上显示的目视告警。

d. 驾驶员在使用 HUD 时,若不能看到主告警指示或没有引起注意时,HUD 需要显示告警为驾驶员提供及时的戒备状态、警告状态或两者的通告。

e. §25.1322(e)要求在单色显示器上显示的目视告警指示使用编码技术,使得飞行机组能够对警告、戒备和提示告警做出清楚明了的区分。鉴于单色 HUD 不能用颜色对这三种告警信息进行区分,所以必须使用其他的目视显示特征(编码技术),诸如形状、位置、纹理,加上适当使用频闪、外围框、亮度和尺寸之类吸引注意特性。FAA 报告 DOT/FAA/RD-81/38,Ⅱ,1981,航空器告警系统标准化研究,第Ⅱ卷,航空器告警系统设计指南,强调了展示戒备和警告告警之间的区分特征的重要性。使用这类目视显示特征时,应当在该驾驶舱的全套显示器内保持统一性,使其预定含义得到明白无误的传递。例如时间紧迫警告可能会以醒目的方式显示于 HUD 的特定中央位置,而不太临界的告警(如需要时)则会以不同的方式予以显示。

f. 对于彩色 HUD,其警告和戒备告警的显示应当与 HDD PFD 的相一致。

g. 操纵飞机的和监控飞机的驾驶员应当考虑对于 HUD 的使用,以保证及时知道某些告警的状态,特别是因为视界因素的需要。

(1) 对于安装单个 HUD 的情况,当操纵飞机的驾驶员在使用 HUD 时,另一名驾驶员就应当负责监控没有在 HUD 上显示的下视仪表和各告警系统的系统失效、模式和功能。

(2) 对于安装双 HUD 的情况,当两个 HUD 都在使用时,就需要较大程度依赖主告警指示,由其把每一名驾驶员的注意力引向非 HUD 告警。如果主告警指示不能为每一名在使用 HUD 的驾驶员提供足够注意时,则每一个 HUD 应当提供通告,把驾驶员注意力引向 HDD。应当触发 HUD 主告警显示的信息类型为由 HDD 发出的还没有在 HUD 上重复的任何戒备或警告。

附录 3. A　把目视系统要素纳入告警系统举例

本附录包括的详细指导材料和例子,汇集了 FAA 关于已有的和酝酿中的告警系统符合§25.1322 方面的经验,可在告警系统中的目视系统要素设计及其符合方法方面为申请人提供帮助。这些指导材料和例子对于具体合格审定大纲的适用程度,则会根据所展示的告警类型和有关告警系统的综合水平而有所不同。告警系统的目视要素通常包括一个主目视告警、目视告警信息和时间紧迫警告目视信息。

3.A.1　主目视

a. 位置。

用于警告(主警告)和戒备(主戒备)的主目视告警应当位于每一名驾驶员的主视界内。本 AC 附录 3.E 有关于驾驶员主视界的定义。

b. 发出/持续时间/取消。

(1) 主目视告警应当：

(a) 在与告警状态和预期响应相适应的时间框架内发出。

(b) 同时发出其相关的主音响告警或独特音调以及其相关的目视告警信息。在发出主目视告警和其相关的主音响告警或独特音调以及其目视告警信息之间的任何延迟，不得引起飞行机组分散注意或分辨不清。

(c) 同时在每一名驾驶员的工作位置发出(警告，戒备)。

(2) 在被飞行机组手动取消或当告警条件不再存在而自动取消之前，主目视告警应当保持接通。

(3) 主目视告警被取消后，其告警机制应当自动复位以备通告嗣后的任何故障情况。

c. 吸引注意的目视特性。

除颜色外，还可以使用稳态的或频闪的主目视告警，只要所用的方法能够提供有用的吸引注意特性。采用频闪时，所有的主目视告警均应当同步以避免任何不必要的分心。AC 25-11A，驾驶舱电子显示器，为使用闪烁告警提供了补充指导。

d. 亮度。

(1) 主目视告警的亮度应当足以在所有环境照明条件下吸引飞行机组的注意。

(2) 不应当提供手动调光，除非其最低设定能够在所有环境照明条件下飞行时保持足够的吸引注意品质。

e. 显示器和指示器的尺寸和字符大小。

(1) 设计所有的字符类型、大小、字体和显示背景时，应当使得告警在每一驾驶员工作位置都能看清易懂，这些要素应当提供适当的吸引注意特性。

(2) 我们建议告警至少对向 1°的目视角。

f. 颜色。

(1) 主目视告警必须遵循标准颜色惯例(§25.1322(e))：

● 警告用红色；

● 戒备用琥珀色或黄色。

(2) 非警告或戒备的主目视告警状态(如空中交通管制(ATC)的数据链告警)必须满足§25.1322(f)的要求并遵循本 AC 的指导，我们建议使用除红色、琥珀色或黄色以外的颜色。

g. 试验功能。

为符合§25.1309的安全性要求,要包括有关主目视告警的可操作性测试/核查的规定。

3.A.2　目视信息

a. 显示器的数目和位置。

(1) 确定提供警告、戒备和提示告警的显示器数目时,应当考虑驾驶舱内的人机工程、运行和可靠性准则,以及任何物理间距约束的综合因素。

(2) 目视告警信息应当放在两名驾驶员都能够立即判定告警状态的位置。

(3) 所有与主目视告警链接的警告和戒备目视信息,均应当分组置于一个专用显示区域,也可为每一名驾驶员各指定一个区域。提示告警应当展示在与警告和戒备信息的相同显示区域,其目的是为信息显示提供一个直觉的不变位置。

b. 格式和内容。

(1) 要为目视信息采用统一的格式和内容准则,以清晰指示告警的含义和状态。相关文字消息的格式和内容的目标,是引导飞行机组到正确的检查单程序,并且尽量降低飞行机组差错的风险。

(2) 告警准则应当规定目视信息的格式和内容,使用包括下列三项要素的统一格式和内容:

● 告警总标题(例如:HYD、FUEL);

● 具体分系统或位置(如 L-R、1-2);

● 状态性质(如 FAIL、HOT、LOW)。

(3) 对于任何给定消息,全部文字均应当放入一页里的可用空间以内,以鼓励消息简明。可以采用增行,只要告警消息可以理解。

(4) 若告警展示在一个有限的显示区域内,可使用溢出指示,以告诉飞行机组还有其他告警可以调出查看。要用指示来表明存储器内储存的告警数目和紧急等级。

(5) 可以用"集合器消息"解决显示空间不足、多重告警状态排序、告警信息超载以及显示无序等问题。当用于多重故障情况的程序或行动与用于被集合的单项消息的程序或行动不相同时,要使用集合器消息。例如丧失单套液压系统的非正常程序与丧失两套液压系统的非正常程序是不同的。应当抑制要"被集合"(如丧失每一单套液压系统)的消息,这样飞行机组就会只对有关丧失一套以上液压系统的正确的非正常程序做出响应。

(6) 字母数字的字体厚度和大小,应当足以使在与屏幕保持正常观察距离处就座的飞行机组能够辨读。

注1　依据1998年2月的国防信息系统局第 DOD-CM-400-18-05 号文件,国防部国防基础信息用户界面规范第12-1页,可接受1/200观察距离的最小字高(如对于36 in 的观察距离,屏幕上的字高要求为0.18 in)。

注2　可接受 Arial 和 sans serif 字体用作目视告警文字。要求达到可接受辨

读性的数字和字母大小则取决于所用的显示技术。笔画宽度在字高的 10％ 至 15％，对文字显示具最佳辨认效果。下伸字母和上伸字母的伸出部分应当约为字母高的 40％。

注 3 可以用不同的字体来区分新的和之前收到的目视告警信息。

c. 颜色。

展示目视告警信息必须使用下列标准颜色惯例（§ 25.1322(e)）：

● 警告告警用红色；

● 戒备告警用琥珀色或黄色；

● 提示告警用红色、琥珀色、黄色或绿色以外的任何颜色。

（1）必须用红色指示要求飞行机组立即知道并立即采取行动或做出决定的非正常运行或非正常飞机系统状况。

（2）必须用琥珀色或黄色指示要求飞行机组立即知道并（与警告告警相比）不太紧急的随后响应的非正常运行或非正常飞机系统状况。

（3）提示可使用红色或绿色以外的任何颜色来指示要求飞行机组知道并可能要求在随后响应的非正常运行或非正常系统状况。

注 必须限制将红色、琥珀色或黄色用于与戒备和警告告警功能无关的情况，以防减弱实际警告和戒备的吸引注意特性（§ 25.1322(f)）。

d. 亮度。

（1）目视告警信息的亮度，应当足以使两名驾驶员在所有环境照明条件下均能够很快判定告警的状况。

（2）目视告警信息显示器的亮度可以跟随驾驶舱内部环境照明条件的变化自动调节，还可提供由驾驶员调节显示器亮度的手动超控器件。

3.A.3 时间紧迫警告目视信息

a. 位置。

时间紧迫警告目视信息应当显示在每一名驾驶员的主视界内。本 AC 的附录 5 有关于驾驶员主视界的定义。

注 由于驾驶员会经常扫视主飞行显示器（PFD），因此 PFD 被用作是显示时间紧迫警告告警的实际可行首选显示器。时间紧迫信息纳入 PFD 要取决于警告的确切性质。例如可以把 PFD 上的一个专门位置同时用作为吸引注意功能和目视信息显示，专门显示诸如"WINDSHEAR（风切变）"、"SINK RATE（下沉速率）"、"PULL UP（拉起）"、"TERRAIN AHEAD（前方地形）"和"CLIMB, CLIMB（爬升，爬升）"一类的告警。此外，还可包括机载告警和防撞系统（ACAS）Ⅱ地形决策提示的目标俯仰姿态图形显示。

b. 格式。

（1）相应的目视和音响告警信息（格式）应当统一。

（2）时间紧迫警告目视信息可以以文字消息展示（如"WINDSHEAR（风切变）"）。某些时间紧迫警告信息，包括导引，可以图形展示（如用图形展示 ACAS Ⅱ 决策提示）。

（3）用于时间紧迫警告信息的文字消息和图形必须为红色（§25.1322(e)(1)(i)）。用单色显示器显示时间紧迫警告时，必须使用其他图形编码方法（§25.1322(e)）。

（4）采取纠正措施使告警条件不再存在后（如已经截获下沉速率、飞机已经爬升到地形以上等）信息必须消除（§25.1322(a)(3)）。

c. 尺寸。

要立即吸引飞行机组的注意并改变其用于响应非时间紧迫警告的习惯模式，我们建议把时间紧迫警告显示对向至少 2 平方度的目视角。

3.A.4　失效旗标

失效旗标指示所显示参数或其数据源的失效。失效旗标通常只与单仪表显示器相关，显示失效旗标的颜色与显示飞行机组告警所用的颜色相同。对于综合式驾驶舱环境，采用与告警系统一致的颜色显示仪表失效旗标，作为告警功能的一部分是合适的（见本 AC 正文 3.5b 小节）。

附录3.B　把音响系统要素纳入告警系统举例

3.B.1　概述

a. 本附录包括的详细指导材料和例子，汇集了 FAA 关于现有的和酝酿中的告警系统应当符合相关规章方面的经验，可在告警系统的符合方法、要求和详细设计方面为申请人提供帮助。这些指导材料和例子对于具体合格审定大纲的适用程度，则会根据告警展示的类型和有关告警系统的综合水平而有所不同。告警系统的音响要素包括：

● 独特音调，包括主音响告警；
● 特别的语音信息（呼叫）。

b. 每一种声音应当在一项以上尺度方面（频率、调制、顺序、强度）与其他声音有所差异，使得每一种都很容易与其他声音相区别。

3.B.2　主音响告警和独特音调

a. 频率。

（1）音响信号采用 200～4 500 Hz 之间的频率。

（2）可以接受至少由两种不同频率组成的音响信号，或只用一种频率但包含不同特性（间隔）的音响信号。

（3）为尽量减少被掩蔽,要使用不同于环境背景主流噪声的频率。

b. 强度。

（1）音响告警必须使飞行机组在最恶劣的(环境噪声)飞行条件下也能听清,而且无论飞行机组是否戴了耳机(考虑其噪声衰减和消噪特性)(§25.1322(a)(2))。但是音响告警也不应当过响、过分突兀,以致干扰飞行机组采取必要行动。

（2）任何调节(手动或自动)能达到的最小音量,应当足以保证若驾驶舱噪声级在此后增大时,仍然能被飞行机组听清。

（3）我们建议用音量自动控制以保持一个可接受的信噪比。

c. 声音的数目。

（1）要根据飞行机组从每一告警和音调易于获取信息的能力,来限定不同主音响告警和独特音调的数目。尽管不同研究产生的答案不同,但通常这类研究的结论都是独特音调的数目应当少于 10 个。

（2）为主警告和主戒备告警各提供一个独特音调。

（3）我们不推荐将主音响告警用于提示,因为提示告警无需飞行机组立即注意。

d. 发出/持续时间。

（1）主音响告警或独特音调应当在与告警状态和预期响应相适应的时间框架内发出。在发出主音响告警或独特音调和其相关的目视告警之间的任何延迟,不得引起飞行机组分散注意或分辨不清。

（2）我们建议采用渐增渐消方式发出和退出任何音响告警或独特音调,以免飞行机组感到突兀。

（a）20～30 ms 的发出和退出持续时间是可接受的。

（b）高于环境噪声级 20～30 dB 的发出等级是可接受的。

（3）若为主音响告警或独特音调提供的声源超过一个时,应当在每一驾驶员的工作位置为同一状态同时发出主音响告警或独特音调。任何时间差异不得引起分散注意也不得干扰对于音响告警或独特音调的判定。

（4）主音响告警和独特音调的信号持续时间,应当根据告警的紧急等级和期望响应的类型而有所变化。

（5）关于时间紧迫警告和戒备的独特音调,在告警条件不再存在之前应当不断重复并且不可取消(如失速警告),只要其不干扰飞行机组响应此告警状态的能力。

（6）关于警告和戒备的独特音调,若需要不断告知飞行机组该状态仍然存在时,则应当不断重复并且不可取消以支持其采取纠正措施。必须遵循§25.1303(c)(1)和§25.729(e)所列的音响警告要求。

（7）关于警告和戒备的独特音调,若飞行机组不需要由音响连续指示该状态仍然存在(如火警铃或自动驾驶非正常断开),但又要求对告警状态进行可靠确认时,则应当不断重复但可以由飞行机组取消。

（8）关于警告和戒备的独特音调，若飞行机组不需要由音响连续指示该状态仍然存在，则不应当重复。

（9）对于与警告和戒备无关的独特音调（如某些提示、高度告警或选择呼叫(SELCAL)），其持续时间应当受到限制。

（10）主音响警告和戒备，若需要不断告知飞行机组该状态仍然存在时，则应当不断重复并且不可取消以支持飞行机组采取纠正措施（§25.729(e)(2)）。必须遵循§25.729(e)的音响警告要求。

（11）主音响警告和戒备应当不断重复，直至飞行机组确认警告状态或警告条件不再存在。

e. 取消。

（1）对于戒备告警，若飞行机组不需要由音响连续指示该状态仍然存在时，则其主音响告警和独特音调应当持续通过其一次展示而后自动取消。

（2）若有任何音调用于提示告警时，其应当在一次展示后自动取消。

（3）要为被取消音响告警（如与起落架超控有关的音响告警）提供再活化手段。

（4）被静音后的音响告警应当自动恢复预位，但若在驾驶员前方视界内有清晰无误的通告告知该音响告警已被静音，则可接受手动恢复预位。

3.B.3　语音信息

对于时间紧迫警告，使用语音信息来指示需要飞行机组立即知道的某特定状态，而无需再参照驾驶舱内其他指示。但仍要求有一个辅助吸引注意的感觉提示，如目视提示（§25.1322(c)(2)）。其他需要使用语音信息的理由还有：

a. 限制独特音调的数目。

b. 把目视工作负荷转移到听觉通道。

c. 加强对于非正常状态的判定，有效补充目视指示又不取代其用途。

d. 在语音消息比其他方法更可取时，用其为飞行机组提供信息。

e. 不管驾驶员的眼睛注视何方，都要保证让飞行机组知道某项告警。

f. 语音特性。

（1）总则。

（a）语音应当明确可辨易于理解。

（b）语音应当包括相应于其告警类别的吸引注意品质，如下述的语调。

（2）语调　可以用语调来指示一种紧急感，但是我们并不建议使用警报式的音调来表示紧张或恐慌。这种音调可能被不同文化的飞行机组作出不当的解释。根据告警的状态，可用提示性和命令式语调促进纠正措施，但消息本身内容应当是充分的。

（3）语音强度。

（a）语音音响告警必须使飞行机组在最恶劣的（环境噪声）飞行条件下也能听清,而且无论飞行机组是否戴了耳机（考虑耳机的噪声衰减特性）（§25.1322（a）（2））。但是语音音响告警也不应当过响、过分突兀,以致干扰飞行机组采取必要行动。任何语音音响告警的调节（手动或自动）（若提供时）所能达到的最小音量,应当足以保证若驾驶舱噪声级在此后增大时,仍然能被飞行机组听清。

（b）我们建议用音量自动控制以保持一个可接受的信噪比。

g. 发出和持续时间。

（1）语音信息应当：

（a）在与告警状态和预期响应相适应的时间框架内发出。

（b）同时发出与其相关的目视告警信息。在发出语音信息和其相关的目视告警之间的任何延迟,不得引起飞行机组分散注意或分辨不清。

（c）若为同一状态提供了一个以上的语音信息源时,应当在每一名驾驶员的工作位置同时发出,不致影响对该信息的理解。

（2）关于时间紧迫警告的语音信息,在告警条件不再存在之前应当持续不断（如地形警告）,在该时间内,语音信息应当不断重复并且不可取消。

（3）关于时间紧迫警告和戒备的语音信息,若会干扰飞行机组响应此告警状态的能力时,则不应当重复（如风切变警告,或 ACAS Ⅱ 决策提示）。

（4）关于警告的语音信息,若需要不断告知飞行机组该状态仍然存在时,则应当不断重复并且不可取消以支持飞行机组采取纠正措施。

（5）关于警告的语音信息,若飞行机组不需要由音响连续指示该状态仍然存在（如座舱高度警告或自动驾驶断开）,则应当不断重复但可以取消。

（6）语音告警被取消后,其告警机制应当复位以备通告嗣后的任何故障情况。

（7）关于戒备告警的语音告警,其相应的语音信息应当：

（a）或是限制其持续时间（如 ACAS Ⅱ 交通提示或风切变戒备）,或是

（b）持续到被飞行机组手动取消或戒备状态不再存在。

h. 语音信息内容。

（1）其内容应当考虑到飞行机组理解英文语言的能力。

（2）可能时,语音信息应当与展示在目视信息显示器上的字母数字文本消息完全吻合。若不可能时,语音信息与字母数字消息应当至少传递相同的内容,使其易于为驾驶员所理解且对其做出适当响应。

（3）对于时间紧迫警告,语音信息的内容和用词必须直接引导出（本能）纠正措施（§25.1322（a）（2））。为此,它应当确认触发该项告警的状态,对某些情况,可能还需要提供指导或说明信息。

（4）对于警告和戒备告警,语音信息的内容必须提供触发该项告警的状态特性指示（§25.1322（a）（2））。语音信息应当是简练的说明。

（5）语音内容应当与其任何相关的目视信息显示相一致（例如,语音："Pull up

（拉起）"；在主飞行显示器（PFD）上的目视信息："Pull up"）。

（6）使用一个以上词汇的语音信息结构，应当使得有一个或更多字丢失时，该信息也不致被误解（如要避免使用"don't"作为语音消息开头）。

（7）语音信息的设计要使得飞行机组能够容易区分各个消息所说的词汇，以免混淆。

附录3.C 条例

下列相关文件仅提供作为信息参考，不必在本 AC 直接引用。可按以下网址：http://www.gpoaccess.gov/nara 下载 14 CFR 的全文。可按下列地址向政府印刷办文件负责人订购纸质副本：ATTN：New Orders, P. O. Box 371954, Pittsbuegh PA 15250 - 7954。

表 3 - C - 1　部分 14CFR 条款

14CFR 条款	主　题
§ 25.205(d)	设备要求：依据 IFR 的飞机
§ 25.207	失速警告
§ 25.221(a)	空中交通告警和防撞系统
§ 25.253(a)(2)	高速特性
§ 25.672(a)	增稳系统及自动或动力操作系统
§ 25.679(a)	操纵系统突风锁
§ 25.703	起飞警告系统
§ 25.729(e)	收放机构
§ 25.783(e)	机身舱门
§ 25.812(f)(2)	应急照明
§ 25.819(c)	下层服务舱
§ 25.841(b)(6)	增压舱
§ 25.854(a)	厕所防火
§ 25.857(b)(3)，(c)(1)，(e)(2)	货舱等级
§ 25.859(e)(3)	燃烧加温器防火
§ 25.863(c)	易燃液防火
§ 25.1019(a)(5)	滑油滤网或油滤
§ 25.1165(g)	发动机点火系统
§ 25.1203(b)(2)，(b)(3)，(f)(1)	火警探测器系统
§ 25.1303(c)(1)	飞行和导航仪表
§ 25.1305(a)(1)，(a)(5)，(c)(7)	动力装置仪表
§ 25.1309(a)，(b)，(c)，(d)(4)	设备、系统及安装

(续表)

14CFR 条款	主 题
§ 25.1322	飞行机组告警
§ 25.1326	空速管加温指示系统②
§ 25.1329	飞行导引系统
§ 25.1331(a)(3)	使用能源的仪表
§ 25.1353(c)(6)(ii)	电气设备与安装
§ 25.1419(c)	防冰
§ 25.1517	颠簸气流速度 V_{RA}
§ 25.1549	动力装置与辅助动力装置仪表
25 部 附录 I, I25.6	起飞推力自动控制系统(ATTCS)动力装置仪表安装
§ 33.71(b)(6)	润滑系统
§ 91.219	高度告警系统或装置:涡轮喷气驱动民用飞机
§ 91.221	空中交通告警和防撞系统设备和使用
§ 91.223	地形提示和警告系统
§ 91.603	音响速度警告装置
91 部附录 A, § A91.2(b)(1)	必要仪表设备
91 部附录 G, § G91.2(c)(3)	在降低最小垂直间隔(reduced vertical separation minimum, RVSM)空域中运行——航空器批准
91 部附录 G, § G91.2(c)(6)	仪表设备批准
§ 121.221(c)(1)(d)(1)(f)(2)	防火措施
§ 121.289	起落架:音响警告装置
§ 121.307(k)	发动机仪表
§ 121.308(a)	厕所防火
§ 121.319(b)	机组成员内话系统
§ 121.354	地形提示与警告系统
§ 121.356(b)	交通告警与防撞系统
§ 121.358	低空风切变系统设备要求
§ 121.360(a)€(f)	近地警告——下滑道偏离告警系统
§ 125.187	起落架:音响警告装置
§ 135.150(b)(7)	公共寻址与机组成员内话系统
§ 135.153(a)	近地警告系统
§ 135.154	地形提示与警告系统
§ 135.163(d)	设备要求:依据 IFR 载客航空器
§ 135.180(a)	交通告警与防撞系统
135 部附录 A, § A135.1	10 名及其以上旅客飞机的补充适航标准

附录 3.D 相关文件

3.D.1 FAA 报告

可按如下地址订购下列报告的纸质副本:"the National Technical Information Service, 5285 Port Royal Road, Springfield, VA 22161"。

a. 报告 DOT/FAA/RD-81/38,Ⅱ,"航空器告警系统标准化研究,第Ⅱ卷,航空器告警系统设计指南"。

b. 报告 DOT/FAA/CT-96/1,GAMA 第 10 号报告,"23 部驾驶舱设计推荐指南"(2000 年 9 月),第 4 节,定义,主视界。

3.D.2 AC

可按如下网址:http://rgl.faa.gov 下载下列 AC 的电子副本,也可按如下地址订购纸质副本:"the U. S. Department of Transportation,Subsequent Distribution Office, M-30,Ardmore East Business Center,3341 Q 75th Avenue,Landover,MD 20795"

表 3-D-1　部分 AC 文件

编　号	标　题
AC 20-69	航空器故障指示器的显明性
AC 20-88A	航空器动力装置仪表(显示器)标记指南
AC 25-7A,更改 1	运输类飞机合格审定飞行试验指南
AC 25-11A	驾驶舱电子显示器
AC 25-23	25 部飞机的地形提示和警告系统(TAWS)安装批准适航性准则
AC 25.703-1	起飞形态警告系统
AC 25.783-1A	机身舱门与舱盖
AC 25.1309-1A	系统设计与分析
AC 25.1329-1B	飞行导引系统的批准
AC 25.1523-1	最小飞行机组

3.D.3 欧洲航空安全局(EASA)文件

可按如下 EASA 网址:http://www.EASA.europa.eu.查找下列文件的副本。

表 3-D-2　部分 EASA 的文件

编　号	标　题
AMC 25-11	电子显示系统
AMC 25.1302	飞行机组使用的安装系统设备
AMC 25.1309	系统设计与分析
AMC 25.1322	告警系统

3.D.4　U.K.民用航空局文件

Patterson，R. D."安装于民用航空器的音响警告系统指南"，民用航空局文件82017号，民用航空局颁发于伦敦，1982年。

3.D.5　其他相关文件

a. Abbott，K.；Slotte，S. M. 和 Stimson，D. K. 联邦航空局人为因素小组报告：飞行机组与现代驾驶舱系统之间的接口，1996年6月18日。地址：Federal Aviation Administration，Aircraft Certification Service，Transport Airplane Directorate，1601 Lind Avenue，SW，Renton，WA 98057 - 3356。网址：http://www. faa. gov/education_research/training/aqp/library/media/interface. pdf。

b. DOD - CM - 400 - 18 - 05，公共国防信息机构国防部用户接口规范，国防信息系统部门颁发，1998年2月。电邮：cio-pubs@disa. mil。国防信息系统部门的网址仅限于政府部门和军方管辖部门访问者。

c. Edworthy，J. 和 Adams. A. 警告设计：研究展望，伦敦：Taylor 和 Francis，1996。地址：Mortimer House，37 - 41 Mortimer Street，London，W1T 3JH。网址：http://www. taylorandfrancis. com。

d. Kuchar，J. K."告警系统性能评定方法"指导、控制与动态期刊第19期，第438—444页(1996)。地址：AIAA，1801 Alexander Bell Drive，Suite 500，Reston，VA 20191。网址：http://www. aiaa. org/content.

e. Parasuraman，R. 和 Riley，V."人和自动化：应用、误用、弃用、滥用"，人为因素：人为因素和人机工程协会期刊，1997年6月第39期第2号，第230 - 253页。地址：Human Factors and Ergonomics Society，PO Box 1369，Santa Monica，CA 90406 - 1369。网址：http://hfes. publisher. ingentaconnect. com/.

f. SAE ARP 4033，驾驶员 - 系统综合，1995年8月1日。地址：SAE International，400 Commonwealth Drive，Warrendale，PA 15096。网址：http://www. sae. org. g. Satchell，P. 驾驶舱监控和告警系统，发布于 Aldershot，England：Ashgate，1993年。地址：Summit House，170 Finchley Road，London NW3 6BP，England。网址：http://www. ashgate. com。

附录3.E　定义

编写相关定义旨在支持本 AC 的内容及其相关规章。其他条例可能对于诸如"警告"一类术语的使用方式会不同于下列定义，但是本部分的出发点还是想要促进这类术语的标准化。

表 3-E-1　相关术语及其定义

术　语	定　义
提示	对于一些要求飞行机组知道并可能要求其嗣后响应的状态,发出告警的等级或类别
告警	通用术语,用来描述旨在引起飞行机组注意并告知他们非正常的运行或飞机系统状况的驾驶舱指示。告警按警告、戒备和提示进行分级或分类。告警指示也包括非正常的范围标记(例如:超出仪表和量表的指示)
告警抑制	应用特定逻辑制止告警的展示。告警可以由告警系统自动抑制或由飞行机组手动抑制
告警消息	由文本组成的目视告警,通常展示于驾驶舱显示器。注:音响告警消息被称为"语音信息"
告警功能	就非正常的运行或飞机系统的状态向飞行机组提供告警的飞机功能,包括警告、戒备和提示信息
告警准则	在驾驶舱内实施告警功能的原理、指导和规则,通常要考虑: (1) 实施告警的理由 (2) 对给定状态所要求的告警等级 (3) 每一具体告警的特性 (4) 多重告警的组合
吸引注意提示	设计用于吸引飞行机组注意的感觉信号(视觉、听觉、或触知/触觉),旨在使其立即知道出现了告警状态
戒备	对于一些要求飞行机组立即知道并以低于警告告警的紧急程度嗣后做出响应的状态,发出告警的等级或类别
集合器消息	一种告警消息,用于取代两项或多项无共同原因或共同影响的同类告警消息,例如当一个以上的登机门、货舱门或服务门同时打开时,就会显示"DOORS"的告警集合器消息
通信消息	以各种进入通信、主要数据链状态作为其引发条件的一种消息类型。通常这类消息不属于飞行机组告警,也不指示某种非正常系统或运行的状况
(1) 紧急通信	要求飞行机组立即知道和立即响应的通信消息。 注:目前尚无被定义为要求飞行机组立即响应的通信消息。
(2) 重要通信	要求飞行机组立即知道并嗣后做出响应的进入通信消息。
(3) 不重要通信	要求飞行机组知道并于将来响应的进入通信消息。
虚警	因告警系统(包括传感器)失效而引起的不正确或虚假的告警。
失效	影响元组件、零部件或组部件的工作使其不能再发挥预定功能的某种情况,包括丧失功能和故障。
失效旗标	一种指示所显示参数有问题的局部目视信号。
频闪	短时闪烁(约 10 s)或闪烁直至接收到的信号。
飞行机组响应	针对某种告警展示完成的工作,诸如一个动作、决策、排序或查找更多信息资料。
主音响告警	用于按具体告警紧急等级(如警告或戒备)吸引飞行机组注意的全机性音响指示。
主目视告警	用于按具体告警紧急等级(如警告或戒备)吸引飞行机组注意的全机性目视指示。
正常情况	正常航班运行通常会经历到的任何无故障情况,一般都在日常大气和环境条件下运行,恰如其分地保持在飞机飞行包线以内。

（续表）

术　语	定　　义
有碍性告警	由某系统按设计实施其功能而引起的,但是对于具体情况却是不适当或不需要的告警。
主视界	主视界系根据与设计眼睛参考点相对应的最佳垂直和水平视界确定,只包容眼睛转动可达的范围。下面的说明和图 A5-1 提供了如何将主视界应用于下视显示器的一个例子。 在水平面以下 15°画一条法向视线,其上下(相对飞机向前的法向视线)的最佳值为±15°,而最大为向上+40°和向下-20°。 对于水平视界(相对飞机向前的法向视线)的最佳值为±15°,而最大为±35°。

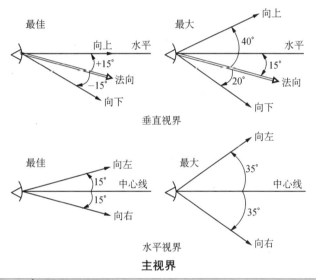

主视界

状态	用目视指示认定的但是无须告警也无须飞行机组响应的一种具体飞机系统情况,这类消息有时用于确定飞机的后续航班遣派能力
触知/触觉信息	通过实际接触、力的反馈或震动触发的一种指示方法(如振杆器)
时间紧迫警告	警告的一种分类,为保持飞机眼前安全运行的最紧急警告等级。时间紧迫警告的例子有: ● 预兆性的和反应性的风切变警告 ● 地形提示警告(TAWS) ● 机载空中防撞系统(ACAS)Ⅱ决策提示 ● 超速警告和 ● 低能警告
伞形消息	一种告警消息,用于替代两项或多项具有共因的告警消息。如用单发停车消息替代本来要显示的关于发电机、发电机驱动、液压泵和引气等多重消息。它与集合器消息不同,后者用于取代两项或多项无共同原因或共同影响的同类告警消息
独特音调(独特声音)	专门用于特定告警的音响指示(如火警铃声和超速)

（续表）

术　语	定　义
目视告警信息	依靠告警状态的准确性质，向飞行机组展示数据信息的一种目视指示，它也为提示级告警提供状态感知
语音信息	用讲话词语告知飞行机组特定状态性质的一种方法
警告	相应于要求飞行机组立即知道并立即响应状态的告警等级或类别

＊本文译自 FAA 咨询通告（AC）25.1322 - 1。

第 4 章　AC 25.1302 – 1　飞行机组使用的安装系统和设备

本咨询通告(AC)为飞行机组使用的运输机上装机设备提供设计与符合方法指导。本 AC 提供的指导旨在尽量减少与设计相关的飞行机组差错的发生,并且在一旦发生差错时使飞行机组能够对其进行检测与处理。本 AC 为操控器件、显示器、系统行为以及系统综合的设计与评定提供了建议,上述各方面都是人为因素考虑的问题。

4.1　AC 25.1302 作为一种可接受符合方法

4.1.1　本 AC 的目的

本咨询通告(AC)叙述了一种可接受方法,用于表明对于联邦法典第 14 集(14 CFR)25 部若干要求的符合性。本 AC 特别针对了供飞行机组成员在驾驶舱正常座位上所用装机设备的设计和批准的问题,同时也为各种操控器件、显示器、系统行为以及系统综合的设计与评定提供了建议,并为差错处理提供了设计指导。

4.1.2　适用性

a. 本文件中提供的指导针对飞机制造厂商、改装商、外国监管机构、联邦航空局(FAA)运输机型号合格审定工程师、人为因素专家、飞行试验驾驶员、飞行试验工程师及其委任人员。

b. 本 AC 中的指导既非强制性也非规章性的,并且也不构成要求。你可以遵循 FAA 批准的其他设计建议。诸如"必须"一类的强制性词语,仅适用于完全按本 AC 中规定的方法来表明对特定规章符合性的场合。

c. 虽然这些指南不是强制性的,但它们源自 FAA 和工业界在确定对于相关条例符合性方面的丰富经验。另一方面,如果我们认识到在某些情况下按此 AC 不见得能得到符合适用条例的结果时,我们不会拘泥于本 AC 的教条,我们可能会要求补充验证资料或进行设计更改作为判定符合性的基础。

d. 对已有规章要求而言,本材料并不构成更改、任何补充、批准更改或偏离许可。

4.1.3 本 AC 的构成

a. 本 AC 意在与欧洲航空安全局(EASA)可接受符合方法(AMC) CS 25.1302 相协调。

b. 4.3"范围和假设",叙述了相关的设备、飞行机组能力假设和例外。

c. 4.4"制订合格审定计划",叙述了制订合格审定计划的工作以及申请人与 FAA 之间的交流联系。

d. 4.5"设计考虑和指导",列出了在人为因素相关设计方面,申请人为表明符合 § 25.1302 和其他相关规章而应当解决的一些问题。如果在本文中引用了对于某个特定规章的符合性,那么申请人必须解决该引用规章的符合性问题。

e. 4.6"符合方法",叙述了一般的符合方法及其应用。

4.2 背景

4.2.1 人为差错

a. 人为差错一般定性为在某种情况下被认为是对正确状态的偏离,特别是在事故、事件或其他利害关系事件的事后分析时。以下是可能的人为差错的一些类型:不合适的动作、与预期程序的差异、错误的决断、不正确的键击或某种疏漏。许多其他情势也会表现为我们所说的"人为差错"。

b. 鉴于飞行机组在评估不断变化中的条件和情势、分析潜在行动以及做出合理决断等方面的能力,其为航空运输系统的安全性所作出的积极贡献毋庸置疑。但是即便是训练有素、具备资格、身体健康、机警灵活的飞行机组成员,差错也在所难免。某些差错可能受飞行机组用来操纵飞机的系统及其与飞行机组的接口设计的影响,哪怕是一些精心的设计。这类差错多数不会对安全产生重大影响,或者可被检测出来和/或在一些事件的正常过程中得到缓解;然而,事故分析表明,在涉及运输类飞机的大部分事故中,飞行机组的行为和差错仍然是占主要的因素。

c. 事故往往是由一系列差错或与安全有关事件的组合所引起,分析表明驾驶舱与其他系统的设计可能会影响到飞行机组任务的执行致使飞行机组发生某些差错并产生影响。

4.2.2 以往通过设计减少人为差错的做法

a. 若干现行条例的要求,意在通过规定驾驶舱及其设备的设计要具备某些能力和特性来提高航空安全性。对于涉及设计相关飞行机组差错的驾驶舱系统的批准,一般已可通过引用系统专用的或普遍适用的要求予以解决,诸如 § 25.1301(a)、§ 25.771(a)和 § 25.1523。然而,至今很少或几乎没有指导材料来为申请人指明如何解决潜在的飞行机组限制以及与设计相关差错的问题,这就是制定 §25.1302 和本指导材料的出发点。

b. 在表明对于涉及人员能力和限制的设计要求的符合性时,往往会需要做出判定,确认的结论则可能视系统设计的新颖性、复杂性或综合程度而异。FAA 认为,在此处阐明一种有条理的途径来选择与制订可接受的符合方法,这样的指导将有助于使合格审定的做法标准化。

4.3　范围和假设

4.3.1　§25.1302 与其他要求的关系

本 AC 为表明对于 §25.1302 以及与飞行机组操纵飞机使用的所有装机设备有关的若干其他要求的符合性提供了指导。表 4 – 3 – 1 包含了一份由本 AC 提供指导的、关于驾驶舱设计和飞行机组接口要求的清单。

表 4 – 3 – 1　本 AC 相关的要求

25 部要求	主　题	本 AC 中相关材料
§25.771(a)	驾驶舱——过分专注或疲劳	● 飞行机组差错处理,4.5.7 节 ● 综合,4.5.8 节 ● 操控器件,4.5.4 节 ● 系统行为,4.5.6 节
§25.771(c)	驾驶舱——从任一驾驶座上可以操控设备	● 操控器件,4.5.4 节 ● 综合,4.5.8 节
§25.773	驾驶舱视界	● 综合,4.5.8 节
§25.777(a)	驾驶舱操控器件——驾驶舱操控器件的布置	● 操控器件,4.5.4 节 ● 综合,4.5.8 节
§25.777(b)	驾驶舱操控器件——驾驶舱操控器件的运动方向	● 操控器件,4.5.4 节 ● 综合,4.5.8 节
§25.777(c)	驾驶舱操控器件——操控器件无阻挡地做全行程运动	● 操控器件,4.5.4 节 ● 综合,4.5.8 节
§25.1301(a)	设备功能和安装——安装系统的预定功能	● 飞行机组差错处理,4.5.7 节 ● 综合,4.5.8 节 ● 操控器件,4.5.4 节 ● 信息显示,4.5.5 节 ● 系统行为,4.5.6 节
§25.1302	飞行机组使用的安装系统和设备——飞行机组差错	● 飞行机组差错处理,4.5.7 节 ● 综合,4.5.8 节 ● 操控器件,4.5.4 节 ● 信息显示,4.5.5 节 ● 系统行为,4.5.6 节

（续表）

25 部要求	主　题	本 AC 中相关材料
§ 25.1303	飞行和导航仪表	● 综合,4.5.8 节
§ 25.1309(a)	设备、系统及安装——规定设备在可预期运行条件下的预定功能	● 操控器件,4.5.4 节 ● 综合,4.5.8 节
§ 25.1309(c)	● 提供不安全工作的警告并使机组能够采取纠正措施 ● 系统设计应尽量减少可能增加危险的飞行机组差错	● 信息显示,4.5.5 节 ● 飞行机组差错处理,4.5.7 节
§ 25.1321	仪表布局和可视性	● 综合,4.5.8 节
§ 25.1322	飞行机组告警	● 综合,4.5.8 节
§ 25.1329	飞行导引系统——自动驾驶仪、飞行指引仪、和自动推力	● 系统行为,4.5.6 节
§ 25.1523	最小飞行机组	● 操控器件,4.5.4 节 ● 综合,4.5.8 节
§ 25.1543(b)	仪表标记——可视性	● 信息显示,4.5.5 节
§ 25.1549	动力装置和辅助动力装置仪表	● 飞行机组差错处理,4.5.7 节
§ 25.1555 (a)	操控器件标记	● 操控器件,4.5.4 节
25 部附录 D	确定最小飞行机组的准则	● 综合,4.5.8 节

4.3.2　涉及的设备

a. 本材料适用于在正常和非正常两种情况下操纵飞机时,飞行机组在驾驶舱使用的所有装机系统和设备的飞行机组接口与系统行为。它适用于 25 部型号合格证(TC)和补充型号合格证(STC)项目范围内的那些飞机和设备的设计考虑。它不适用于飞行机组培训、资格鉴定或许可证书的要求。同样,它也不适用于各类飞行机组的程序,除非 25 部中有要求。

b. 本材料不涉及飞行机组在正常和非正常情况下操纵飞机执勤时间之外所使用的系统或设备。例如不涉及飞机运行的地面操作行动就不适用,如预定由维修人员或不操纵飞机的飞行机组使用的某些断路器或维修操控器件的使用。

4.3.3　飞行机组能力

在表明对于本 AC 所引用要求的符合性时,申请人可假定飞行机组已通过使用该装机设备的培训和查验并取得资格。这一符合性系指某飞行机组因满足运输类飞机的营运规章要求而被允许驾驶该飞机。

4.3.4　例外

在切实可行的范围内,装机设备必须纳入使飞行机组能处理飞行机组与该设备相互作用所导致的差错的手段,依据 §25.1302,这些差错在服役中是可合理预期的。如 §25.1302(d) 中所引用的,本 AC 不适用于以下情况:

(1) 人工操纵飞机时,因技能导致的差错;

(2) 因恶意决策、行动或遗漏导致的差错;

(3) 因飞行机组成员严重漠视安全性的轻率决策、行动或遗漏所导致的差错;以及

(4) 因暴力威胁行动导致的差错,包括受胁迫采取的行动。

4.3.5　对其他要求的补充指导

§25.1302 是一项对驾驶舱系统和设备而言普遍适用要求,25 部中另有适用于特定设备和系统的其他要求。若其他 AC 为这类特定设备和系统所提供的指导与本文提供的指导不一致时,应以该特定指导材料为准。本 AC 的附录 4.A 列出了所引用的其他相关条例性材料和文件。

4.4　制订合格审定计划

4.4.1　概述

a. 本章阐述了在使用本 AC 提供的符合方法来确认符合性时,申请人所需要做的工作、申请人与 FAA 航空器合格审定办公室(ACO)之间的交流联系以及相关的文件。有关依据 14 CFR 25 部颁发型号合格证的程序要求可查自 14 CFR 21 部。

b. 在申请与设计阶段让 FAA ACO 尽早介入会给申请人带来巨大好处,因为这样可以就设计相关的潜在人为因素问题及时达成一致,并因此可降低申请人在可能被认为不符合的设计特征上投资的风险。

c. 在开发一项新产品或者驾驶舱新系统或新功能期间,通常可能会在提交正式合格审定数据资料以表明对于要求的符合性之前,先做一些工作。申请人可以选择只是在信息资料层面上,与 FAA 讨论或请其参与这类工作。

d. 作为制订合格审定计划过程的组成部分,当 FAA 同意把某项人为因素问题的专项评定、分析或评估可作为演示验证表明设计符合要求的一个部分时,该部分评定、分析或评估就具有了"合格审定的意义"。

e. 图 4 - 4 - 1 表示了为设计相关人的行为问题制订合格审定计划的方法途径。

4.4.2　驾驶舱合格审定大纲的范围

a. 申请人必须表明:这类系统(飞行机组使用的安装系统和设备)以及那些推

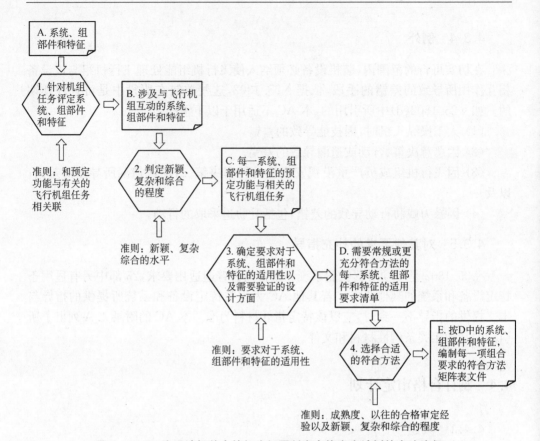

图 4 - 4 - 1　为设计相关人的行为问题制定合格审定计划的方法途径

荐的设备,它们的设计将使得合格飞行机组成员能够以单独使用和结合使用其他此类系统和设备的形式,安全实施与该装机系统和设备预定功能相关的所有任务。合格飞行机组是经过适用系统和设备使用培训与查验的机组(见 4.3.3 节)。申请人应当分析和考虑与飞行机组互动相关的驾驶舱操控器件、信息以及系统行为。申请人应当分析并把系统、组部件和特征的预定功能与飞行机组的任务联系起来,该项分析的目标是要增进了解:推荐的各种系统、组部件和特征将会如何影响飞行机组的任务。本 AC 的 4.5.2 节提供了有关飞行机组互动、功能和任务方面的指导。

　　b. 设计特征的综合性、复杂性和新颖性的程度都可能影响到合格审定大纲,在以下各段对其作了讨论。申请人要从综合性、复杂性和新颖性的程度着手考虑,就应当在合格审定过程中需要进行特别详细审查的那些驾驶舱操控器件、信息、和系统行为的范围与 FAA 达成一致。新颖特征的影响会与其复杂性及其与驾驶舱其他元组件的综合程度有关。对一个新颖但简单的特征所要求的审查详细程度,多半要比既新颖又复杂的特征更低。

　　(1) 综合性　在本文件中,术语"系统综合性水平"指影响飞行机组操纵飞机的各系统之间相互作用或互相依存的程度。申请人应当说明系统的这种综合情况,因为它可能影响符合方法。当"综合性"这个词用于 4.5.8 节时,它解释了具体系统是如何与驾驶舱其他系统和设备相结合的,以及耦合的数量和复杂性又可能如何影响着符合方法。

(2) 复杂性　从飞行机组的角度来看,系统设计的复杂性同样可能是影响符合方法的一个重要因素。复杂性有多重衡量尺度,飞行机组必须使用的信息元素的数量(如在某个显示器上的信息条数)可以是一种复杂性。从飞行机组的角度来看,系统综合水平也可以是该系统复杂性的另外一个度量。操控器件的设计也可能是复杂的,例如具有多重操作模式的旋钮。4.5.1 节至 4.5.6 节涉及了复杂性的若干方面。

(3) 新颖性　申请人应当根据以下因素判定设计新颖性的程度:

(a) 是否为既定的或新的驾驶舱设计引入了以新颖方式操作的新技术? 这些技术包括软件和硬件两方面。

(b) 是否因引入新技术而需要不同的或补充的操作程序?

(c) 设计是否为飞行机组与采用传统或创新技术的系统引入了新的互动方式?

(d) 设计是否为现有系统引入了改变飞行机组任务或职责的新用途?

c. 基于上述准则,申请人应当将设计特征按其综合性、复杂性和新颖性进行分类。被划为较新颖的特征,在合格审定时通常需要额外详细的审查,而被认为是不那么新颖的特征也仍然应当表明对于 § 25.1302 要求的符合性。

4.4.3　适用要求

a. 申请人应当为每一系统、组部件和特征判定适用的设计要求。判定一些会对飞行机组行为产生不利影响的设计特性以及有关避免和处理飞行机组差错的设计特性,可以是完成此项工作的一个部分。

b. 4.5 节讨论了涉及人的行为要求的具体设计考虑,这些考虑的适用性取决于 4.4.2 节所确认的综合性、新颖性和复杂性程度。

c. 该项分析的预期结果,是一份申请人在其设计中需要符合的条例要求清单,而设计特征也将根据该清单进行详细审查。这份清单将是制订一份符合性矩阵表的基础,其中要列出每项要求的符合方法草案。

4.4.4　选择合适的符合方法

a. 在判定了应当表明哪些方面来演示验证符合性之后,申请人应当参照 4.6.2 节用来指导其选择适合于设计的一种或多种符合方法。通常可以预期的是:由符合方法所体现的详细审查或严格要求的等级,会随设计的综合性、复杂性和新颖性程度的提高而提升。

b. 4.6 节列出了已在许多合格审定项目中使用过的一般符合方法,并讨论了其选择、合适的用途以及限制。申请人可以提出其他通用的符合方法,但须经 FAA

批准。

c. 一旦人的行为问题得以判定且选择并向 FAA 提出了符合方法，FAA 可能会同意，作为制订合格审定计划过程的组成部分，使某项人为因素问题的专项评定、分析或评估可以成为符合性演示验证的一个部分。当人为因素问题得到成功演示验证并满足成功准则时，就会认为设计符合了 FAA 的要求。当按标准合格审定程序将数据资料提交 FAA 并为其所接受后，合格审定的让与就可以得到承认，这些数据资料将成为申请人如何符合要求的最终记录的组成部分。

4.4.5　合格审定计划

a. 申请人应当把前面各节所述的合格审定过程、产生和收集的结果数据资料以及各类协议形成文件，可以用一个单独计划或纳入一个较高层次的合格审定计划来完成。

b. 以下是这类文件可能包含的内容概要：

(1) 新的飞机、系统、操控器件、信息或特征的确认。

(2) 判定需评定的设计特征及其是否是新的或异常的。

(3) 说明新特征的综合性或复杂性。

(4) 受新特征影响的飞行机组任务或引入的任何新任务的清单。

(5) 任何飞行机组程序变动。

(6) 依据 §25.1 必须符合的具体要求。

(7) 用来表明符合性的方法（一种或多种）。

(8) 这些数据资料将如何提供给 FAA 合格审定办公室。

(9) 预定功能的描述。

c. 见附录 4.A 中包含的相关政策。

4.5　设计考虑和指导

4.5.1　概述

a. 申请人应当首先完成以下步骤：

(1) 判定条例要求对新设计系统、组部件和特征的适用性。

(2) 用 4.4.2b 小节的初始几个过程步骤，评估其综合性、复杂性和新颖性的程度。

b. 完成上述两个步骤后，按本章内容判定须要证明设计的哪些方面符合 25 部。经判定的每一方面都必须引用（须要满足的）具体的规章。

c. 为符合 25 部的要求，驾驶舱系统的设计必须恰如其分地考虑具前瞻性的飞行机组能力和限制问题。系统和设备的设计必须使得通过其使用培训和查验的合格飞行机组成员(见 4.3.3 节),能够安全实施与该系统和设备预定功能相关的所有任务。

d. 本章每一节都讨论了申请人必须或应当表明哪些方面才可确认对于适用合格审定要求和指南的符合性。符合性与工业界"最佳工作法"不是一回事,本文介绍的指导材料是对于 25 部的符合性指南。25 部设计要求与培训、许可证书、资格鉴定以及运行程序的要求是必要的和互补的。制定§25.1302 和本 AC 的意图就是为了把这些互补的要求联系起来。

e. 如第 2 章和第 3 章中所述,飞行机组差错是事故的一种起因。为了从设计方面入手来避免与处理飞行机组的差错,§25.1302 提供了条例依据,而本 AC 则提供了有关这类方法和设计的指导。

f. §25.1302 规定了一些设计特性,其被认为是要减少或避免与飞行机组能力与限制相关的飞行机组差错。§25.1302(a)—(d)的要求,旨在通过确保为飞行机组提供其执行与装机设备预定功能有关的任务所需要的信息和操控器件来减少设计引起的此类差错,当然是要以可用的方式来提供的,并且不会过度影响其他规定的任务。

(1) §25.1302(a)要求安装驾驶舱操控器件以完成安全实施设备预定功能需要的所有任务,同时必须向飞行机组提供完成规定任务所必需的信息。

(2) §25.1302(b)要求供飞行机组使用的驾驶舱操控器件和信息以与任务相应的分辨率和精度,以清晰明了的方式提供。驾驶舱操控器件和信息必须使飞行机组能够以符合其任务的紧迫性、频繁性和持久性的方式进行访问和使用(如包括所有照明条件和所有飞行阶段),并且如为安全运行所必须时,能够使飞行机组知道其行动对飞机或系统所产生的效果。

(3) 此外,系统的操作相关行为必须是可理解、可预期、明白无误,并且是支持飞行机组任务的。即§25.1302(c)要求安装设备的操作后状况是可以预期且明白无误的,而且从设计上可让飞行机组以适合任务的方式对其实施干预。本章提供了有关避免设计引起飞行机组差错的指导。

(4) 最后,§25.1302(d)要求安装设备必须尽可能纳入手段使飞行机组能够处理其在服役中与设备之间可合理预期的各种相互作用所导致的差错。由于飞行机组差错在所难免,哪怕是由训练有素、精通熟练的飞行机组来操纵精心设计的系统也不可避免,所以系统和设备设计必须支持对这类差错的处理以避免不安全后果。4.5.7 节提供了相关指导。

4.5.2　对§25.1302 指导材料的适用性

a. 25 部包含的驾驶舱设备设计要求,有针对特定系统的(§25.777,§25.1321,§25.1329,§25.1543 等),有通用性的(如§25.1301(a),§25.1309(c),§25.771(a)),还有关于确定最小飞行机组的(如§25.1523 和 25 部附录 D)。

§25.1302 通过对避免与处理飞行机组差错相关的设计特征补充更为明确的要求，强化了普遍适用的 25 部要求。还有一些避免与处理飞行机组差错的其他做法也纳入了 14 CFR 条例，其规定了管理飞行机组成员的许可证书和资格鉴定以及飞机运行的要求。上述互补的要求加在一起，提供了恰当程度的安全性和合格审定水平。

b. 上述避免与处理飞行机组差错的互补做法是重要的，因为它承认设备设计、培训、通过许可证书的资格鉴定，以及制订正确的操作和程序等每一方面，都对避免风险或使其最小化提供了安全性贡献，但是在它们之间需要作适当综合平衡。以往有一些设计特性已经知道可能引起飞行机组差错，但还是被接受了，其理由是培训或程序可以降低这方面的风险。现在我们认识到这种做法往往是不恰当的。反过来，要求设备设计总能提供完全的风险规避或缓解也是不合适的，因为这种做法在某些情况下也许是行不通的，甚至可能产生新的风险。

c. 25 部设计要求与培训、通过许可证书的资格鉴定以及制订正确的操作和程序的要求是必要的和互补的。制定 §25.1302 和本 AC 的意图就是把这些互补的要求相互联系起来。

(1) §25.1302 引言　§25.1302 的引言句声明，本条规定适用于预期供飞行机组在驾驶舱正常座位上操纵飞机所单独使用和结合其它此类设备一起使用的每一项装机设备。这类设备的设计必须使得通过其使用培训的合格飞行机组成员，能够安全实施与该设备预定功能相关的所有任务。与预定的一项或多项功能相关的任务，包括操作该设备所需要的所有任务，如将飞行计划数据输入飞行管理系统(FMS)，以及该设备预定功能为其提供支持的任务；如用于最小和临界速度的"指示游标(indicator bugs)"以支持飞行机组的空速管理。

(a) "预期供飞行机组成员在正常座位上操纵飞机所使用"，意指装机设备的预定功能包括了飞行机组在操纵飞机时对其的使用。提供信息使飞行机组可以导航的显示器就是这类装机设备的一个例子。词组"飞行机组成员"的含义要包括按符合 §25.1523 所确定的最小飞行机组的任一或全体组成人员。词组"在正常座位上"指飞行机组成员在操纵飞机时是坐在其正常执勤工作位置上的。注意，本文件的表 3* 中引用了 §25.777(c) 以强调操控器件是由系紧安全带和肩带（如果装有）的飞行机组操作的。

(b) §25.1302 引言中的短语"以单独（使用）和结合（使用）其他此类设备的形式"意指在为任何具体设备表明对于本项规章要求的符合性时，必须考虑其与其他装机设备一起的使用情况，包括飞行操控器件在内，而不是简单地孤立开来。本项规章要求必须在该设备与其他设备一起安装到驾驶舱后得到满足，装机设备不得妨碍其他设备满足这些要求。作为一个例子，申请人设计的某个显示器所提供的特定符号，不得与显示在其他装机设备上的同样或类似符号互相矛盾或发生冲突。

---

* 原文如此，但本文件中并未出现"表 3"——译注。

（c）本条规定假设使用该装机设备的是一个按 14 CFR 运行要求规定经培训的有资格飞行机组，它同时假设供飞行机组成员使用的装机系统和设备的设计，应当使得飞行机组能够安全实施与装机设备预定功能相关的所有任务。如果申请人想要在培训大纲被接受之前得到型号设计或补充型号设计的批准，那么申请人应当把可能会影响培训时间或飞行机组程序的任何新颖、复杂或高度综合的设计特征以及在设计期间做出的各种假设形成文件。在撰写要求和相关材料时，要认为这些设计特征和假设条件或者培训大纲的资料（已成草案或在编制中），在判定设计的充分性时是要与相应营运批准机构进行协调的。

（d）申请人应当按照 AC 120 − 53A*"飞行标准委员会评定的使用实施指南"规定的 FAA 飞行标准委员会（FSB）流程，启动飞行机组资格鉴定标准（最低限度培训、查验以及经过时间）草案编制，这项行动应当与其型号合格证或补充型号合格证的申请工作相协调。

（e）关于设备设计要使飞行机组能够安全实施与该设备预定功能相关所有任务的要求，同时适用于正常与非正常情况。预定在非正常情况下实施的任务，通常都是那些由非正常程序和飞行机组应急程序规定的任务。短语"安全实施……所有任务"意在表述本项规章的一个安全性目标，其要求是设备的设计要使得飞行机组能够以足够准确与及时的方式实施所有任务，而不会过度干扰其他的规定任务。短语"与该系统设备预定功能相关的所有任务"意在突出这些任务或者是使用设备所需要的，或者是要由设备预定功能提供支持的。

（2）§ 25.1302（a）要求申请人为 § 25.1302 第一段所列的任何驾驶舱设备安装合适的操控器件并提供必需的信息，操控器件和信息的显示器必须足以使飞行机组能安全完成其所有任务。为表明符合性，按 4.5.3 c 小节所述，申请人应当列出与每一项装机设备相关的任务，并且表明为该设备提供的操控器件以及为该设备运行提供的信息足以使得飞行机组成员能够实施所列出的任务。

（3）§ 25.1302（b）从保证飞行机组能够完成其所有任务出发，对依据符合 § 25.1302（a）确定的驾驶舱操控器件和信息规定了必要和恰当的要求，§ 25.1302（b）意在确保操控器件和信息装置的设计，能够使其对于飞行机组是可用的。该款想通过对驾驶舱的信息显示和操控器件规定设计要求，来减少设计引起的飞行机组差错，条例的（1）至（3）项规定了这些设计要求。规定信息和操控器件设计要求的必要性在于：

（a）能在飞行机组制定其任务计划和决策时给予适当支持；

（b）使飞行机组在执行计划内行动和决策时，有合适的、有效的方法；并且

（c）向飞行机组提供有关其行动对飞机所产生效果的合适反馈信息。

（4）§ 25.1302（b）（1）规定，要以与任务相应的分辨率和精度，以清晰明了的方

---

* 该咨询通告的最新有效版本是 2013.11.5 的"AC 120 − 53B"——译注。

式提供操控器件和信息。在应用于信息时,"清晰明了"的定义如下:

(a) 信息能被正确领会(是清楚的)。

(b) 信息能从设备预定功能相关的飞行机组所有任务角度被理解,使得飞行机组能够执行所有相关的任务。

(c) 对于操控器件,以"清晰明了的方式"呈现的要求所表示的意思是飞行机组必须能够通过利用操控器件诸如形状、颜色和/或位置之类的独特性来正确与可靠地对它们进行识别,这类独特性是在§25.777,§25.779,§25.781,§25.1543和§25.1555中规定的。

(d) §25.1302(b)(1)还要求,提供或操作信息或操控器件时的清晰度和精度水平,应当适应于所要完成的任务。若操控器件的分辨率或精度不足,则飞行机组不能圆满完成任务。反之,若信息具有过高的分辨率,则可能使任务因不易读数而难以完成。操控器件的分辨率过高,可能意味着任务要求的精度比其实际需要的更高。

(5) §25.1302(b)(2)要求,操控器件和信息能够使飞行机组以符合其任务的紧迫性、频繁性和持久性的方式进行访问和使用。例如比较频繁或紧迫使用的操控器件必须迅即可达,或者要求较少的步骤或动作就可完成任务。可达性较差的操控器件对于不常使用或非紧迫使用的情况也许是可接受的。操控器件还必须满足§25.777(a)和(b)关于方便的操作位置和防止误操作的要求。

(6) §25.1302(b)(3)规定,设备要显示告知飞行机组其行动对飞机或系统所产生效果的信息,如安全运行取决于机组对这些效果的知晓情况时。这使他们能够检测并纠正自己的差错。纳入本项规定,是因为新技术会产生新型飞行机组接口,使先前的要求不能涵盖。现对原来的一些其他要求在处理人为因素问题上的具体不足之处叙述如下。

(a) §25.771(a)的这方面规定只是针对操控器件的,没有包括信息显示的准则。

(b) §25.777(a)针对操控器件(仅)涉及其位置布置要提供操作方便并且要防止混淆和误操作。

(c) §25.777(b)和§25.779规定了操控器件的运动方向和效果,但没有包括诸如光标装置这样的新型操控器件,其要求也没有涵盖例如可以通过使用菜单纳入显示器从而影响其可达性的此类操作接口。

(d) §25.1523和25部附录D具有不同的视角和目的(确定最小飞行机组),所以它们没有能以足够通用的方式来提出这些要求。

(7) §25.1302(c)规定,安装设备的设计要使其与飞行机组任务相关的操作后状况必须是:

(a) 可以预期且明白无误的,而且

(b) 从设计上可让飞行机组以适合任务及预定功能的方式对其实施干预。

　　（c）涉及复杂综合的信息与操控系统的改进后驾驶舱技术，固然具有提高了的安全性和性能，然而有时也例证了确保飞行机组与这类系统之间进行适当交流的需求。服役经验表明，某些设备尤其是自动系统的行为可能是复杂的或者依赖于飞行机组不能很好理解或预期的逻辑状态或模式转换，这样的设计特性会使飞行机组困惑并且已被确认会促使事件和事故的发生。

　　（d）短语"操作相关行为"是指系统的操作逻辑、操控器件的布局和功能，以及显示的信息在飞行机组对系统工作的感觉和知晓上的综合效果。正是这个综合因素影响着飞行机组对系统的操作。短语"操作相关行为"在飞行机组感觉到的系统行为与飞行机组操作的系统功能逻辑之间是有区分的。特定的功能逻辑通常对飞行机组而言是透明的。例如在某个软件操作的操控系统中，飞行机组需要知道如何使用该系统及其限制，但并不需要知道用来使系统工作的计算机实际程序。

　　（8）§25.1302（c）（1）规定，系统的行为要使有资格的飞行机组能够知道系统在做什么和为何这样做，要求操作相关的系统行为是"可以预期且明白无误"的。这表示，飞行机组能够对于他们的行动或事态的改变意味着什么方面掌握着足够的信息，使得他们知道系统在可预见的环境下将会去做什么。这个"可以预期且明白无误"的行为使飞行机组能安全地操作系统了。

　　（a）系统的行为必须如§25.1302（c）（1）规定的那样可以预期且明白无误，因为飞行机组对飞机的行动取决于操控器件的当前状态或运行环境。§25.1302（b）（3）也要求飞行机组知晓。在某些情况下，同样的行动可能对飞机性能和/或飞行品质带来不同的影响。例如自动驾驶对不同模式选择或预位的响应可能会取决于哪一个是当前有效的模式。在这种情况下，自动驾驶的设计必须避免可能的飞行机组选择结果上的含糊不清（§25.1302（b）（1））。

　　（9）§25.1302（c）（2）规定，设计要使得飞行机组能够以适合任务的方式来确定需要、选择以及采取适当行动，或者更改或变换对系统的输入，并且监控系统和飞机对此行动的响应。例如为适当响应一个新的空中交通管制（ATC）避让高度，飞行机组需要有关主动飞行导引和飞行管理模式方面的信息，在当前飞机和系统状态下有哪些手段可用来符合新的ATC要求，如何选择这类手段，以及如何确定预期的响应正在实现。

　　（10）§25.1302（d）针对哪怕是由训练有素、精通熟练的飞行机组来使用精心设计的系统也会出错的现实问题，规定设备的设计要使得飞行机组能够尽可能对这类差错进行处理。就本项规章而言，"因飞行机组与设备之间的相互作用所导致的"差错是在某种程度上可归因于或关系到操控器件设计、设备的行为或信息显示的那些差错。可能引起差错的设计或信息的例子有复杂的指示和操控器件它们之间互相不协调，或与驾驶舱的其他系统不协调。另外一个例子是程序的呈现与设备的设计不协调。因这类设计或混淆信息而引起的差错被认为是属于本项要求和本AC

范围内的。

（a）目的是为型号设计使飞行机组成员能通过下列一种或几种手段来处理差错，如在型号设计中实施的那样。就设计师使用的这些手段的每一种而言，其设计均应当纳入差错预防和处理方法从而尽可能做到：①设计使飞行机组能够检测和/或克服因其与设备之间的相互作用所导致的差错；或者②设计使这类飞行机组差错对飞机功能或能力的影响对于飞行机组而言是明显的，并且使他们能够继续安全飞行和着陆；或者③设计通过开关保险、互锁装置、确认动作或其他有效手段来避免飞行机组出错；或者④具有潜在安全后果的差错的影响应当通过将会检测和纠正这类差错的系统逻辑或系统设计的其他方面来排除。见 4.5.7 节"飞行机组差错处理"。

（b）上面列出了处理差错的不同手段。目的是为了装机设备的设计可以使得飞行机组成员能够通过一种或几种这类手段来处理差错。"尽可能"系指在设备设计所提供的一种或几种这类手段范围内实施差错处理的能力。

（c）处理差错的要求适用于有资格经培训的飞行机组在服役中可合理预期会发生的那些差错。术语"在服役中可合理预期的"意指同样或可类比设备在服役中发生过的差错，也指根据人类在使用要评估的各类操控器件、信息或系统逻辑方面的行为能力和限制的一般经验和知识，可以设想会发生的差错。

（d）§ 25.1302(d)包括了以下声明："本款不适用于人工操纵飞机时的技能相关差错"。该项声明意味着排除了在用横滚、俯仰、偏航和推力的主操控器件进行飞行航迹和姿态操纵时，因飞行机组熟练程度所导致的差错。这类问题被认为由原来的要求就可充分涵盖。通过要求设计来补偿飞行机组培训或经验上的不足，不是我们的本意。如 4.5.2 节开始时的讨论，本项规章认为至少应当符合对于预定运行的最小飞行机组的要求。

（e）本项规章无意要求对于因飞行机组非善意的决定、行为或疏忽所导致的差错进行处理。尽管我们承认"差错"的字典定义是"无意中偏离准确、正确或真实状态的某个行为、主张或信念"，然而某些人们，包括人为因素问题研究者，却把这个术语的意思局限于只包括"具有不正确结果的无意行为"。根据航空规章制订咨询委员会（ARAC）工作组的建议和 EASA CS 25.1302 的要求，FAA 希望在飞行机组差错的考虑中提议的规章也包括"具有意外后果的有意行为"。这类有意的"善意"差错的一个可能例子是：在某种情势下发生了一个有效告警，但飞行机组没有实施相关程序，因为他们认为这是一种有碍性告警而不是§ 25.1302(d)*定义的那种有效告警。表明对于§ 25.1302(d)符合性的内容请参见本 AC 的 4.5.7 节。

（f）（e）中讨论的差错是忽视某个有效告警的有意行为。在这个例子中，飞行机组之所以将一项（有效）告警误以为是有碍性告警（即其是无效的），可能是因为导致

＊ 原文此处"§ 25.1302(d)"似应改为"§ 25.1322(d)"——译注。

频繁有碍性告警的设计缺陷而引起的。这是§25.1302 意图解决的一种潜在的设计缺陷。这个特定的例子涉及有碍性告警,可能还有别的设计特性会导致飞行机组成员做出其他类型的有意差错。

(g) 本规章不包括因恶意或纯粹反意所作决策、行动或遗漏导致的差错(即意图产生不正确或不安全结果的行动);也不包括因飞行机组成员明显、故意忽视安全性所导致的差错(即轻率行为)。§25.1302 不考虑因暴力威胁行动导致的差错(如受胁迫采取的行动)。希望飞机设计师能够预测和防止这类行动是不合理的。

(h) EASA 条例 CS 25.1302 允许申请人假定飞行机组的"工作是善意的"。尽管我们提议的§25.1302(d)用更详细的列举例外取代了这个用语,然而我们的意图是相同的,并且条例效果将会协调一致。

(i) 只要求对差错进行"尽(实际)可能"处理的目的是为了兼顾经济性和操作的可行性,意味着要避免不考虑经济可行性与相称的安全性效益来强加要求,同时也意味着要考虑操作可行性的问题,诸如需要避免在设计上引入的差错处理特征会不恰当地妨碍飞行机组在正常或非正常情况下的行动或决策。作为一个例子,我们不应当要求在发动机关车装置中设置过多的保险或互锁装置,使飞行机组不能以与情势严重程度相称的方式及时可靠完成关车。

(j) 纳入§25.1302(d)是因为处理飞行机组与设备之间的相互作用所导致的、在服役中可合理预期的差错,是一个重要的安全性目标。尽管§25.1302(d)将本规章的适用范围限于那些受设计影响或与设计有关的差错,但是§25.1302(d)本身仍预期会导致有利于安全性的一些设计更改。其中的两个例子就是在某些设计中纳入"取消功能"或某种取消按钮。

4.5.3　预定功能与有关的飞行机组任务

a. §25.1301(a)规定,每项安装的设备必须"具有适合于其预定功能的类别和设计"。§25.1302 制订了各项要求以确保设计支持飞行机组成员执行与系统预定功能相关所有任务的能力。为使申请人表明对于§25.1302 的符合性,必须叙述系统的预定功能与相关的飞行机组预期任务。

b. 为符合§25.1302,申请人对预定功能的陈述必须足够具体详尽,使得 FAA 能够评定该系统是否适合于其预定功能和有关的飞行机组任务。例如用一个新的显示系统旨在"提高对情势的知晓程度"这样的陈述,是必须进一步说明的,因为有许多种显示器能以不同的方式来提高对情势的知晓程度。例子有地形提示显示器、垂直剖面显示器,甚至连主飞行显示器也是。申请人可能还需要对新颖性、复杂性或综合性程度较高的设计,提供比较详尽的描述。

c. 申请人必须描述设备的预定功能和相关任务。这类信息属于用驾驶员手册或操作手册提供的典型层次,需要阐明各种指示、操控器件以及飞行机组的程序。

必须为以下项目表明对于§25.1302的符合性：

(1) 每一项驾驶舱设备；

(2) 用于该设备的飞行机组指示和操控器件；以及

(3) 该设备的各项特征或功能。

d. 如4.4节所讨论，对各种新颖特征可能需要申请人提供更加详尽的信息来表明符合性，而之前经批准的系统与特征通常要求可少些。4.4.2节讨论了功能的新颖性达到什么程度时必须进行额外的详细审查。申请人应当通过下列问题，对预定功能和相关任务的陈述是否足够具体详尽进行评定：

(1) 每一特征和功能是否都有一定的目的？

(2) 飞行机组任务是否与所述功能相关？

(3) 根据系统提供的信息，预期飞行机组成员会做出哪些评估、决定和行动？

(4) 认为哪些其他信息会与该系统一起使用？

(5) 系统的安装或使用是否会干扰飞行机组操作驾驶舱其他系统的能力？

(6) 对设备使用的工作环境是否有任何前提条件？

(7) 有哪些关于飞行机组超出航班营运、训练或资格鉴定条例规定的品质或能力方面的前提条件？

4.5.4 操控器件

a. 在本AC中，我们把飞行机组为了操纵、配置、与管理飞机及其飞行操纵面、系统和其他设备的操作装置定义为操控器件。

(1) 操控器件可包括驾驶舱中的如下设备：

(a) 按钮；

(b) 开关；

(c) 旋钮；

(d) 键盘；

(e) 袖珍键盘；

(f) 触摸屏；以及

(g) 光标操控装置。

(2) 操控器件可包括图形用户接口，诸如提供控制功能的弹出窗口和下拉菜单。

(3) 语音作动的操控器件也在本AC的考虑之中。

b. 申请人必须表明在设计提案中按§25.777，§25.779，§25.781，§25.1543和§25.1555定义的操控器件符合§25.1302(b)。

(1) 所提出的符合方法应当足够详尽以演示验证每一功能、操控器件的操作方法以及操控器件作动结果均符合要求。必须表明操控器件如下特征：

(a) 清晰；

（b）明了；

（c）合适的分辨率和精度；

（d）可达；

（e）可用；以及；

（f）使飞行机组能够知晓，包括提供足够的反馈。

（2）对于这些要求的每一项，所提出符合方法的考虑，应当包括操控器件各自本身的以及与其他操控器件相关的下列方面操控特性：

（a）操控器件的物理位置。

（b）操控器件的物理特性（如形状、尺寸、表面纹理、移动范围、颜色）。

（c）操控器件直接作用的设备或系统。

（d）操控器件如何标示。

（e）可用的操控器件设定。

（f）每一次可能动作或设定的效果，作为操控器件初始设定或其他条件的函数。

（g）是否有其他能产生同样效果（或影响同一目标参数）的操控器件以及会发生同样情况的条件。

（h）操控器件作动反馈的位置和性质。

（3）以下讨论对符合§25.1302的操控器件设计提供了补充指导，它也提供了工业界接受的最佳做法。

c. 清晰明了地显示与操控器件有关的信息（§25.1302(b)）。

（1）可区分和可预见的操控器件。

（a）每一飞行机组成员应当能够以与任务相适应的速度和精度来确认与选择操控器件的当前功能。操控器件的功能必须显而易见，可几乎不需要熟悉过程。

（b）申请人应当评定操控器件作动的后果，以表明其对每一飞行机组成员是可预见的和明白无误的。这样的评估将包括用单一装置对多个显示器的操控评定以及飞行机组成员用各自的操控器件可达的共享显示区评定。对单个操控器件的使用也应当进行评定。

（c）例如，操控器件的区分和预见可通过以下方面的差异来实现：

①型式；②颜色；③位置；④运动；⑤效果；⑥标示。

（d）通常用颜色编码作为唯一区分特征是不充分的，这一点不仅适用于作为人机交流的图形用户接口一部分的那类操控器件，而且也适用于物理操控器件。

（2）标示——§25.1301(a)(2)，§25.1543(b)和§25.1555(a)

（a）关于操控器件的一般标记要求见§25.1555(a)。此外，有关旋钮、按钮、符号和菜单之类项目的标示指导可见AC 25-11A"驾驶舱电子显示器"*第5章（c）(2)段。§25.1302(a)和(b)要求准确和清晰地提供完成规定任务所必需的信息，还

---

* 该咨询通告的最新有效版本是2014.10.7的"AC 25-11B"，标题为"电子飞行显示器"——译注。

要求操控器件使飞行机组能够以符合其任务的紧迫性、频繁性和持久性的方式进行访问和使用。若预期供飞行机组使用,则标示在所有照明和环境条件下均应使正常座位上的飞行机组清晰可读。如果某个操控器件执行一个以上功能时,其标示应当包括所有预定功能,除非操控器件的功能是清楚明白的。用光标装置(比如轨迹球)访问的图式操控器件的标示应当包含在图形显示器上。如用菜单引导附加选择(比如子菜单)时,该菜单标示应当提供下级子菜单的合理说明。

(b) 申请人应当使用标准的和/或无歧义的缩略语、术语或图形对操控器件进行标示,其在同一功能以及整个驾驶舱范围内应当是协调一致的。国际民用航空组织(ICAO)文件 8400"缩略语和代码"(第 6 版,2004 年)提供的标准缩略语是选择标示的一个可接受的基础。

(c) 标示设计应当避免隐含功能,比如在显示器的空白区点击使某些东西显示出来。

(d) 当使用图形代替文字标示时,申请人应当表明飞行机组只须短暂面对图形即可确定操控器件的功能和用法。根据经验,证明下列有关图形的指南可获得有用的设计。

① 图形应当相似于其要代表的目标。

② 图形应当在航空上通用并为飞行机组所熟知。

③ 图形应当根据已有的制定标准,并符合常规含义。

(e) 无论如何,申请人均应表明使用图形在飞行机组任务完成速度和差错率方面至少与文字标示相当。或者,申请人应当表明,与文字标示不相当的图形对安全性或飞行机组工作负荷(如增加任务时间)没有不可接受的影响,也不会使飞行机组困惑不解。

(3) 多个操控器件的相互作用——§25.1302(a)。

(a) 如果就某项功能为飞行机组提供了多个操控器件时,§25.1302(a)规定申请人应当表明有足够信息使飞行机组知道哪个操控器件是正在起作用的。作为一个例子:当两个光标操控装置可以访问同一显示器时,机组成员需要知道哪位飞行机组成员的输入具有优先权。当两个操控器件可同时影响同一参数时,设计师应当使用戒备信号。

d. 操控器件的可达性——§25.777(a),§25.777(b)和§25.1302。

(1) 申请人必须表明,§25.1523 定义的最小飞行机组中的每一飞行机组成员都能访问和操作所有必需的操控器件。可达性是确定操控器件是否支持飞行机组所用设备预定功能的一个因素。必须表明飞行机组成员在其他飞行机组成员失能时(在正常和非正常两种情况下)须要操作的任何操控器件,对于在座位上系好肩带具有§25.777(c)规定身材的飞行机组成员,都是可见、可达并且可操作的。如果肩带是可锁定的,可以在肩带解锁的情况下表明这一点,除非在锁定情况下需要使用操控器件(如硬着陆或飞机颠倾)。

（2）§25.777(c)规定，每一驾驶舱操控器件的位置和布局要允许该操控器件可无阻挡地作全行程运动，不受驾驶舱结构或飞行机组衣着的干扰。

（3）分层次的信息，如用菜单或多重显示器的情况，不应当妨碍飞行机组判定想要的操控器件的位置。§25.1302(b)规定，给飞行机组使用的信息必须以清晰明了的方式提供、可达，并且使飞行机组知道。评定位置和可达性时需要考虑的并非仅仅该操控功能的物理方面。位置和可达性还包括如下考虑：该项操控功能可能位于多个菜单层次的哪个层次上，以及飞行机组成员如何通过这些层次的导向调出有关功能。应当在系统失效、飞行机组失能以及最低设备清单遣派的情况下表明可达性。

（4）操控器件的布置和运动方向必须根据§25.777的标准来定位。

e. 操控器件的使用。

（1）影响操控器件的环境问题——§25.1301(a)和§25.1302

（a）在飞机经批准可用包线范围内的紊流或振动以及极端的照明水平不应当妨碍飞行机组在可接受的性能与工作负荷的水平上执行其所有的任务。

（b）如果预期要用手套，那么设计上就应当按§25.1302(b)(2)和(c)(2)的要求计入用手套对操控器件尺寸和精度的影响。

（c）即使在飞机可用包线规定的不利环境条件下，操控器件的敏感性也应当能够按§25.1302(c)(2)和(d)的要求提供足够的精度（没有过于敏感）来执行任务。环境问题的分析作为一种符合方法，对于新型的或采用新技术的操控器件或者本身并非新的或新颖的但用途却是新颖的操控器件是不够充分的。对于新型的或采用新技术的操控器件或者现有操控器件新颖用途的情况，须要进行试验来确定其功能在不利环境条件下是否正常。

（d）申请人应当表明，恢复飞机或系统的操纵所需要的操控器件和以安全方式继续运行飞机所需要的操控器件，在包括驾驶舱浓烟和严重振动在内的所有环境条件下均是可辨认的和可使用的。丧失风扇叶片后的情况就是后者的一个例子。

（2）操控器件——显示器协调性——§25.777(b)规定，驾驶舱操控器件的运动方向必须满足§25.779的要求。只要可能，与其他操控器件操作有关的运动感觉，也必须符合该操作对飞机或对被操作部分的效果感觉。用旋转运动调节大小的操控器件，必须从断开位置顺时针转起，经过逐渐增大的行程达到全开位置。

（a）为确保一个操控器件按§25.1302(b)(1)的要求是明了的，该操控器件与其相关显示器或指示之间的关系和相互作用应当显而易见、可以理解并合乎逻辑。在响应显示器信息或改变显示器上的参数设定时，通常必须进行操控器件输入。对于没有明显"增加"或"减少"功能的任何输入装置或操控器件，申请人应当着重评估其与飞行机组的预期以及与驾驶舱其他操控器件的一致性。SAE 国际(SAE)出版物 ARP 4102 的 5.3 节对于驾驶舱设备使用的操控器件，是一种可接受的符合方法。

(b) §25.777(a)规定,驾驶舱每个操控器件的布置必须提供操作方便,防止混淆和误操作。按§25.777(a),§25.1302(a)和(b)(2)的规定,与某项显示器有关的操控器件,其所在位置必须不会干扰飞行机组执行任务。其功能专门针对某特定显示器表面的操控器件,应当安装在该显示器或要控制功能邻近。通常应优先将操控器件直接置于显示器的下方,因为在许多情况下,直接置于显示器上方的操控器件在操作时飞行机组成员的手会挡住观察该显示器的视线。

(c) 操控器件与其显示器之间有空间隔开有时是不可避免的,把系统的一个操控器件与该同一系统的其他操控器件放在一起,或者该操控器件是某块指定用于那个多功能显示器的控制板上的若干操控器件之一时,就属于这类情况。当操控器件与其相关显示器之间的空间间隔很大时,申请人应当依据§25.777(a)和§25.1302表明:用该操控器件实施相关任务是可接受的。

(d) 通常,操控器件的设计和布置应当避免遮挡信息视线的可能性。如果操控器件的移动范围会暂时遮挡飞行机组的信息视线时,那么申请人应当表明:要不该信息在当时是不必要的,要不可在另一可达位置获取(§25.1302(b))。§25.1302(b)(2)规定,供飞行机组使用的信息要使飞行机组能够以符合其任务的紧迫性、频繁性、和持久性的方式进行访问和使用。

(e) 电子显示器上的通告/标示应当与驾驶舱其他位置上相关开关和按钮上的标示相一致。如果显示器上的标示与相关操控器件不一致,那么申请人应当表明飞行机组成员能迅速、方便、准确地确认有关的操控器件,使他们能够安全实施与系统和设备预定功能相关的所有任务(§25.1302)。

f. 足够的反馈-§25.771(a),§25.1301(a)和§25.1302。

(1) 为使飞行机组知道其行动的效果,对于操控器件工作的反馈是必要的。如为安全运行所必须时,每一操控器件应当向飞行机组成员提供关于菜单选择、数据输入、操作行动或其他输入的反馈信息。若系统没有接受飞行机组的输入时,应当有清晰明了的输入失效的指示(§25.1302(b)(1))。这类反馈可以是视觉的、听觉的或触觉的。

(2) §25.1302(b)(3)规定,如反馈/知晓为安全运行所必须时,则其应当告知飞行机组以下情况:

(a) 已被作动的操控器件(指令的状态/数值);

(b) 功能在进行中(给出一个持续的处理时间);

(c) 与该操控器件有关的行动已经开始(实际的工作状态或操作控制数值,如与指令状态不相同时);以及

(d) 当用某个操控器件在一个作动器的整个行程范围内对其进行移动时,该设备应当在有关任务所需要的时间内,提供操作时作动器在其行程范围内位置的有效反馈。若知晓为安全运行所必须时,则必须提供反馈让机组知晓(§25.1302(b)(3))。可能出现的关于作动器行程范围的信息例子包括配平系统位置,以及各种系

统阀门的状态。

（3）反馈信息的类型、持续时间、和适合程度，将取决于飞行机组任务以及成功操纵所需的具体信息。作为一个例子：如果按 § 25.1302(b)(3) 的要求飞行机组必须知道作为某项规定行动结果的系统实际响应或系统的状态时，那么只有开关位置的反馈是不够的。

（4）对于任何的按键操作，键盘均应提供触觉反馈。对于省略此类触觉反馈的情况，则应当代之以合适的目视或其他反馈，表明系统已接收到输入信息并正在按预期做出响应。

（5）设备应当提供合适的目视反馈，这不仅适用于旋钮、开关和按钮位置，也适用于诸如下拉菜单和弹出窗口那样的图形操作方法。当用户与图式操控器件交流时，应当收到下列可靠指示：分层菜单项目已选择，图形按钮已作动，或者已接受其他输入。

（6）为满足 § 25.1302 的要求，申请人应当表明，所有形式的反馈对于飞行机组执行其与设备预定功能相关的所有任务而言都是清楚明了的。

4.5.5　信息显示

a. 引言

（1）申请人应当使用本 AC 作为指导来表明在设计提案中的信息显示符合 § 25.1302(b)。有关电子显示器的信息显示可参见 AC 25 - 11A*。所提出的方法应当足够详尽以表明功能、操控器件的操作方法、和结果符合 § 25.1301 的要求，并且信息显示的结果具有如下特征：

（a）清晰；

（b）明了；

（c）合适的分辨率和精度；

（d）可达；

（e）可用；以及

（f）能够提供足够的反馈使飞行机组知晓。

（2）给飞行机组的信息显示可以是视觉的（如在 LCD 上）、听觉的（如一种"对话"检查单）或触觉的（如操控器件的"感觉"）。在综合式驾驶舱里的信息显示，无论使用何种传媒，都必须满足 § 25.1302 中的上述所有要求。对目视显示器，本 AC 主要涉及的是显示格式问题，并非显示器的硬件特性。下面提供的设计考虑针对了 § 25.1301(a)，§ 25.1302 和 § 25.1543(b) 的规定要求。

b. 信息显示要清晰明了

（1）定性与定量显示格式——§ 25.1301(a) 和 § 25.1302

---

* 该咨询通告的最新有效版本是 2014. 10. 7 的"AC 25 - 11B"，标题为"电子飞行显示器"——译者注。

(a) 申请人应当按§25.1301(b)的要求表明显示格式包括了飞行机组执行任务所需信息的类型,尤其是有关规定读数的速度和精度。信息形式可以是文本消息、数字值,或者是图形表示的状态或速率信息。状态信息要告知特定时刻某个参数的特定值,而速率信息则给出该参数的变化率。

(b) 如果飞行机组确定不正常值的唯一手段是监视显示器上出现的显示数值时,那么该设备应当提供定性显示方式。与定量(如数字式)显示相比,定性显示方式能较好地传递速率和趋势信息。若定性显示不可行,则申请人应当表明飞行机组能够利用有关信息执行任务。定量表示的信息更适合于须要精确数值的任务。当不正常值与飞行机组告警相关时,请参见§25.1322 和 AC 25.1322。

(c) 装入定性显示器的数字式读出指示器或现值指示器,不应当使其刻度或分度在通过现值标志时无法使用。在读出器显示的整个数值范围内,刻度标记均应当是清晰的。

(2) 字符、字形、线条和刻度标记——§25.1301(a)(2)和§25.1543(b)坐在其工作位置上的相应飞行机组成员,必须能够靠其头部的正常移动看到并判读诸如字形、符号、图形、和标记之类的显示格式特征,使得他们可以安全地执行其任务。在某些情况下,可能还必须要有驾驶舱里的对照读出能力,以满足两位驾驶员都必须能够访问和判读显示器的这个预定功能(§25.1301(a))。有这种需要的情况例如某个显示器失效,或者需要对照检查飞行仪表等。在阳光照射下(按§25.773(a))以及在诸如振动和湍流一类的其他不利条件下都必须保持其可读性。数字和字母,在其通常要使用的飞行机组成员设计眼位处的视角,不应当小于 SAE ARP 4102 - 7 的规定值。

(3) 颜色——§25.1302

(a) 要避免在显示器上使用过多的不同颜色来传递意思。但若考虑得当而合宜使用颜色,则在减轻显示判读工作负荷和缩短响应时间上可以是非常有效的。颜色可用来为电子显示屏上的功能或数据类型进行逻辑编组。最好有一个整个驾驶舱的颜色通用原则,尽管有可接受理由时也可批准偏离。有关驾驶舱电子显示器上颜色编码的信息在 AC 25 - 11A"电子飞行操控显示器"*中提供。

(b) 就彩色显示器上的目视告警而言,在整个驾驶舱应当一致地使用红色、琥珀色和黄色以保持告警的有效性。按§25.1322(f)的要求,申请人必须限制将红色、黄色和琥珀色用于非飞行机组告警的其他功能,使得不致误用而对飞行机组告警产生不利影响。过度使用红色、黄色和琥珀色会降低警告和戒备的吸引注意特性。这包括在驾驶舱所使用的推进、飞行、导航以及其他显示和指示之间的告警颜色一致性要求。

---

* 该标题有误,应为"驾驶舱电子显示器",且此咨询通告的最新有效版本是 2014.10.7 的"AC 25 - 11B",标题为"电子飞行显示器"——译注。

（c）申请人应当表明所选定的颜色集不会因为显示器之间所用颜色的不同而易于引起混淆或误读。不合适的颜色编码设置会因为辨认和选择显示项目而增加响应时间，在任务执行速度比精度更为重要的场合，会增加出错的可能性。

（d）当颜色用于任务的重要信息时，应当作为诸如花纹或亮度差等其他编码特性的补充来呈现信息。AC 25 - 11A"电子飞行操控显示器"* 包含了为特定显示特征所推荐的颜色集。

（e）为满足 § 25.1302（b）的要求，申请人应当表明：不会因为采用了颜色标准和符号，而增加显示器上分层信息的混乱无序。设计上也应当避免要求飞行机组成员手动整理此类显示器的情况。

（4）符号、文本和听觉消息

（a）可以根据规定标准上的很多电子显示器格式要素和常规含义进行设计。ICAO 8400 提供的缩略语是可适用于驾驶舱文本的一种标准；SAE ARP 4102 - 7 附录 A - C 和 SAE ARP 5289 均为对于航空电子显示器符号的可接受标准。

（b）消息或符号在一个显示器上的位置也可向飞行机组成员传递含义。符号在电子显示器具体区域中的位置没有一致性或可重复性，就会增加判读差错和响应时间。

（c）通过删除第二个符号来显示某个符号覆盖另一符号时，申请人应当特别注意符号的优先权，以确保优先权较高的符号保持可见。

（d）新符号，新设计的或用于以往涉及另一符号的某项功能的新符号，应当通过试验来检查飞行机组对它的理解和记忆以及与其他符号区分的能力。

（e）申请人应当表明显示文本和听觉消息对于要提供的信息是清晰的和有意义的。§ 25.1302 规定：供飞行机组使用的信息必须以与任务相应的分辨率和精度，以清晰明了的方式提供；并且信息要传递预定的含义。设备应当显示标准的和/或无歧义的缩略语与术语，其在同一功能以及整个驾驶舱范围内应当是协调一致的。

c. 信息的可达性和可用性

（1）信息的可达性——§ 25.1302。

（a）按 § 25.1302（b）（2）的要求，供飞行机组使用的信息必须使飞行机组能够以符合其任务的紧迫性、频繁性和持久性的方式进行访问和使用。一些信息在某些时候可能是飞行机组即刻需要的，而其他信息也许在所有飞行阶段都是不一定要用的。申请人应当表明：飞行机组能够在专用的和多功能显示器上访问与处理（配置）某个飞行阶段所必需的所有信息。申请人应当表明：在发生 § 25.1309（d）（1）、（2）、（3）和（4）定义的失效之后，继续安全飞行和着陆所需要的任何信息在相关的降格显示模式下仍然是可达的。申请人必须按 § 25.1302（b）的要求表明：补充信息

** 该标题有误，应为"驾驶舱电子显示器"，且此咨询通告的最新有效版本是 2014.10.7 的"AC 25 - 11B"，标题为"电子飞行显示器"——译注。

不会取代或干扰所必需的信息。

（b）对于新的或新颖的显示处理方案，以分析作为唯一的符合方法是不够的。申请人应当通过典型的操作演绎模拟或飞行试验来确认飞行机组处理可用信息的能力。

（2）杂乱无序——§25.1302。

（a）杂乱无序所定义的提供信息的方式会分散飞行机组成员对其主要任务的注意力，所以不希望有杂乱无序的目视或音响指示。为缩短飞行机组成员的判读时间，设备应当以简明有序的方式显示信息。申请人应当表明：信息传送方法（无论目视或音响）所显示的信息，都是飞行机组成员执行当前任务确实需要的。飞行机组可以自行判断来限制任一时间点所显示的信息量。例如设计可以允许飞行机组对某个系统进行编程，使其随时都显示最重要的信息，而次级重要的信息按请求显示。当设计允许飞行机组选择其他信息时，基本显示模式应当保持有序。

（b）显示器为减少视觉杂波而自动遮盖信息的选项可能会隐去飞行机组成员需要的信息。如果设备使用自动取消数据选择功能来强化飞行机组成员在某些应急情况下的执行能力，那么申请人必须按§25.1302(a)的要求表明它能提供飞行机组成员所需要的信息。分时段显示器的使用不仅取决于无序信息的消除，也与显示的可用性和重要性有关。因此，在设计此类特征时，申请人应当遵循 AC 25‐11A "电子飞行操控显示器"*的指导。

（c）鉴于音响信息显示的短暂性，设计师应当注意避免潜在的竞争性音响显示，这种显示会引起互相冲突并妨碍判断。为避免这类潜在问题，可以用优先权排序和调时的方法。

（d）要按任务的临界性来排定信息的优先权。低优先权信息不应当遮盖较高优先权信息。按§25.1302(b)的要求，高优先权信息应当便于获得、易于检测、区分和使用。有关告警优先权的信息可见§25.1322 和 AC 25.1322"飞行机组告警"。

（3）系统对操控器件输入的响应——§25.1302　操控器件输入与系统响应之间的较长或可变的响应时间对系统可用性会有不利影响。申请人必须按§25.1302 (a)的要求表明：对操控器件输入（诸如设定值、显示参数或光标符号在图形显示器上的移动）有足够快速的响应，使飞行机组能够在一个可接受的时间内完成任务。对于需要明显系统处理时间的操作，若机组知晓按§25.1302(b)(3)的规定为安全运行所必须时，则设备必须指示：系统响应在进行中。

4.5.6　系统行为

a. 引言。

（1）如4.5.2节所述，§25.1302(c)规定，安装设备的设计必须使其与飞行机组

---

* 该标题有误，应为"驾驶舱电子显示器"，且此咨询通告的最新有效版本是 2014.10.7 的"AC 25‐11B"，标题为"电子飞行显示器"——译注。

任务的操作相关行为是：

（a）可以预期且明白无误的，而且

（b）从设计上可让飞行机组以适合任务及预定功能的方式对其实施干预。

（2）与操作相关的系统行为应当可以预期且明白无误的要求，将使有资格的飞行机组知道系统在做什么和为何这样做。这意味着，飞行机组应当具有足够的信息知道他们的行动或事态的改变将在可预见的环境下使得系统去做什么，这样他们就能安全地操作系统了（§25.1302(b)(c)）。该项要求把系统的行为与系统设计内部的功能逻辑区分开来，许多这类系统行为是飞行机组需要知道但并不知道的。

（3）如飞行机组的干预是系统预定功能或非正常程序的一部分时，飞行机组成员也许就需要采取某种行动，或者改变对系统的输入，按§25.1302(c)的要求对系统就必须有相应的设计。有关飞行机组干预能力的要求等于承认了这一事实。

（4）技术的改进固然提高了安全性和性能，但同时也引入了确保飞行机组与其操作的飞机上综合复杂信息和操控系统之间恰当合作的需要。如果飞行机组不了解或不能预期系统的行为，就会造成混乱。

（5）某些自动系统涉及的任务须要飞行机组关注其有效性和安全执行，其例子包括 FMS 或飞行导引系统。另一方面，那些设计成可自主运行的系统，就其仅需十分有限甚至完全无需与人互动这一意义而言，被称为了"自动化系统"。这类系统只需把开关放在"on"或"off"位置，或者完全自动运行，它们不在§25.1302(c)范围之内。其例子有数字化全权发动机控制装置（FADEC）以及偏航阻尼器。关于自动化系统的详细专门指导材料，可查自 25 部的相关部分。

（6）服役经验表明，过于复杂或者过分依赖飞行机组所不理解的或不能预期的逻辑状态或模式转换的自动系统行为，会导致飞行机组困惑不解。具有这类特性的设计已被确认会促使事件和事故的发生。

（7）4.5.6 节提供的指导材料，旨在用于表明上述设计考虑对于§25.1302(c)、§25.1301(a)，§25.1309(c)或 25 部任何其他相关条款规定要求的符合性。

b. 系统功能分派。

（1）为满足§25.1302 的一般要求，申请人必须表明其设计提案的功能分派使得：

（a）飞行机组在正常与非正常的运行条件下，均可预期圆满完成分派给他们的任务，其工作负荷在可接受的限度之内也无须过分专注、特殊的技能或体力或者导致过度疲劳（有关工作负荷评定见§25.1523，25 部附录 D 和 AC 25.1523）。在确定特殊体力事项时，应当考虑飞行机组人员统计特征（如年龄与性别）；

（b）飞行机组与系统的交流使他们能够了解情势、及时检测失效并在合适时进行飞行机组干预；而且

（c）考虑了正常与非正常运行期间，飞行机组成员与系统之间的任务分担和分配。

c. 系统功能行为。

(1) 系统的行为系因飞行机组与自动系统之间的交流引起。系统行为应当由以下因素决定：

(a) 系统的功能和其运行的控制逻辑；以及

(b) 用户接口，由操控器件和提供信息的显示器组成，它们把飞行机组的输入传递给系统并向飞行机组反馈系统的行为。

(2) 在设计中应当将系统功能和用户接口两方面放在一起考虑，这样做应当避免某个设计中控制系统行为的功能逻辑对飞行机组作业产生不可接受的影响，见 §25.1302(c)。可能与飞行机组差错和其他困难有关的系统功能逻辑和系统行为问题的例子包括如下：

(a) 飞行机组操控器件作动和数据输入接口的复杂性，以及提供给飞行机组的相应系统指示的复杂性。

(b) 飞行机组对模式选择和转换后的系统行为的理解不充分、预期不准确。

(c) 飞行机组对系统下一步准备做什么和如何表现的理解不充分、预期不正确。

(3) 按 §25.1302(c)(1) 的规定，系统行为或系统模式行为必须是可以预期且明白无误的。

(a) 飞行机组不明了或不可预期的行为会导致或促使飞行机组发生差错。它也可能潜在地降低飞行机组在正常和非正常两种情况下执行其任务的能力。经确认有某些设计考虑，如下面讨论的那样可以把飞行机组差错与其他飞行机组作业问题减到最低程度。

(b) 以下设计考虑适用于与操作相关的系统行为以及系统的运行模式：

① 设计应当简单。

② 模式通告应当清晰明了。作为一个例子，飞行机组进行的模式接通或预位选择应当导致足以使飞行机组知道其操作效果的通告、指示或显示器反馈。此外，作为飞机从一种运行模式（如进近）到另一种运行模式变换结果的任何模式改变均应当向飞行机组清晰明了地通告和反馈。

③ 模式预位、接通和解除选择的方法应当是可达的和可用的。例如预位、接通、解除预位或断开某个自动驾驶模式所必需的飞行机组的动作，不应当依靠系统所处于的模式。对于每一模式要求飞行机组一个不同的动作可能会促使发生差错。有关飞行导引系统模式的专门指导材料，见 AC 25.1329 - 1B* "飞行导引系统的批准"。

④ 非指令模式改变和回复应当有充分的通告、指示或显示器信息，使飞行机组知道已接通或预位的系统模式的非指令改变（§25.1302(b)(3)）。

⑤ 现行有效模式应当保持可识别并且始终予以显示。

---

* 该咨询通告的最新有效版本是 2014.10.27 的 "AC 25.1329 - 1C" ——译注。

(c) 模式的正式说明通常规定它们是互斥的,因此一个系统在某一时刻不可能处于一个以上的模式中。一个地图描述可以处于"北在上"模式或者"航迹向上"模式式,但两者不会同时存在。

(4) 飞行机组干预——§ 25.1302(c)(2)。

(a) 申请人应当提出他们将如何表明他们的设计将允许飞行机组在系统运行中对其进行干预而不会影响安全性。表明符合性的方法应当包括说明功能与条件的干预如何是可能的。

(b) 若通过分析方法来表明符合性时,则申请人应当对其作透彻的叙述。此外,申请人提出的方法应当阐明,他们将如何确定每种干预手段对于任务都是合适的。

(5) 自动系统的操控器件。

(a) 自动系统可根据飞行机组的选择并在其监控下执行各种任务。应当为这样的一个系统或系统组的功能性管理提供操控器件。按 § 25.1302 的要求,这种"自动操作专用"的操控器件的设计,应当使飞行机组能够做以下事情:

① 为即刻将执行的任务或后续任务的执行安全地准备系统。新任务(如新的飞行轨迹)的准备不应当干扰自动系统当前正在执行的任务或与之相混淆。

② 作动相应的系统功能并且清楚地知道:哪个是正在控制的对象以及什么是飞行机组所预期的。例如,飞行机组必须清楚地知道,当他们操作垂直速度指示器时,他们可以设定垂直速度或飞行航迹角两者中的任何一个。

③ 在运行情况需要时手动干预任何系统功能,或回复到人工操作。例如若系统丧失功能、工作不正常或发生失效,则可能有必要进行人工干预。

(6) 自动系统的显示器

(a) 自动系统可以最少飞行机组干预、但在飞行机组监控下执行各种任务。为确保飞行机组的有效监控并保持其了解系统的状态和安全运行"意图"(将来的状态),按 § 25.1302(b)(3)的要求,显示器应当就以下方面提供可识别反馈:

① 飞行机组对系统的输入,使飞行机组可以检测和纠正差错;

② 自动系统的现有状态或工作模式(即"它正在做什么?");

③ 系统为达到或保持所需状态而采取的行动(即"它试图做什么?");

④ 自动系统计划的将来状态(即"它下一步要做什么?");

⑤ 系统状态之间的转换。

(7) 申请人应当考虑自动系统设计的以下方面:

(a) 指令值和实际值的指示,应当按 § 25.1302(c)(1)的规定使飞行机组能够确定自动系统是否将按其预期进行工作。

(b) 如果自动系统接近了其工作权限或工作不正常或不能在选定的水平下工作,必须将其使用限制通知飞行机组(§ 25.1309(c)(2))。

(c) 自动系统必须按 § 25.1302(b)(3)的要求,在为安全运行所必须时通过确保对系统状态的共享了解和飞行机组向系统的输入,来支持飞行机组的协调和合作。

(d) 自动系统应当使飞行机组能够在构成的指令作动前审查和确认其准确性。这一点对自动系统特别重要,因为它们可能需要复杂的输入任务。

4.5.7 飞行机组差错处理

a. 表明对于§25.1302(d)的符合性。

(1) 重要的是要承认飞行机组是会出差错的,即使其训练有素、经验丰富、休息充分、使用的是精心设计的系统。为了解决这个现实问题,§25.1302(d)规定——

必须尽可能使安装设备具有适当手段,使飞行机组能够处理其在服役中与设备之间可合理预期的各种相互作用所导致的差错。本条(d)款不适用于下列任一情况:

(1)* 人工操纵飞机时,因技能导致的差错;

(2)* 因恶意决策、行动或遗漏导致的差错;

(3)* 因飞行机组成员严重漠视安全性的轻率决策、行动或遗漏所导致的差错;以及

(4)* 因暴力威胁行动导致的差错,包括受胁迫采取的行动。

(2) 为符合设计尽可能使飞行机组能够"处理差错"的§25.1302(d)要求,安装设备的设计应当满足以下准则:

(a) 使飞行机组能够检测(见4.5.7b节)、和/或克服差错(见4.5.7c节);

(b) 确保飞行机组差错对飞机功能或能力的影响对于飞行机组而言是明显的,并且可以继续安全飞行和着陆(见4.5.7d节);

(c) 通过使用开关保险、互锁装置、确认动作或类似手段来避免飞行机组出错,以及

(d) 通过系统逻辑和/或冗余度、牢靠度或故障容忍系统设计来排除差错的影响(见4.5.7e节)。

(3) 4.5.7a.(2)中的准则:

(a) 承认并接受飞行机组差错不能完全防止,并且无论对其概率或可能与其相关事件的所有后果,目前都没有有效的方法进行可靠预测;而且

(b) 要求的符合方法是成系统的,并且是独立于与不同于飞机系统分析方法(比如系统安全性评估)的补充方法。

(4) 如同先前4.5.2节的讨论,对于§25.1302(d)的符合性并不想要求考虑因暴力或威胁行为导致的差错。而且,该项规定只是要求考虑设计相关的那些差错。

(5) 因设计相关问题导致的差错是属于本项条例与咨询材料范围内的。一个例子是设计与使用它的程序不兼容。其他设计例子有复杂的指示器和操控器件它

---

* 原文该款4项编码依次错印为"(a)"、"(b)"、"(c)"和"(d)"——译注。

们之间互相不协调，或与驾驶舱的其他系统不协调。

（6）在演示验证符合性时，申请人应当按正常和非正常两种情况评定飞行机组的任务，并要考虑到有许多同样的设计特性会与这两种情况都有关（见§25.1523、和§25.1585）。例如在非正常情况下一般依然会有为正常情况规定的飞行任务，诸如导航、通信和监控，尽管它们执行起来可能会更困难些。所以应当把非正常情况下的相关任务视为是一种增加的任务，申请人不应当期望所考虑的可能差错会与正常情况下将会发生的有什么不同，但是任何评定均应当计入对预期任务的更改。

（7）为表明对于§25.1302(d)的符合性，申请人可以单独地或组合地使用在第6章讨论的任何通用类的符合方法，但所用方法应当与 4.4 节讨论过的经批准合格审定计划相一致，并要顾及上面的目标和下述的考虑。当使用其中的若干方法时，对某些申请人而言，参阅让你了解差错情况的其他相关参考资料也许会不无裨益。下面是那些方法以及如何可用其纳入飞行机组差错考虑的简单归纳。

（a）相似性声明（4.6.4 节）：一份相似性声明可用于表明：根据本项设计所具有的合格审定先例，足以使 ACO 得出飞行机组处理差错的能力没有明显改变的结论。申请人也可利用服役经验数据，列出对于相似的飞行机组接口或系统行为都会普遍发生的已知差错。作为表明符合性的一部分，申请人应当列出，为避免或减少类似差错，在新设计中所采取的步骤。

（b）设计说明（4.6.4 节）：申请人可以组织其设计说明和基本原理来表明，在设计中是如何考虑、对待、减少或处理各类差错的。申请人也可以通过关于设计如何遵循既定的有效设计理念的说明，来表明本项设计使飞行机组能够对差错进行处理。

（c）计算和工程分析（4.6.4 节）：作为表明对于§25.1302(d)符合性的一种方法，申请人可以通过对操控器件、指示、系统行为以及有关飞行机组任务的分析，把差错的处理方法制订成文。为把差错处理制订成文，申请人应当掌握什么样的潜在差错可能发生以及飞行机组处理这类差错的可用方法。但是多数情况下，飞行机组的差错概率是不能预测的。如果申请人选择使用定量的方法，则先要确认该方法的有效性。

（d）评定、演示验证、和试验（4.6.4 节）：就符合性而言，进行评定是为了列出可以考虑在设计或训练中予以减少的差错可能性事件。对于任何情况，在进行评定、演示验证或试验之前，都应当明确规定演绎目标和假设前提。那样，对这些预期情况中的任何差异问题就都可以在结果分析中进行讨论和说明了。

（8）如 4.6 节的进一步讨论，这些评定、演示验证、或试验应当采用反映预定功能和任务的相应演绎过程，包括设备在正常与非正常两种情况下的使用。演绎过程应当考虑飞行机组差错。采用不合适的演绎过程会导致不正确的结论。若在评定期间没有发生差错，则可能只是意味着演绎过程过于简单、不完全或代表性不充分。反之，如果确实发生了某些差错，则又可能意味着以下任一情况：

(a) 应当更改设计、程序或训练;

(b) 演绎过程过于复杂与实际情况不符;或者

(c) 评定之前训练不足。

(9) 在上述评定中,要想制定差错频率的准则是做不到的。

b. 差错检测。

(1) 申请人设计的设备所提供的信息,应当使飞行机组能够知道由系统操作所导致的差错或系统/飞机的状态。申请人应当按 §25.1302(b)(2)的要求表明:该信息能为飞行机组所用、易于检测、并且其显示了飞行机组行动与差错之间的清晰关系,使得能够及时地克服差错。

(2) 差错检测信息可采取三种基本形式。

(a) 在正常监控任务期间向飞行机组提供指示。

① 作为一个例子,如果用错旋钮导致非预期的航向改变,该项改变可通过目标值显示器得以检测。将临时性飞行计划呈现给飞行机组供其接受之前审查,则是提供检测差错机会的另一种方法。

②正常运行期间所用的主视野内仪表指示,只要指示本身包含了按常规使用的信息并以迅即可达的方式提供,也许就是足够的了。这些指示可能包括模式通告以及正常飞机状态信息,诸如高度或航向。根据飞行机组任务,这类信息放在其他位置也可能是合适的;如当任务涉及飞行计划处理时,就可以放在控制-显示器装置上(见 4.5.5 节)。

(b) 向飞行机组提供差错信息或所导致的飞机系统状态的指示。有关飞行机组告警要求与指导材料可见 §25.1322 和 AC 25.1322"飞行机组告警"。

① 飞行机组出差错后能够激活告警信号,这对申请人而言可能是一种足够的方法来表明存在有关差错的信息并且该差错是易于检测的,如果该告警信号直接恰当地与差错相关的话。若告警的内容不直接与差错相关,则该指示可能会引导飞行机组相信,对于所通告状态的原因可能不是差错。

② 若飞行机组差错只是有关系统某项告警的若干可能原因之一,则告警提供的信息就是不充分的。反之,如果另有补充信息使飞行机组可判定与纠正差错,那么对该差错而言,告警与补充信息结合在一起就足以满足 §25.1302(d)了。

③ 由系统可检测的差错应当提供告警信号并且提供足够的信息告知发生了飞行机组差错,比如在起飞形态警告的场合。另一方面,作为例子,就意外关断液压泵导致的系统状态的告警也许没有提供足够的信息使飞行机组能够把差错与系统故障区分开来。在这种情况下,飞行手册程序可在机组实施"液压系统丧失"程序时为其提供差错检测手段。

④ 如果一个系统可以检测驾驶员差错,那么该系统就能够设计成防止驾驶员出错的。例如若某系统可以检测到驾驶员不正确的频率输入,则该系统应当能够拒绝该项输入并且向驾驶员提供合适的反馈。这方面的实例是差错自动检查和过滤

器,其可防止不允许的输入或不合逻辑的输入。

(c)"全局"(Global)告警,涉及多个可能的差错,通告外来危险或者飞机包线或运行的状态。例子包括诸如地形提示和警告系统(TAWS)以及交通告警和防撞系统(TCAS)之类的监控系统。在多山地区待机形态下因转错方向而导致 TAWS 告警,可能属于这类例子。

(3)在确认信息能否为飞行机组所用,是否易于检测,并且是否明显与差错相关时,申请人应当考虑以下方面:

(a)有些差错的影响可由系统(因为其设计)容易可靠地确定,而有些则不可能。对于那些不能由系统感知或检测的差错,通过对飞行机组监控与扫视信息的设计和安排可便于差错检测。在正常运行期间按同一方向安排发动机速度指示器的指针,可能属于这类例子。正常运行期间指针在同一方向没有对齐可能表明某台发动机有问题,因为该发动机的速度与其他发动机不一样。

(b)飞机告警和指示系统不一定能检测出某项操作是否是错误的,因为在许多运行情况下,系统不会知道飞行机组的意图。对于这类情况,往往要依靠飞行机组扫视与观察因机组操作(如选择新的高度或航向,或者改变 FMS 中的飞行计划)而导致指示改变的能力来建立信心。检测这类任务执行过程中发生的差错,要依靠飞行机组对可用信息的判读。对于一个或所有飞行机组成员均不能检测出来的某些差错,可通过例如训练、飞行机组资源管理以及诸如 TAWS 和 TCAS 之类的监控系统方法,来提供安全性水平的余度。

(c)某些信息(比如动力装置仪表提供的),必须如§25.1549规定的那样以迅即可用的清晰指示提供。指导材料在 AC 20-88A"航空器动力装置仪表(显示器)标记指南"中提供。

(4)在某些情况下,(见 4.6.4 节)可能需要有人驾驶的评定来评估所提供的信息是否可用和易于检测,因为有关差错检测的设计说明(符合方法)可能是不充分的。

c. 克服差错。

(1)假定飞行机组发现了差错或其影响,下一个合乎逻辑的步骤应是确保可以克服差错,或可以某种方式缓解差错的影响使飞机保持或回到安全状态。

(2)为确认某个差错能被克服的可接受方法,你必须表明:

(a)有操控器件和指示可用于或是直接取消错误操作使飞机或系统回到原来状态,或是缓解差错影响使飞机或系统回到安全状态,并且

(b)预期飞行机组能用这些操控器件和指示及时完成纠正操作。

(3)为确认用于克服差错的操控器件和指示的充分性,一份有关系统和飞行机组接口的相似性声明或设计说明也许就够了。对于简单或类型熟悉的系统接口或者尽管复杂但并非新颖的系统,一份与指示相关的飞行机组接口和程序的相似性声明或设计说明,也许是一种可接受的符合方法。

(4) 为确认飞行机组可按预期使用这些操控器件和指示以及时完成纠正操作,在模拟驾驶舱环境中的飞行机组程序评定可以是非常有效的。该项评定应当包括对告警消息、操控器件以及其他指示所用术语的检查,还应当包括程序步骤的逻辑流程图以及执行这类程序对其他系统的影响。

d. 差错影响。

(1) 缓解差错影响的另一种手段是,确保差错的影响或其对飞机状态的相关影响:

(a) 对飞行机组而言是明显的,并且

(b) 不会对安全性产生不利影响(不会妨碍继续安全飞行和着陆)。

(2) 如果在确定某项差错之后的状态是否允许继续安全飞行和着陆时,对飞行机组的能力有疑义,则可适用机上或模拟机上的有人驾驶评定。应当用评定和/或分析来表明,在某项差错之后,飞行机组具有有效形式的信息并具有继续安全飞行和着陆所必要的飞机操纵能力。

e. 排除差错或其影响。

(1) 设计应当提供手段来防止不能克服并有潜在安全影响的差错。可接受的防止差错方法包括开关保险、互锁装置或多重确认动作。作为一个例子,许多飞机上的发电机驱动操控器件都在开关上设有保险以防止无意作动,因为一旦断开驱动装置之后,就不能在飞行中或在发动机运行下重新接通。将临时性飞行计划呈现给飞行机组供其在接受之前审查,则是多重确认的一个例子。

(2) 另一种避免飞行机组差错的方法是,在设计系统时,使得误导或不准确的信息(其可能由传感器失效引起或来自不适当的显示器)可以删除。当主飞行显示器上的飞行指引仪指示条或机场表面地图显示器上"本机"位置符号的驱动数据不正确时,用于删除这些符号的系统可能属于这类例子。

(3) 申请人应当避免为某个给定差错采用过多的保护,过多使用保护可能会有意想不到的安全性后果。它们可能会在申请人未预期的情势下,妨碍飞行机组成员按最有利于安全的方式作出判断和采取行动的能力。如果这类保护在日常运行中反成累赘时,飞行机组就可能会绕开它们,这又可能会有营运人或设计师所始料不及的进一步影响。

4.5.8　综合

a. 引言。

(1) 诸如飞行管理系统(FMS)之类的许多系统,它们在物理上和功能上都被综合到了驾驶舱之中,并且会与驾驶舱的其他系统互相作用。重要的是不能孤立地考虑一项设计,而是要从整个驾驶舱的角度出发。综合问题包括显示器或操控器件安装在什么地方;它与其他系统如何相互作用;在一个多功能显示器内的各项功能之间是否具有内部的一致性以及与驾驶舱的其余设备是否具有一致性。

(2) §25.1302 规定"······装机设备的设计,将使得通过其使用培训的合格飞行机组成员,能够以单独使用和结合使用其他此类设备的形式,······安全实施与该设备(预定)功能相关的所有任务"。为符合本项的综合性要求,驾驶舱所有设备必须能够以服役中可合理预期的任何组合方式,供飞行机组用于执行与预定功能相关的所有任务。驾驶舱设备包括飞行机组与其交流的飞机系统的接口,如操控器件、显示器、指示(器)和通告(器)。

(3) 为确认对 §25.1302(a)至(d)每一项具体要求符合性而进行的分析、评定、试验以及得出的其他数据资料,应当能够证明新的或新颖的设计特征或设备与以往经批准的特征或设备以及其他新项目的综合情况,这应当包括对以下综合因素的考虑:

(a) 一致性;

(b) 一致性的折中权衡;

(c) 驾驶舱环境;以及

(d) 综合相关的工作负荷和差错。

b. 一致性。

(1) 申请人应当考虑在某个给定系统内和整个驾驶舱内的一致性。不一致可能会产生薄弱环节,诸如增加工作负荷和差错,尤其是在高度紧张的场合。例如在某些 FMS 中,经纬度输入的格式在不同的显示页上是有差别的,这可能会导致飞行机组差错或至少会增加飞行机组工作负荷。另外,如果经纬度以不同于大多数常规纸图使用的格式显示,就可能导致差错。所以应当尽可能使用与其他媒介一致的格式。尽管如下一小节讨论会有折中权衡的需要,应当考虑以下设计特征在系统内和跨系统的一致性:

(a) 符号、数据输入习惯、格式、颜色原则、术语和标示。

(b) 功能和逻辑。例如当两个或更多系统作动和执行同一功能时,它们应当运行一致并使用同样类型的接口。

(c) 与驾驶舱中使用的其他同类信息一起呈现的信息。作为一个例子,在驾驶舱其他系统中使用的或在常规纸图上使用的导航符号,可以用到电子地图显示器上。

(d) 运行环境。如 FMS 与运行环境协调一致是重要的,这样使得向系统输入放行信息所需的步骤次序与空中交通管理部门所给出的次序相一致。

(2) 坚持综合性的驾驶舱设计理念,是申请人在某给定系统内以及整个驾驶舱达到一致性的一种方法。另一种方法是使用可接受的、公开出版的工业标准(如 ICAO 8400/5 建议的标示和缩略语),对设计特征标准化。申请人可以通过遵循 SAE 文件 ARP 5289 建议的习惯做法,对用于描述导航设备(如甚高频全向信标(VOR))的符号标准化。另一方面,不合适的标准化、硬性使用标准,也会成为产品创新和改进的障碍。标准化也可能会导致一个很低的公共使用水准。所以本小节的指导材料鼓励一致性甚于硬性标准化。

c. 一致性的折中权衡。

(1) 虽然强烈鼓励(一致性),但 FAA 承认提供一致性的飞行机组接口并不总是可能的。有时尽管符合了驾驶舱设计理念、一致性原则等,但却可能会对飞行机组工作负荷有负面影响。作为一个例子:某项设计中的所有音响告警可以都遵循驾驶舱告警规律,但告警的数量可能会多到不可接受。当单个任务要求必须以两种完全不同的格式显示数据时,整个驾驶舱内格式的一致性就行不通了。有个例子是:在气象雷达显示器上以扇形区的格式显示环境情况,而在活动地图显示器上则以360°的视景显示。在这种情况下,申请人应当表明接口设计与驾驶任务要求的协调性,它可以单独使用也可与其他接口一起使用而不会对系统或功能两者产生干扰。此外:

(a) 申请人还应当提供一份分析报告,列出在多个位置显示的每项信息或数据资料,并且表明这些数据资料的显示方式是一致的,或者如果不是一致的,则应说明为何如此的理由。

(b) 当信息显示不一致时,其不一致性应当是明显的或有通告提醒的,并且不应当引起信息解读的差错。

(c) 当某个系统设计偏离驾驶舱设计理念时,申请人应当提供理由。要考虑此种偏离的结果:对工作负荷和差错的任何影响。

(d) 申请人应当说明:当某个显示器上的信息与驾驶舱中其他信息有矛盾时(不管是否因失效引起),预期飞行机组会得出什么结论并应当采取何种行动。

d. 驾驶舱环境。

(1) 飞机的物理形态及其运行环境会影响驾驶舱系统的综合和配置,该系统会受到作用于驾驶舱的诸如以下因素的影响:湍流、噪声、外界照明、烟雾和振动(如由结冰或丧失风扇叶片引起)。系统设计应当认识到此类影响对其可用性、工作负荷、和飞行机组任务执行的作用。例如:紊流和外界照明会影响显示器的可读性。驾驶舱噪声会影响音响告警的可闻度。申请人还应当考虑非正常情势下驾驶舱环境的影响,诸如:异常姿态的恢复或重新获取对飞机或系统的操控。有关信息显示可用性的指导也可参见 AC 25-11A*。

(2) 驾驶舱环境包括:操控器件和信息显示器的布局或物理布置。布局应当考虑以下方面的飞行机组要求:

(a) 接近和可达(对操控器件)。

(b) 显示器和标示的可视性和可读性。

(c) 下面是一个影响可视性和可读性的物理综合不好的例子:必要的交通防撞系统被正常工作位置的推力杆遮挡。

---

* 该咨询通告的最新有效版本是 2014.10.7 的"AC 25-11B",标题为"电子飞行显示器"—译注。

（d）以任务为本的人机互动组件的位置和组合。

e. 综合相关的工作负荷和差错

（1）进行功能和/或设备综合时，设计师应当知道其对飞行机组工作负荷以及随之而来对差错处理的潜在影响，同时考虑正面或负面的。应当对系统进行单独的以及与驾驶舱其他系统一起的设计和评定，以确保飞行机组能够检测、消除或克服差错（§25.1302(d)）。当综合性系统采用各种自动系统或依赖与驾驶舱其他系统的高度互动工作时，这一（综合）过程可能更具有挑战性。

（2）申请人应当表明：在给定的整个飞行状态背景下，综合设计不会对工作负荷、差错或§25.1302要求的飞行机组安全作业带来不利影响。增加以下方面的时间可能是这类影响的例子：

（a）解读功能；

（b）做出决定；或者

（c）采取适当行动。

（3）因为综合到驾驶舱内的每一新系统，对工作负荷都可能产生正面或负面的影响，所以必须单独按每一系统及与其他系统一起进行对§25.1523的符合性评定。这样做是为了确保其总的工作负荷是可接受的，即对执行飞行任务无不利影响，飞行机组对信息的检测和领会不会导致不可接受的响应时间。应当特别注意25部附录D，要逐一符合该附录（b）款作为工作负荷因素列出的各个项目，其包括了"所有飞行、动力、和设备的必需操控器件的操作可达性和简便程度"。

（4）有关综合设计特征会不会影响差错和工作负荷的两个例子如下：

（a）以两种不同格式显示同一信息。例如同时以带式和圆盘式指示器显示高度信息，这可能会增加工作负荷。当然，根据设计和飞行机组的任务，不同的格式也有可能反而是合适的。发动机每分转数的模拟显示可便于快速扫视，而数字式显示则可便于精确输入。申请人有责任演示验证对于§25.1523的符合性，并表明信息显示格式不同不会导致不可接受的工作负荷水平。

（b）显示相互矛盾的信息。在每一飞行机组成员工作位置之间，系统可能会呈现些微差别，然而应当对所有这类差别进行专项评定，以确保把潜在判读差错减至最低程度，或者有方法可让飞行机组检测出不正确的信息，或者可以排除这类差错的影响（如一个设置错误的气压高度表）。

4.6 符合方法

4.6.1 概述

本章讨论了在选择和使用涉及人的行为问题的符合方法上的考虑。这些符合方法是一般性的并已在一些合格审定项目中使用过。用于任何给定项目的可接受符合方法,应当按个案确定,取决于具体的符合性问题。申请人应当拟定并提出可为 FAA 21 部所接受的符合方法。4.6.4 节提供了每一类符合方法的应用与限制。

4.6.2　选择符合方法

a. 4.6.4 节所讨论的符合方法包括:

(1) 相似性声明;

(2) 设计说明;

(3) 计算/分析;

(4) 评定;以及

(5) 试验。

b. 不存在一种通用方法可用来确定每个具体项目的适用符合方法,选择合适的符合方法或若干不同方法的组合,取决于具体项目的一系列特定因素。

c. 某些合格审定项目可能需要一种以上的方法来演示验证对于某项特定要求的符合性。例如当不可能用一架制造符合的飞机进行飞行试验时,可以提出一种设计评审结合部分任务模拟评定的方法。

d. 回答下列问题将有助于选择符合方法。

(1) 用什么符合方法可以收集到必要的合格审定数据?

(2) 一种符合方法可以提供所有数据还是需要依次或并行使用若干种方法?

(3) 为收集必要数据需要什么等级的保真度设施(试验装置)?(保真度意指对装机系统的功能和行为的代表程度)

(4) 谁将是参与者?

(5) 作为一名参与者,之前需要何种程度的培训?

(6) 评定得到的数据应如何提供以表明符合性?

(7) 是否要为获得符合性确认而提交某项演示验证的结果?

(8) 如果须要试验,将需要什么样的制造符合程度用于试验?

4.6.3　就符合性演示验证与 FAA 讨论并达成一致

申请人提出的符合方法应当与 FAA 协调,以确保满足各个必须满足的方面,为推进合格审定获取所期望的确认(见 §21.15 和 §21.17)。(符合方法)提案应当包括各种有计划的演绎,必须探索的人的行为问题类型,或者旨在为评定提供逼真环境的试验实施条件。

4.6.4　符合方法说明

下列各小节叙述的常用符合方法,可接受用于演示验证有关驾驶舱设计的符合性。

a. 相似性声明。

（1）说明：相似性声明是对于待批准系统的一个描述，以及就符合要求而论，对于该系统与之前经批准系统两者从物理上、逻辑上以及使用上的相似性的详细描述。

（2）交付文件：相似性声明应当是合格审定报告的一部分。

（3）参与者：不适用。

（4）制造符合性：不适用。

（5）用处：可以通过将某项设计与以往经审定系统的比较来验证其充分性，后者已在不会引起飞行机组差错和/或一旦发生差错允许飞行机组处理局势的能力方面表明了是可靠的。该方法避免了为证明这类系统的安全性而进行的不必要重复工作。

（6）限制：申请人在用相似性声明来表明符合性时应当小心谨慎。对驾驶舱应当作为一个整体来评定，而不仅是一组各别的功能或系统。两个先前在不同飞机中分别批准过的功能或特征，组合在一个驾驶舱内也许会不协调。同样地，更改驾驶舱内的某项特征，也许会有必要相应更改其他特征才能保持一致性和避免混淆。

（7）例子：若新飞机的光标操控装置设计与某现有飞机相同，则相似性声明也许会是一种表明符合 §25.1555(a)的可接受方法，如果飞机其他相关特性也类似的话（如驾驶舱几何尺寸、飞行机组使用该光标的接口、振动条件等）。

b. 设计说明。

申请人可以选择用设计说明来表明该项设计满足某项具体规章的要求。申请人拥有常规使用的图纸、构型说明和/或设计理念来表明符合性。该符合方法与选择参与者以及制造符合性无关。

（1）图纸。

（a）说明：可以是布置图或工程图或两者均可，描述硬件的几何布局或显示器的图形。

（b）交付文件：图纸，可以是合格审定报告的一部分。

（c）用处：对于驾驶舱更改非常简单与直观的十分简单的合格审定项目，申请人可以采用图纸，图纸也可用来支持较为复杂接口的符合性确认。

（d）限制：图纸限用于物理布局以及图示有关问题。

（2）构型说明。

（a）说明：构型说明应当是对经调整项目的布局、总体安排、运动方向等方面的描述，也可引用提供此类描述的其他文件（如引自具有相似布局的不同项目）。构型说明应当用于表明飞行仪表的相对位置，操控功能的分组，对显示器和告警信号的色码分派等。

（b）交付文件：交付文件是合格审定项目的文字解释以及适当时的视觉显示，其对飞行机组与系统接口的功能方面进行说明。

（c）用处：构型说明一般不如工程图纸那么正式，它们的编制是为了指出支持符合性确认的设计特征。在某些情况下，这类构型说明可以为某项符合性确认提供足够的信息。然而，它们更多的是提供重要的背景信息，而符合性的最终确认要通过其他方法，如演示验证或试验。由构型说明提供的背景信息可以大大减少演示验证或试验有关的复杂性和/或风险。通过构型说明申请人可以事先告知系统如何工作，而任何讨论或假设均可事先完成协调。

（d）限制：构型说明可以为某项具体要求的符合性确认提供足够的信息。然而，它们更多的是提供重要的背景信息，而符合性的最终确认要通过其他方法，如演示验证或试验。由构型说明提供的背景信息可以大大减少演示验证或试验有关的复杂性和/或风险。

（3）设计理念。

（a）说明：在产品、系统或驾驶舱设计规范中详细说明的以安全为中心的总准则可用来验证一个设计理念。

（b）交付文件：合格审定项目和/或飞行机组与系统接口功能及其与总设计理念关系方面的文字叙述（适当时可包括插图与图纸）。

（c）用处：用设计理念文件资料证明设计能够满足某项具体规章的要求。

（d）限制：对大多数情况，单独用该符合方法来验证符合性是不充分的。

（e）例子：在驾驶舱内增加一个新的告警信号时，若该新告警信号遵循现行可接受的告警准则，就可用设计理念作为其符合方法。

c. 计算/分析。

（1）说明：计算或工程分析可以是分析性评估，无须直接参与者与实际设备样件之间的互动。

（2）交付文件：具有详细结果与结论的报告，包括对其组部件、评定假设以及决策依据的透彻分析。

（3）参与者：由申请人实施。

（4）制造符合性：不适用。

（5）用处：为产品、系统和驾驶舱的人机接口部分的特定或总体方面提供系统的评定，具体可由指导材料规定。

（6）限制：若分析不依据咨询材料或可接受工业标准方法，则申请人应当仔细考虑其评估技术的有效性。FAA 可能会要求申请人对此类分析所用的任何计算工具进行确认。如果分析中需将经测定特性与根据已有研究（不管是内部的还是公开的领域）导出的推荐值进行比较时，那么 FAA 可能会要求申请人证明有关数据对于其项目的适用性。

（7）例子：申请人可以通过目视分析来演示验证飞行机组有清晰和不失真的窗外视界。同样地，也可通过分析演示验证从飞行机组成员工作位置可以看清飞行、导航和动力装置仪表。申请人可能需要通过地面或飞行试验来确认该分析的结果。

d. 评定。

申请人可采用各种各样的部分任务直至全面安装的产品/系统或驾驶舱样件来进行评定。所有这些评定均具有两个共性。首先,样件中的人的接口和系统的接口不必符合其最终文档。其次,合格审定局方一般不到场。以下表格*涉及了构成本组符合方法的典型手段:模型评定、部分任务模拟评定、全部模拟评定、和空中评定。模型是全尺寸实体构型(包括配合和形体)的静态样件,它不包括驾驶舱及其安装设备的功能方面。

（1）说明:评定是由申请人(或其代理人)进行的设计评估,随后由其向 FAA 提供一份结果报告。

（2）交付文件:报告,交付给 FAA。

（3）参与者:申请人,或许有 FAA。

（4）设施:评定可在模型、台架、试验室、模拟器或飞机上进行。

（5）制造符合性:不要求。

（6）模型评定:申请人可用模型作为设计的代表,使参与者与设计能够进行实物互动。也有用计算机辅助设计(CAD)系统中的三维设计代表,结合驾驶舱乘员的三维模型,作为"虚拟"模型进行某些有限类型评定的。例如可达性评估,就可以用任何一类模型进行。

（7）模型评定举例:一个可能的例子是某项分析演示验证所有操控器件的布置使 1.58 m(5 ft 2 in)～1.91 m(6 ft 3 in)高的飞行机组成员均可达。该项分析还应当考虑人体构造上的差异,诸如手臂功能可达范围、腿长以及其他相关人体测量值,它可使用计算机根据工程图纸生成的数据,申请人则可以在实际飞机上演示验证分析的结果。

（8）台架或试验室评定:对于简单系统或相关的一组系统,申请人可利用飞行机组接口仿真装置来进行评定,申请人可使用飞行硬件、模拟系统或其组合。

（9）台架或试验室评定举例:为进行某项综合系统的台架评定,可以将航电组件安装在驾驶舱模型中再加上主显示器和有关的自动驾驶操控器件。这种工具在研发阶段和在让 FAA 熟悉系统方面是很有价值的。然而,对于高度综合的构架,没有更完整的模拟或不利用真实飞机,就很难或无法对航电系统适合整个驾驶舱的程度进行评估。

（10）模拟器评定:模拟器评定要利用代表驾驶舱综合仿真的装置以及运行环境(通过使用飞行硬件、模拟系统或其组合),这些装置还可带有按某种程度复制飞机响应的响应特性而"飞起来"。模拟的功能性要求和物理性逼真度要求(或实际程度),通常要取决于构型、功能、任务和待评定的设备。

（11）飞机评定:在实际飞机上进行的评定。

---

* 原文如此,但下面并未出现此处提到的"table"(表格)—译注。

（12）用处：*这些评定工作可导致更好的设计，使其更有希望符合适用的要求。

（13）限制：评定受设施实际代表驾驶舱构型的程度以及实际体现飞行机组任务的程度的限制。随着驾驶舱系统更高度的综合，部分任务评定作为符合方法会愈来愈没用，尽管其作为工程工具也许会增加使用。

e. 试验。

试验是一种实施方式与前面所述的评定很相似的符合方法，但有一项很大的差别，试验要求真正制造符合的产品/系统以及系统接口。试验可在台架、试验室、模拟器或飞机上进行。

（1）说明：试验是在 FAA 审定官员到场下进行的设计评估。

（2）交付文件：报告，交付给 FAA。

（3）参与者：申请人，或许有 FAA。

（4）设施：试验可在台架、试验室、模拟器或飞机上进行。

（5）制造符合性：按 21 部的要求，用来表明符合性的待评定产品/系统、驾驶舱和/或系统接口必须是制造符合的。模拟器必须按 §60.13 的要求是制造符合的。

（6）台架或试验室试验：这类试验通常限于表明组部件工作符合设计要求。通常台架试验单独作为符合方法会是不充分的。不过，在结合其他方法下它们可以提供有用的支持数据。

（7）台架或试验室试验举例：申请人可以用台架试验来表明显示器在预期最亮照明条件下的可视性，前提是有支持分析来定义预期照明条件。这类支持信息资料可能包括表明太阳照到显示器的潜在方向的几何分析，以及预期视角的计算。这些条件随后可在试验室复现。

（8）有关台架或试验室试验的制造符合性：按 21 部的要求，用来表明符合性的零部件或系统必须是制造符合的。

（9）模拟器试验：模拟器试验要利用代表驾驶舱综合仿真的装置以及运行环境（通过使用飞行硬件和软件、模拟系统或其组合），这些装置还可带有复制飞机响应的响应特性而"飞起来"。申请人应当按评定问题的函数来确定模拟的物理性和功能性逼真度要求。

（10）模拟器试验制造符合性和逼真度问题：只有制造符合的驾驶舱零部件才可以用于模拟器试验。申请人可使用飞行机组训练模拟器为设计确认大部分正常的和应急的程序以及设备对飞行机组的任何工作负荷影响。若驾驶舱已全面地制造符合且其航电设备由制造符合的硬件和软件驱动时，则申请人可进行并使用综合的航电试验来表明符合性。并非对任何给定的符合性问题，在模拟的所有方面都必须具有高等级的逼真度（见 §60.11）。逼真度要求可以根据要评定的问题来确定。

（11）飞机试验：飞机试验可在地面或空中实施。

---

* 原文此处无小标题，译文按前面各小节习惯写法为其添加了"用处："——译者注。

（12）飞机试验举例：地面试验的一个例子是对显示器潜在反射的评定。这一试验通常需要遮挡驾驶舱窗户来模拟黑暗并调节驾驶舱照明到需要程度。因为光源、显示器硬件和/或窗户构造的不同，该项特定试验可能无法在模拟器上实施。在合格审定期间，飞行试验是对设计的最终演示验证。这些试验是在制造符合飞机的飞行期间实施的，飞机及其组部件（驾驶舱）是待审定型号设计的最终体现并且是最接近真实设备运行的。空中试验是最实际的试验环境，尽管其仅限于可以安全实施的那些评定。飞行试验可用来确认和证实在项目研发和合格审定期间先期进行的其他试验，对于用其他符合方法（包括分析和评定）收集到的数据资料，往往最好通过飞行试验进行最终确认。

（13）飞行试验的限制：飞行试验可能受到能够找到的或产生的特别关注飞行条件（如天气、失效或异常姿态）及其后能够在飞行中进行安全评定的程度的限制。还要说明的是，飞机的飞行试验对任何符合方法的各种条件所提供的控制是最低限度的，FAA 与申请人应当就如何以及何时可将飞行试验及其结果用于表明符合性进行透彻的讨论。

附录 4.A 相关文件

4.A.1 补充要求

以下是有关驾驶舱设计与飞行机组接口的要求、符合方法和其他文件的一份清单，可供用于本 AC 查阅。

表 4 - A - 1 25 部要求

25 部要求	主　　题
§ 25.771(a)	过分专注或疲劳
§ 25.771(c)	从任一驾驶座上可以操控设备
§ 25.773	驾驶舱视界
§ 25.777(a)	驾驶舱操控器件的布置和误操作
§ 25.777(b)	驾驶舱操控器件的运动方向
§ 25.777(c)	操控器件无阻挡地做全行程运动
§ 25.1301(a)	安装系统的预定功能
§ 25.1302	飞行机组差错
§ 25.1303	飞行和导航仪表
§ 25.1309(a)	规定设备在所有运行条件下的预定功能
§ 25.1309(c)	系统不安全工作情况。系统设计应尽量减少可能增加危险的飞行机组差错
§ 25.1321	仪表的可视性

（续表）

25 部要求	主　题
§ 25.1322	警告灯、戒备灯和提示灯 *
§ 25.1329	自动驾驶仪、飞行指引仪和自动推力 **
§ 25.1523	最小飞行机组和工作负荷
§ 25.1543(b)	仪表标记的可视性
§ 25.1555(a)	操控器件标记
§ 25.1549	动力装置和辅助动力装置仪表
25 部附录 D	确定最小飞行机组的准则

4.A.2　与本 AC 相关的指令和政策

a. 政策备忘录 ANM-99-2"运输机驾驶舱人为因素合格审定计划评审指导"，日期 1999 年 9 月 29 日。

b. 政策备忘录 PS-ANM100-01-03A"评审申请人提出的驾驶舱合格审定人为因素符合方法时的考虑要点"，日期 2003 年 2 月 7 日。

4.A.3　本 AC 中引用的 FAA 咨询通告

表 4-A-2 中列出引用的 FAA 咨询通告。

表 4-A-2　本 AC 中引用的 FAA 咨询通告

AC 编号	AC 标题
25-11A***	驾驶舱电子显示器
20-88A	航空器动力装置仪表的标记****
25.1322	飞行机组告警
25.1329-1B*****	飞行导引系统的批准

4.A.4　其他文件

下面是有关驾驶舱设计与飞行机组接口的其他文件的一份清单。有些文件包含了专门的约束和限制，尤其是那些并非航空专用的文件。例如国际标准组织（ISO）9241-4 就包含了许多并非是航空专用的有用的指导材料。在使用这类文件

---

* 现行 § 25.1322 的标题为"飞行机组告警"——译注。

** 现行 § 25.1329 的标题为"飞行导引系统"——译注。

*** 该咨询通告的最新有效版本是 2014.10.7 的"AC 25-11B"，标题为"电子飞行显示器"——译注。

**** 该咨询通告的标题应为"航空器动力装置仪表（显示器）标记指南"——译注。

***** 该咨询通告的最新有效版本是 2014.10.27 的"AC 25.1329-1C"——译注。

时,申请人应当考虑环境因素,诸如预定的运行环境、湍流、照明以及驾驶舱交叉侧(操作)可达性。

a. SAE 国际。

(1) SAE ARP 4033"驾驶员-系统综合",1995 年 8 月。

(2) SAE ARP 5289A"航空电子符号",2011 年 8 月。

(3) SAE ARP 4102/7"电子显示器",1998 年 11 月。

b. FAA。

(1) FAA 人为因素小组报告:"飞行机组与现代驾驶舱系统之间的接口",1996 年。

c. 运输部(DOT)。

(1) DOT/FAA/RD - 93/5:"用于驾驶舱合格审定人员的人为因素",1993 年。

d. 国际民用航空组织(ICAO)。

(1) ICAO 8400/5"用于机载导航设备的 ICAO 缩略语和代码程序"。第 8 版,2010 年。

(2) ICAO 人为因素培训手册:DOC 9683 - AN/950,1998 年。

(3) 国际标准 ISO 9241 - 4"配备目视显示器终端(video display terminals,VDT)的办公室工作的人体工程要求",1998 年。

附录 4.B 定义

4.B.1 缩写词

AC	咨询通告
ACO	航空器合格审定办公室
AMC	可接受符合方法
ARAC	航空规章制订咨询委员会
DOT	运输部
EASA	欧洲航空安全局
FAA	联邦航空局
FADEC	数字化全权发动机控制装置
FMS	飞行管理系统
ICAO	国际民用航空组织
ISO	国际标准组织
MOC	符合方法
SAE	SAE 国际
STC	补充型号合格证

TAWS	地形提示和警告系统
TC	型号合格证
TCAS	交通告警和防撞系统
TSO	技术标准规定
VOR	甚高频全向信标

4.B.2 术语和定义

（a）飞机接口——在驾驶舱显示器与飞机操控器件之间提供电气连接的电子装置

（b）通告指示器——当操作者注意力偏离主显示器时，引起其关注的独立告警仪器。

（c）制造符合性——对驾驶舱/系统/产品符合型号设计数据资料的正式核查确认。

（d）一致性——以同样的方式在多个位置或多种模式中显示类似的信息从而把飞行机组差错减至最低程度。

（e）操控装置（驾驶舱操控器件）——飞行机组为了操纵、配置、与管理飞机及其飞行操纵面、系统和其他设备的操作装置。

（f）光标操控装置——用来与虚拟操控器件互动的操控装置，一般用于光电显示器的图形用户接口。

（g）设计理念——以人为中心的设计原理的高层次表述，指导设计师并帮助确保向飞行机组提供一个有条理的协调一致的用户接口。

（h）显示器——从飞机系统向飞行机组传递数据或信息的装置（一般是目视的，但也可以是听觉的或触觉的）。

（i）飞行机组——经培训并查验合格的专业人员团队，对其委派的任务是依据§25.1523和25部附录D规定安全地运行飞机。

（j）接口——应用程序的图形或文本操控器件连同其响应用户动作的方式一起的布局配置，或者是一种把某个装置（特别是计算机）与另一装置连接起来的电气线路。

（k）多功能操控器件——与单一专用功能操控装置相对照，指可以用于多种功能的一种操控装置。

（l）任务分析——一种正式的分析方法，用于描述涉及人员操作者的任务的性质和关系。

＊本文译自 FAA 咨询通告（AC）25.1302-1。

第 5 章 AC 25.1523 - 1 最小飞行机组

5.1 目的

本咨询通告(AC)阐明了对于联邦航空条例(FAR)§25.1523条的符合方法,该条规定了运输类飞机的最小飞行机组合格审定要求。同所有的 AC 咨询材料,本 AC 规定无强制性,也不构成条例,仅用于指导。

5.2 相关 FAR 条款

至 25 - 3 次修正案的 FAR §25.1523 条。

5.3 背景

1981 年初,美国总统就航空器机组定员问题组建了一个特别行动小组,要求其就"两人机组对于新一代商用喷气运输机的运行是否安全,以及对此类飞机进行的合格审定,是否符合美国国务卿依据 1958 年联邦航空法合格审定条款的促进航空安全责任,提出建议。"1981 年 7 月 2 日,该总统特别行动小组就航空器的定员问题提出了若干建议,其中一项是,建议局方完成和保留目前 FAA 指令 8110.8,"运输类飞机的工程飞行试验指南"中的第 187 条(最小飞行机组)。局方接受了该项建议,并落实了完成相关准则将其放入该指令的措施。不过到 1982 年下半年,局方又决定把整个指令内容升级为咨询通告,使该材料正式供广大公众使用。

5.4 讨论

a. 依据 §25.1523 条,必须建立运输类飞机的最小飞行机组,保证在考虑下列条件下具有充分的运行安全性:

（1）机组成员的个人工作负荷；

（2）必要操控器件对于相关机组成员的可达性和操作的简易性；和

（3）§25.1525条规定的运行类别。

b. 制定§25.1523条要求决策时所用的准则，见25部附录D。

c. 根据合格审定项目的下列不同情况，确认符合§25.1523条和附录D的程序复杂性可以有所不同：

（1）新型号；

（2）派生型号；

（3）缩小已获批准飞机原有机组规模的设计更改；或

（4）预期会明显增加任何飞行机组成员工作负荷的型号设计更改或补充型号合格证（STC）项目。

d. 尽管§25.1523条在个人工作负荷之外也规定了关于所需操控器件对于相关机组成员的可达性和易操作性要求，但是工作负荷的评定方法远不是那么简捷，而这往往是决定最小飞行机组的主导因素。更何况，25部并没有关于工作负荷评定中会遇到的人因问题的具体规章，所以考虑这类问题时一般就倾向于将它放入最小机组的评定范畴。我们都知道，申请人一般都会在设计伊始就确定最小飞行机组的规模，而依据§25.1523条进行评定的目的，无非是要通过演示验证来确认由申请人提交的预估的机组工作负荷，以验证其对于§25.1523条的符合性，并在现实运行环境中，为机组成员的个人工作负荷提供一项独立的综合评估。评估中碰到的任何问题，可能都要通过系统重新设计或程序性更改，以更加平均地分配工作负荷才可能得到解决。

e. 有关FAA航空器合格审定办公室与制造厂商之间，要尽量在研发周期早期就机组定员及相关的机组工作负荷问题展开讨论，讨论要集中在判定那些可能影响机组工作负荷的设计特征。而嗣后的分析、演示验证和试验的组织则应当核查确认，这类设计并没有对任何机组成员提出过大的工作负荷需求。应当适当分配每一位机组成员的职责和任务，以确保其能保持对整个过程的介入和感知。

5.5　合格审定程序

a. 总则。

（1）对于任何新的或设计更改的飞机都要求有一份系统性的评定和试验计划，对于§25.1523条的符合性验证方法，应当包括使用可接受的分析、模拟器演示验证、和/或飞行试验。飞行试验可以确认分析或模拟器的预测结果。应当通过分析、测量的逻辑过程，以及由具体驾驶舱设计所要求的工作负荷的演示验证，来研究最小机组定员的工作负荷。

（2）申请人应当在设计过程早期进行适当分析，应当依据其预计结果的有效性、可靠性以及对于具体驾驶舱构型的适用性,选择具体的分析方法。重点要放在设计更改的或新的设备,以及是否有合适参考资料可供比较。

b. 分析途径。

(1)一种可接受的分析途径是按占完成任务可用时间的百分比来评估工作负荷(时间线分析法)。这种方法可用于一组适当的、其中的运行有效时间约束可以判定的飞行阶段。对于涉及明显驾驶员任务的驾驶舱更改,如操控器件的移动和数据输入,非常适合用这种方法进行评定。通常可接受的工作方法就是仔细选择一组为数不多但能代表运行要求范围(包括选定的正常、不正常和应急程序的范围)的飞行推演过程和时间段。只要任务一定在运行的有效时间约束之内完成,任务—时间线的分析就会产生很有用的数据。要使得这种方法有任何价值,精确确定可用时间是关键。虽然从这种分析得出的时间测量不能用任何绝对标准进行解释,但是这类纪录可以用来判定工作负荷需求的增加,以便用于后面的模拟器试验或机上试验,同时还可用来与在役飞机的相关工作负荷需求进行比较。驾驶舱更改对于涉及制定计划和完成应急或非正常程序任务的影响,应当另有专门的评定。

(2)确定某种新设计是否可接受的最常用的一种依据是,将新设计与已经在运行服役中得到了证明的之前设计进行比较。通过应用专门设计来表现新设计特征的推演程序进行专门评定,并将结果与某个已知基线进行对比,就有可能有信心地认为,新设计所纳入的更改将会完成预期结果。若新的设计只是原准驾驶舱的一种改革性提高,并不增加影响机组工作负荷的重要系统,也可以直接采用对比。应当审查系统相似于新设计的原准驾驶舱和飞机的服役经验,确保任何存在的问题都得到理解,而不会继续存在于新的设计中乃至不适当扩大。

(3)若合格审定小组进行的初步分析判定了潜在问题区域,对这类区域就应当有更全面的评定和数据收集。申请人的试验或合格审定计划,在提交给 FAA 时,应当对这类问题进行充分的论述。

(4)若新的设计相对自动化程度或驾驶员职责有重大更改时,对于原准设计的分析对比就显得价值不大。失去了关于完成正常和偶然两种职责的必要时间的可靠数据,就可能须要通过实际的相似性和/或飞行试验才能进行认可。

c. 试验。

(1)关于确定最小飞行机组的最终决策,会一直被搁置到经培训取得资格的,而且目前在运行飞机的有经验驾驶员飞过该飞机之后。实施上述评定的驾驶员不能仅限于制造厂商的飞行试验驾驶员和 FAA 的合格审定驾驶员。我们强烈建议由一些日常在飞类似飞机的航线驾驶员,以及那些可以凭其飞行经验作出判断的驾驶员来做一些评定。25 部附录 D 包含了依据 §25.1523 条确定最小飞行机组的准则(基本工作负荷功能和工作负荷因素)。

(2)试验大纲应当涵盖 §25.1523 条和附录 D 所列的所有工作负荷功能和因素。例如一项工作负荷的评定,应当包括在寻求批准的环境中适当运行飞机所必需的通信联络任务。其目标是评定机组定员方案在实际运行条件下的工作负荷,包括代表性空中管制、气象、航线运行职责以及相关的公司与座舱之间的通信联络。

(3) 对于新的系统和重新布局的驾驶舱构型,评定驾驶员应当保证采用代表飞机预期运行类别的推演过程进行评定。尽管经常会提供定量验证的机组工作负荷数据,但是目前最新技术所依靠的是组织得当的主题性评定。这类评定会以完全相同或基本相似的推演过程,将被评定飞机实施机组任务的难易程度与在原准驾驶舱内的经验进行比较。

(4) 申请人应当提交关于符合§25.1523条和25部附录D的飞行试验大纲草案,大纲的构成应当论及下列因素:

(i) 航路。试验大纲的航路构成应当为导航设备、机场、仪表进近和空中交通管制(ATC)服务提供一个代表性的组合。

(ii) 气象。航路的选择应当为该飞机的预期相应运行(仪表气象(IMC)条件、夜航、湍流、结冰等)提供可能遭遇到的不利气象类型。

(iii) 机组工作日程。应当为试验机组指定一种代表飞机研发运行类别的工作日程,相关大纲应当包括工作日的持续时间、最大预期的遣派和到达次数、夜间开始的航班数、最长允许的值勤时间以及最短的休息期限。

(iv) 最低限度设备清单。申请人应当在其飞行试验大纲草案中纳入各种有代表性的遣派构型,这类代表性遣派构型与模拟故障的可能后果组合,应当作为很多推演过程评定的基础。

(v) 交通密度。飞机运行的航路应当能充分抽检仪表气象条件(IMC)和目视气象条件(VMC)两者的高密度区域,不过还应当包括精确进近和非精确进近、待机、中断进近和改航至备降机场。

(vi) 失能的机组成员。

(A) 美国运输安全委员会(NTSB)的事故资料显示,自1980年1月至1989年7月,在91部运行中总共发生了262起驾驶员失能事件,导致180人遇难。所有这些亡人事件皆因是一名驾驶员操作。从相同时间段的类似NTSB数据还可以看出,在135部运行中发生的驾驶员失能事件有32起,导致32人死亡,所有亡人事件也皆因一名驾驶员操作。而在同一时间段内与121部运行相关的驾驶员失能事件发生了51起,其结果是由另一名驾驶员恢复了航空器的正常运行。

(B) 只要申请人的适用运行规章要求至少两名驾驶员的最小飞行机组,合格审定大纲都应当包括对于给定航班中的任一时间点,有一名机组成员完全失能期间的运行演示验证。必须通过演示验证表明,飞机可由剩下的另一名驾驶员安全操纵并在计划的或非计划内的机场安全着陆。不需要把失能机组成员试验作为所有其它"遣派之后失效"推演过程的添加项目,而应当把失能视为是一种"之后失效"的另一种例子,应当将之纳入以某种包含有若干最低限度设备清单草案选项的遣派构型开始的一种或几种推演过程之内。尽管25部并没有明确规定不容许只有一名驾驶员的运输类飞机进行合格审定,但是在考虑到飞机预期用途的方方面面以及驾驶员失能的各种后果,特别是(A)小节的历来事故记录的描述,使得 FAA 一直以来都不愿意批准此类运行。

(ⅶ)系统失效。大纲中应当包括从正常模式到失效模式的变化顺序,应当同时考虑主系统和备用系统,并应当包括各种失效的代表性组合(见 5.5c(4)(ⅷ)小节的说明)。

(ⅷ)应急和非正常情况。试验大纲中应当制定对各种应急和非正常情况的抽检要求,以表明其对于机组工作负荷的影响。注:在选择飞行试验大纲中要评定的系统失效之前,需要先进行模拟或分析研究。应当了解执行应急或非正常情况程序期间的机组工作负荷分配,以确保选择适当的失效情况。

(5)FAA 报告"机组工作负荷的测量方法、测量技术和程序的评估"第Ⅱ卷(报告号:WRDC-TR-89-7006),提供了关于选定数目的个人生理限度和完成工作负荷的测量技术的指导。

d. 飞行试验数据记录。

(1)应当按需要评定的范围,为作为驾驶员和观察员的型号合格审定小组成员提供一份个人工作负荷的评估问卷。若驾驶舱是原来获取批准并完全符合要求的,只是因例如增加一项新系统而进行了改装时,评定工作可以限制在具体的过程推演和问卷表。但是对于一个全新的驾驶舱和减少之前获批准的最小机组的情况,就应当用相应的全面评定问卷进行涵盖所有飞行阶段的全面工作负荷评估。除此之外还应当有空中观察员记录单,用来记录机组的工作情况、机组差错、漏失的通信联络,以及在检查单、飞行管理系统或飞行导引系统方面存在的问题,或者一份设计用来判定飞行中经历情况的精心组织的情况问卷,以便进行飞行后面谈。就收集这方面的数据资料而言,飞机的构型配置应当使得审定小组的评定人员能够从驾驶舱观察到所有机组的活动,能够同时听到飞机内外的通信联络。

(2)不必根据监管标准、飞行机组个人能力、与原准飞机的差异以及试验环境的变化,而实施采用精确测量值的分析。相反地,要按 25 部附录 D 所列的关于感知工作负荷因素的大致分级,与基线型号飞机或评定者关于相似的当前设计飞机的典型工作负荷的印象进行比较。必须了解由于外部因素、系统失效、个人级别差异以及机组差错的数量和影响而导致工作负荷增加的区域,并予以解决。不必因为增加工作负荷而不接受被评定的飞机,但是要接受飞机,必须使所有合格审定小组成员一致认同:凡经适当培训达到规定级别的驾驶员,都能完成 25 部附录 D 规定的所有工作负荷项目。

e. 其他工作负荷试验方法。

(1)若某种新飞机设计所含有的更改不能用传统试验方法进行评估时,制造厂商应当提出替代的方法并附有充分的验证数据资料,以对该方法进行有效性、可靠性和适用性的评估。

（2）可能需要对传统的与经更改的驾驶舱设计，或者对传统的与经设计更改的操纵品质，在解决问题的速度或精准度，或者在工作负荷之间进行对比。无论如何都不要假定传统试验方法可适用于所有新型设计。

f. 第 3 方参与。

准备数据资料收集和分析计划的责任，都在申请人一方。FAA 的责任是，确保计划中包含了关于机组工作负荷的有效可靠的测量值，以提供作为当前知识界和研发界代表的相关专家进行评审。FAA 将会，同时也鼓励申请人，为达到上述目标而咨询政府和工业方的其他专家。

5.6 事件检查单

本文以图表形式（见附录 5.A）汇总了实施 §25.1523 条的各顺序阶段，从每一项简单说明的行动，都可以看出相关程序应当开始和完成的时间，以及由谁主要负责制定该步骤的计划与实施。

RONALD T. WOJNAR
航空器合格审定服务部，ANM‐100
运输机中心经理

附录 5.A

1. 向 FAA 介绍驾驶舱设计特征。	原型机设计计划一开始。	制造厂商
2. 确定最小飞行机组审查工作类别，新型号？后续产品？更改？	原型机设计开始前。	FAA（制造厂商）
3. 制定全面的合格审定计划。	在确定最小飞行机组审查工作类别后。	制造厂商
4. 驾驶舱最终设计。	在完成必要的设计研究和市场分析后。	制造厂商
5. 审查申请人的计划，确定存在问题。	首次 TCB 会议。	FAA 制造厂商

6. 对申请人解决机组工作量所存在的问题的情况进行审查并确定需解决的其他问题。	FAA 收到解决问题的情况的报告后。	FAA
7. 按计划进行研究、模拟和分析。	合格审定前。	FAA 制造厂商
8. 制定初步的最低限度设备主清单和飞行手册。	进行§25.1523 条飞行试验之前。	FAA 制造厂商
9. 为演示验证符合§25.1523 条制订详细试验计划。	进行§25.1523 条飞行试验之前。	制造厂商 (FAA)
10. 决定飞行试验的相关计划要求。	完成地面研究检查之后。	FAA
11. 实施飞行试验。	根据试验计划。	制造厂商/FAA

＊客户是否参与所有驾驶舱评定阶段,完全由制造厂商负责。不过制造厂商与客户之间,自项目开始至整个飞机交付阶段,直至飞机完成其服役寿命,都会保持不间断的咨询协调。

（ ）表示负次要责任。

＊本文译自 FAA 咨询通告(AC)25.1523 - 1。

参 考 文 献

［1］CCAR - 21 - R3,中国民用航空规章:民用航空产品和零部件合格审定规定 [S]. 2007.

［2］CCAR - 25 - R4,中国民用航空规章:25 部运输类飞机适航标准[S]. 2011.

［3］AC 25 - 11B, Electronic Flight Displays[S]. 2014.

［4］AC 20 - 175, Controls for Flight Deck Systems [S]. 2011.

［5］AC 25. 1322 - 1, Flightcrew Alerting [S]. 2010.

［6］AC 25. 1302 - 1, Installed Systems and Equipment for Use by the Flightcrew [S]. 2013.

［7］AC 25. 1523 - 1, Minimum Flightcrew [S]. 1993.

［8］郑作棣. 运输类飞机适航标准技术咨询手册 [M]. 北京:航空工业出版社,1995.

［9］白杰. 运输类飞机适航要求解读 [M]. 北京:航空工业出版社,2013.

索　引